Schaltungen von Gleich- und Wechselstromanlagen

Dynamomaschinen, Motoren und Transformatoren, Lichtanlagen, Kraftwerke und Umformerstationen

Ein Lehr- und Hilfsbuch

von

Dipl.-Ing. Emil Kosack
Studienrat an den Staatl. Vereinigten Maschinenbauschulen zu Magdeburg

Mit 226 Textabbildungen

Springer-Verlag
Berlin Heidelberg GmbH
1922

Ursprünglich erschienen bei Julius Springer in Berlin 1922
Softcover reprint of the hardcover 1st edition 1922

ISBN 978-3-662-42089-8 ISBN 978-3-662-42356-1 (eBook)
DOI 10.1007/978-3-662-42356-1

Vorwort.

An Büchern über „Schaltungen“ ist die elektrotechnische Literatur nicht gerade reich, obwohl das Bedürfnis danach recht groß ist. Die in der Elektrotechnik vorkommenden Schaltungen sind so zahlreich. daß es nicht leicht ist, die richtige Auswahl zu treffen, ohne Gefahr zu laufen, den Leser zu ermüden oder in's Rezeptmäßige zu verfallen. Meine Absicht war, im vorliegenden Buch eine Auswahl der grundlegenden Schaltungen der Starkstromtechnik zu geben und diese auf eine Reihe ausgeführter oder selbst entworfener Anlagen anzuwenden. Bei der Herstellung der Schaltbilder und Pläne ist größte Übersichtlichkeit angestrebt worden. Ferner wurde darauf Wert gelegt, daß der Stromweg genau verfolgt werden kann. Daher sind z. B. die Maschinen im allgemeinen durch ihre Wicklung angedeutet und nicht nur durch die Klemmen. So dürfte auch dem Anfänger der Zusammenhang und das Zusammenarbeiten aller Teile verständlich gemacht sein. Den Vorschriften des Verbandes Deutscher Elektrotechniker, namentlich dessen Klemmenbezeichnungen. ist überall Rechnung getragen worden.

Bei der Beschaffung des Materials habe ich von vielen namhaften Firmen der Elektrotechnik, die im Text angeführt sind, weitgehendstes Entgegenkommen gefunden, für das ich ihnen auch an dieser Stelle herzlichst danken möchte. Anerkennung und Dank spreche ich ferner Herrn Ingenieur Klippel aus, der mich durch sachgemäße Ausführung der Vorlagen für die Abbildungen wesentlich unterstützt hat und mir auch beim Lesen der Korrektur behilflich war.

Magdeburg, im April 1922. **E. Kosack.**

Inhaltsverzeichnis.

Einleitung.

I. Schalter und Schutzeinrichtungen.

II. Lampenschaltungen.

III. Schaltung der Meßinstrumente.

Seite

IV. Elektrizitätswerke mit Gleichstrombetrieb.

A. Gleichstrommaschinen und Akkumulatoren.

B. Zweileiterzentralen.

C. Dreileiterzentralen.

V. Gleichstrommotoren.

VI. Elektrizitätswerke mit Wechselstrombetrieb.

A. Wechselstrommaschinen.

Seite

X. Anlaß- und Regelsätze.

A. Maschinensätze mit Gleichstrom-Regelmotor.

B. Regelsätze für Drehstrom.

Anhang.

Einleitung.

1. Der Schaltplan.

Um den Zusammenhang der verschiedenen Teile einer elektrischen Maschine oder eines Apparates anzugeben und den Stromlauf klarzulegen, bedient man sich des Schaltungsschemas. Auch die Verbindung der in einer elektrischen Anlage aufgestellten Maschinen und Apparate untereinander sowie mit dem Leitungsnetz kann in schematischer Weise durch einen Schaltplan übersichtlich dargestellt werden. Alle Teile der Anlage werden hierbei symbolisch durch zeichnerische Abkürzungen wiedergegeben.

Beim Entwurf größerer Anlagen ist die Ausarbeitung des Schaltplans eine der ersten vorzunehmenden Arbeiten. An Hand des Planes können die verschiedenen Betriebsmöglichkeiten auf ihre Durchführbarkeit geprüft und etwa erforderliche Abänderungen der Schaltung vorgenommen werden. Auch bildet er die Unterlage für die Aufstellung des Kostenanschlages.

Für im Betrieb befindliche Anlagen gibt der Schaltplan Auskunft über das Zusammenarbeiten aller ihrer Teile. Die zur Erreichung eines bestimmten Betriebszustandes notwendigen Schaltgriffe können aus ihm abgelesen werden, und für die Feststellung der Ursache von Störungen ist er unentbehrlich. Daher muß auch nach den vom V.D.E. herausgegebenen „Vorschriften für den Betrieb elektrischer Starkstromanlagen" in jedem elektrischen Betriebe eine schematische Darstellung der Anlage vorhanden sein.

Von den im folgenden wiedergegebenen Schaltungen können namentlich die Pläne ganzer Anlagen je nach den besonderen Verhältnissen mannigfache Abänderungen erfahren. Sie sind daher lediglich als Beispiele dafür aufzufassen, wie in einem vorliegenden Falle die Anlage eingerichtet werden kann. Im Text ist auf die Maschinen und Apparate selbst nur insoweit eingegangen, als es für das Verständnis der Schaltungen notwendig ist.

In einzelnen Fällen ist für die Pläne die einpolige Darstellungsweise angewendet worden. Sie wird bevorzugt, wenn es sich nur darum handelt, den Kraftlauf einer Anlage in seinen Grundzügen anzugeben, also lediglich einen allgemeinen Überblick über die Schaltung zu gewinnen.

2. Anwendungsgebiete des Gleichstroms.

Von grundsätzlicher Bedeutung beim Entwurf eines Elektrizitätswerks ist die Wahl der Stromart. In der ersten Zeit der Elektrotechnik wurde hauptsächlich der Gleichstrom angewendet, der auch heute noch in vielen Anlagen zu finden ist. Für die Erzeugung elektrischen Lichtes hat er sich von jeher bewährt. Aber auch für die elektrische Kraftverteilung kann er mit Vorteil angewendet werden. Namentlich eignet sich der Gleichstrom für motorische Antriebe, bei denen eine weitgehende oder besonders feine Geschwindigkeitsregelung erforderlich ist. Auch elektrische Straßen- und Grubenbahnen werden fast allgemein mit Gleichstrom betrieben. Infolge seiner Eigenschaft, elektrolytische Wirkungen auszuüben, können die zur Aufspeicherung elektrischer Energie dienenden Akkumulatoren in Gleichstromanlagen Aufstellung finden, ein besonderer Vorteil gegenüber dem Betrieb mit Wechselstrom. Schließlich ist dem Gleichstrom eine Reihe weiterer Anwendungsgebiete in der elektrochemischen Industrie vorbehalten.

3. Die Bedeutung des Wechselstroms.

Gleichstrommaschinen lassen sich im allgemeinen nur für verhältnismäßig geringe Spannungen herstellen, ein Umstand, der der Anwendung des Gleichstromes dann außerordentlich hinderlich ist, wenn es sich um Energieübertragungen auf große Entfernungen handelt. In dieser Hinsicht ist ihm der Wechselstrom weitaus überlegen. Er kann unmittelbar in den Maschinen mit hoher Spannung erzeugt werden, und diese läßt sich, wenn es erforderlich ist, durch Transformatoren noch weiter erhöhen. Umgekehrt kann der Strom an den Verbrauchsstellen, wiederum mittels Transformatoren, in einfacher Weise auf Niederspannung herabgesetzt werden. Die meisten großen Elektrizitätswerke liefern daher heute Wechselstrom. Besonders wird der Dreiphasenstrom bevorzugt, der sich aus drei um je eine Drittelperiode gegeneinander versetzten Wechselströmen zusammensetzt und gewöhnlich Drehstrom genannt wird. Aber auch dem einphasigen Wechselstrom kommt heute ein großes Anwendungsgebiet zu, da er für den Betrieb von Vollbahnen besonders geeignet ist.

I. Schalter und Schutzeinrichtungen.

4. Die Schaltanlage.

Der Schaltanlage eines Elektrizitätswerkes fällt die Aufgabe zu, die von den Maschinen gelieferte elektrische Energie zu sammeln und sie über die zum Schalten, Sichern, Messen und Regulieren dienenden Einrichtungen dem Verteilungsnetz zuzuführen. Sie wird meistens in Form einer Schalttafel ausgeführt, welche auf ihrer Rückseite die Sammelschienen trägt. Diese nehmen alle ankommenden Leitungen auf, und von ihnen werden auch alle abgehenden Leitungen abgenommen. Sie haben also gleichzeitig die Bedeutung von Verteilungsschienen, und um sie gruppieren sich alle in die Leitungen eingebauten Schalter, Schutzvorrichtungen und Apparate. An Stelle der Schalttafel können auch Schalttische zur Aufstellung kommen.

Die Schaltanlage soll sich durch größtmögliche Einfachheit auszeichnen, damit sie leicht und gefahrlos bedient werden kann. Um sie übersichtlich zu gestalten, wird sie zweckmäßigerweise nach den vorhandenen Maschinensätzen und den verschiedenen Versorgungsgebieten in einzelne Felder unterteilt, wobei auch der etwa vorhandenen Akkumulatorenbatterie ein besonderes Schaltfeld einzuräumen ist.

Eine große Ausdehnung nimmt die Schaltanlage in Hochspannungswerken an. Hier werden die Sammelschienen und alle Hochspannung führenden Apparate in besonderen Räumen untergebracht, die in ihrer Gesamtheit das Schalthaus bilden. An der eigentlichen Bedienungstafel werden dagegen unter Hochspannung stehende Teile vermieden. Die Meßinstrumente müssen daher über kleine Transformatoren, Strom- und Spannungswandler, angeschlossen werden.

Die Übersichtlichkeit der Schaltanlage wird dadurch erhöht, daß bei Gleichstrom die Sammelschienen und Leitungen nach ihrer Polarität, bei Wechselstrom nach ihrer Phase durch verschiedenfarbigen Anstrich gekennzeichnet werden. Für Gleichstrom werden meistens die Farben blau und rot, für Einphasenwechselstrom gelb und violett, für Drehstrom gelb, grün und violett gewählt. Die gleichen Farben sind auch für die im Betriebe auszuhängenden Schaltpläne anzuwenden.

Die für die Schaltanlage von Elektrizitätswerken vorstehend erörterten Gesichtspunkte gelten sinngemäß auch für die Schalteinrichtung von Transformatorenstationen und Umformeranlagen sowie von ausgedehnten Licht- und Kraftanschlüssen.

Im vorliegenden Abschnitt soll zunächst ein kurzer Überblick über die verschiedenen Schalterarten und die wichtigsten Schutzeinrichtungen unter besonderer Berücksichtigung ihrer Darstellung im Schaltplan gegeben werden.

5. Schalter für Niederspannung.

Zu den grundlegenden Bestandteilen jeder Schaltanlage gehören die Schalter. Man unterscheidet *Ausschalter*, die lediglich zum Schließen oder Unterbrechen eines Stromkreises dienen, und *Umschalter*, welche die Verbindung einer Leitung mit einer von mehreren anderen Leitungen ermöglichen. Bei den *Umschaltern mit Unterbrechung* befindet sich zwischen je zwei Schaltstellungen eine Ausschaltstellung, während bei den *Umschaltern ohne Unterbrechung* aus der einen Schaltstellung unmittelbar in die andere übergegangen werden kann. Es gibt ein- und mehrpolige Schalter. Der Ausführung nach sind hauptsächlich Hebelschalter sowie für kleinere Stromstärken Drehschalter und vereinzelt auch Druckschalter in Gebrauch.

Die im nachfolgenden für die Darstellung von Schaltern angewandten Zeichen sind in Abb. 1 zusammengestellt.

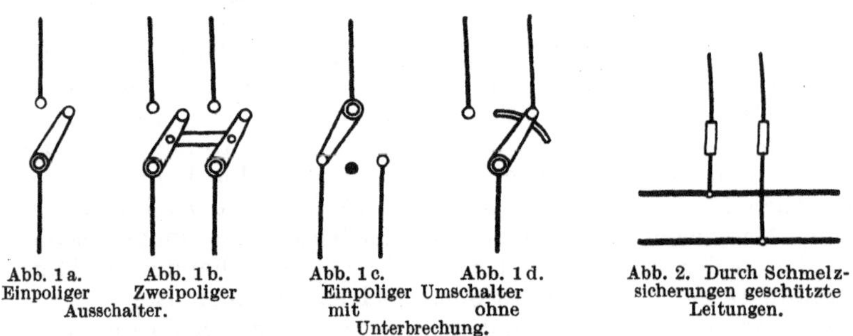

Abb. 1a. Einpoliger Abb. 1b. Zweipoliger Ausschalter.

Abb. 1c. Abb. 1d. Einpoliger Umschalter mit ohne Unterbrechung.

Abb. 2. Durch Schmelzsicherungen geschützte Leitungen.

6. Überstromschutz durch Schmelzsicherungen.

Das verbreitetste Mittel, um Leitungen gegen Stromüberlastung, besonders gegen Kurzschluß, zu schützen, ist die *Schmelzsicherung*. Die von der Stromquelle ausgehenden Leitungen sind grundsätzlich zu sichern, und es sind ferner Sicherungen an allen Stellen anzubringen, wo sich der Querschnitt der Leitungen nach der Verbrauchsstelle hin vermindert. Doch dürfen *betriebsmäßig geerdete Leitungen*, z. B. der Mittelleiter eines Gleichstromdreileiter- oder der Nulleiter eines Drehstromsystems nicht gesichert werden. Isolierte Leitungen, die vom Mittel- oder Nulleiter abzweigen und als Teile eines Zweileitersystems aufzufassen sind, dürfen dagegen wieder eine Sicherung erhalten. Sicherungen sind auch dort fortzulassen, wo die Unterbrechung einer Leitung eine Gefahr im Betriebe der betreffenden Anlage hervorrufen könnte. Beim Anschluß von Stromverbrauchern an das Netz empfiehlt es sich, namentlich bei höheren Spannungen, die Sicherungen *hinter* die Schalter — vom Elektrizitätswerk aus gerechnet — zu legen, damit das Auswechseln einer Sicherung gefahrlos vorgenommen werden kann, indem die betreffende Leitung durch den Schalter zunächst spannungslos gemacht wird.

Schmelzsicherungen sollen durch kleine Rechtecke dargestellt werden, Abb. 2.

7. Die Selbstschalter.

a) Überstromschalter.

An Stelle von Schmelzsicherungen können auch selbsttätige Überstromschalter, Maximalschalter, angewendet werden. Diese sind mit einem Elektromagneten ausgestattet, dessen Erregerspule in die zu schützende Leitung eingeschaltet ist und der bei einer bestimmten Stromstärke den Schalter auslöst. Derartige Schalter sollen im Schema durch einen Pfeil gekennzeichnet werden. In Abb. 3 ist ein Pol durch eine Schmelzsicherung, der andere durch einen Überstromschalter geschützt.

Die Selbstschalter haben vor den Schmelzsicherungen den Vorteil scharfer Einstellbarkeit. Sprechen sie infolge einer Überlastung an, so können sie nach Beseitigung der Störung ohne weiteres wieder eingelegt werden. Unter Umständen kann es von Vorteil sein, in die eine der zu einem Stromkreis gehörigen Leitungen außer der Schmelzsicherung noch einen Selbstschalter einzubauen und diesen auf eine etwas geringere Auslösestromstärke einzustellen als die, bei welcher die Sicherungen ansprechen, Abb. 4. Dadurch wird der Verbrauch an Sicherungen eingeschränkt, und die Leitung ist auch für den Fall geschützt, daß der Selbstschalter zufällig versagt.

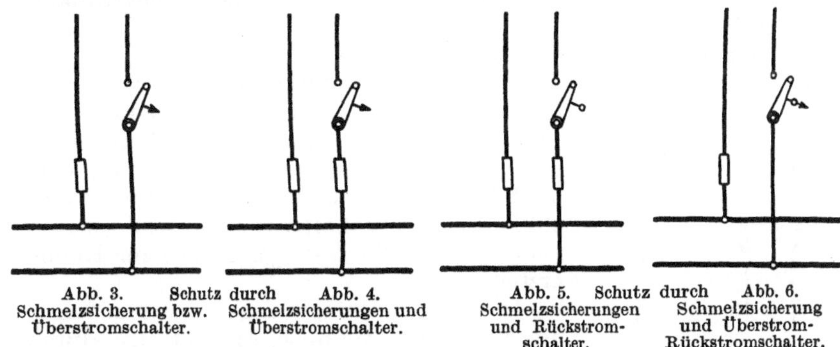

Abb. 3. Schutz durch Schmelzsicherung bzw. Überstromschalter.

Abb. 4. Schutz durch Schmelzsicherungen und Überstromschalter.

Abb. 5. Schutz durch Schmelzsicherungen und Rückstromschalter.

Abb. 6. Schutz durch Schmelzsicherung und Überstrom-Rückstromschalter.

b) Rückstromschalter.

Selbstschalter, welche auslösen, wenn der Strom aus irgendeinem Grunde die entgegengesetzte Richtung wie im normalen Betriebe annimmt, werden Rückstromschalter genannt. Bei ihnen wird der die Ausschaltung betätigende Elektromagnet von einer Strom- und einer Spannungsspule erregt. Bei normaler Stromrichtung wirken beide Spulen im gleichen Sinne magnetisierend, während bei einem Richtungswechsel des Stromes die Stromspule der Spannungsspule entgegenwirkt, wodurch die Auslösung des Schalters herbeigeführt wird.

In vielen Fällen kann der Rückstromschalter durch den selbsttätigen Nullstromschalter, Minimalschalter, ersetzt werden. Dieser besitzt lediglich eine Stromspule, die Spannungsspule fällt also fort. Der Schalter löst bereits aus, wenn die Stromstärke auf einen kleinen Wert gesunken ist, ehe also ein eigentlicher Rückstrom eintritt.

Rückstrom- und Nullstromschalter sollen in der Darstellung durch einen kleinen Nullenkreis kenntlich gemacht werden, Abb. 5.

Überstrom- und Rückstromauslösung können auch an einem Schalter gleichzeitig angeordnet werden, Abb. 6.

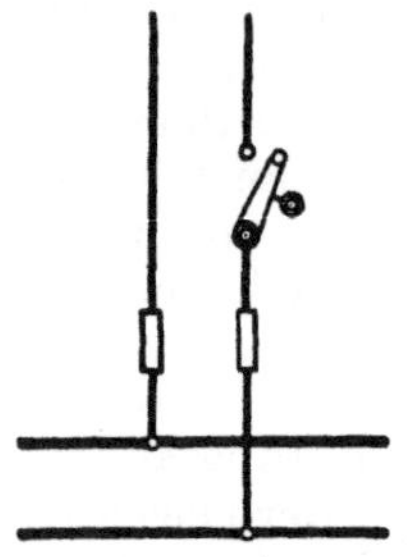
Abb. 7. Schutz durch Schmelzsicherungen und Nullspannungsschalter.

c) Nullspannungsschalter.

Um das Ausschalten eines Stromkreises herbeizuführen, wenn die Netzspannung ausbleibt oder erheblich zurückgeht, bedient man sich der selbsttätigen Nullspannungsschalter. Der Auslösemagnet wird in diesem Falle lediglich durch eine Spannungsspule erregt. Schalter dieser Art sollen, gemäß Abb. 7, durch zwei kleine Nullenkreise gekennzeichnet werden.

8. Schalter für Hochspannung.

Für Wechselstrom-Hochspannungsanlagen werden vorwiegend Ölschalter benutzt, bei denen sich der Schaltvorgang unter Öl abspielt. Dadurch wird der beim Ausschalten auftretende Öffnungsfunken unterdrückt.

Vielfach werden die Ölschalter als Schutzschalter ausgebildet, Abb. 8. Diese besitzen außer den Hauptkontakten noch Vorkontakte. Beim Einschalten des Stromes werden die Leitungen zunächst über Widerstände angeschlossen, die zwischen den Haupt- und Vorkontakten liegen. Dadurch sollen die Stromstöße beim Einschalten abgeschwächt sowie etwa auftretende Überspannungen im Keime erstickt werden.

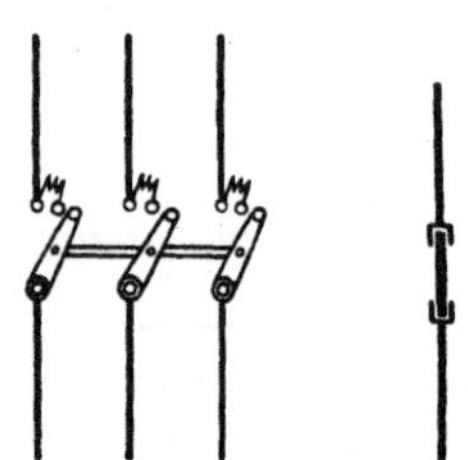
Abb. 8. Schutzschalter. Abb. 9. Trennschalter.

In Hochspannungsanlagen müssen ferner alle Maschinen, Netzteile, Apparate usw. durch Trennschalter, Abb. 9, abschaltbar sein, auch dann, wenn in den betreffenden Leitungen Ölschalter eingebaut sind. Die Trennschalter sollen es ermöglichen, das Netz oder einzelne Netzteile mit Sicherheit spannungslos zu machen. Sie dürfen jedoch nur in stromlosem Zustand betätigt werden.

9. Die Selbstauslösung von Hochspannungsschaltern.

Die in Hochspannungsanlagen eingebauten Ölschalter werden in der Regel mit einer selbsttätigen Auslösevorrichtung ausgestattet. Die meisten Einrichtungen dieser Art arbeiten mit Elektromagneten. Die Art und Weise, in welcher die Auslösung bewirkt wird, ist von wesentlichem Einfluß auf die Gestaltung des ganzen Schaltplanes der betreffenden Anlage und soll daher etwas ausführlicher besprochen werden.

Werden die die Ausschaltung herbeiführenden Magnete ohne irgendein Zwischenglied vom Hochspannungskreis aus erregt, so spricht man von einer unmittelbaren primären Auslösung. Wird dagegen die Erregerwicklung der Magnete in den Sekundärkreis eines kleinen Transformators oder Wandlers gelegt, so erhält man die unmittelbare sekundäre Auslösung. Häufig wird auch der Auslösemagnet in einen besonderen Hilfsstromkreis — Gleichstrom oder Wechselstrom — eingeschaltet, und es erfolgt dann die Betätigung des Schalters durch Vermittlung von Relais. Je nachdem nun diese an den Hochspannungskreis selbst oder an die Sekundärseite eines Wandlers angeschlossen werden, unterscheidet man wieder zwischen primärer und sekundärer Relaisauslösung. Um zu vermeiden, daß die Ölschalter bei sehr schnell vorübergehenden Überlastungen auslösen, wendet man vielfach Zeitrelais an, welche die Ausschaltung erst nach einer bestimmten einstellbaren Zeit bewirken.

Die für die Schalterauslösung benutzten, wie überhaupt alle in der Anlage vorhandenen Strom- und Spannungswandler sind, den Vorschriften des V.D.E. gemäß, niederspannungsseitig zu erden. Spannungswandler werden in der Regel auf der Primärseite gesichert, doch empfiehlt es sich, auch sekundär in die nicht geerdeten Pole Sicherungen einzubauen.

a) Schutz gegen Überstrom.

In Abb. 10 bis 12 sind einige typische Fälle von Drehstrom-Ölschaltern mit Überstromauslösung dargestellt. Die Bilder sollen jedoch keinen Aufschluß über die Konstruktion der Schalter, die sehr verschiedenartig sein kann, geben, sondern lediglich einen Hinweis auf ihre Wirkungsweise. Ein vereinfachtes Schema des Stromlaufs ist in den Abb. 10a bis 12a jeder Ausführungsart gegenübergestellt. *Ö.S.* bedeutet den Schalter. *F* ist eine Feder, die bestrebt ist, den Schalter stets auszulösen, was jedoch während des normalen Betriebes durch ein Klinkwerk verhindert wird. Bei Überlastung wird nun durch Einwirkung der Auslösespulen *A.Sp.* das Klinkwerk freigegeben. Soweit Relais vorhanden sind, sind diese mit *M.R.* (Maximalrelais) bezeichnet. Jedes Relais enthält als wichtigsten Bestandteil einen Magneten *M*, der durch eine Spule erregt wird, und einen Anker *A*. Je nach der Stellung des Ankers ist der Hilfsstrom geschlossen oder offen. Bei der sog. Arbeitsschaltung ist der Hilfsstrom im normalen Betriebe unterbrochen, und er wird erst bei Überlastung geschlossen, wodurch dann die Auslösespule den Schalter freigibt. Bei der Ruheschaltung dagegen ist umgekehrt der Hilfsstrom normalerweise geschlossen, und er wird bei Überlastung geöffnet, wobei eine Freigabe des Schalters durch die Auslösespule erfolgt. Der Magnetkraft der Auslösespule wirkt entweder das Eigengewicht des Eisenkerns entgegen oder die Kraft einer Feder F_1. Strom- und Spannungswandler sind in den Abbildungen mit *St.W.* bzw. *Sp.W.* benannt. Die Erdung der Wandler ist nur in den schematischen Darstellungen, und zwar durch eine strichpunktierte Linie angedeutet.

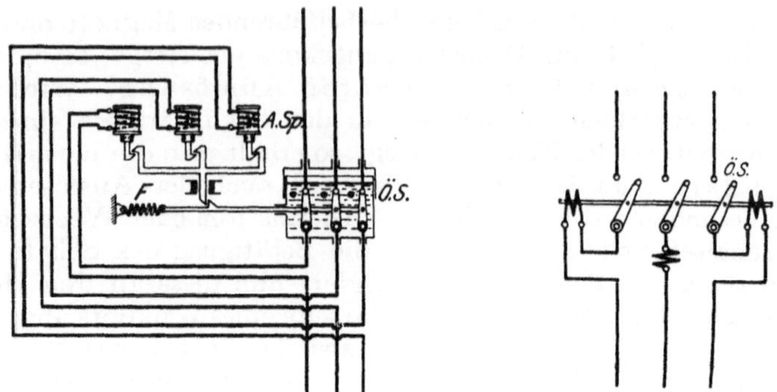

Abb. 10 u. 10a. Ölschalter mit unmittelbarer primärer Überstromauslösung.

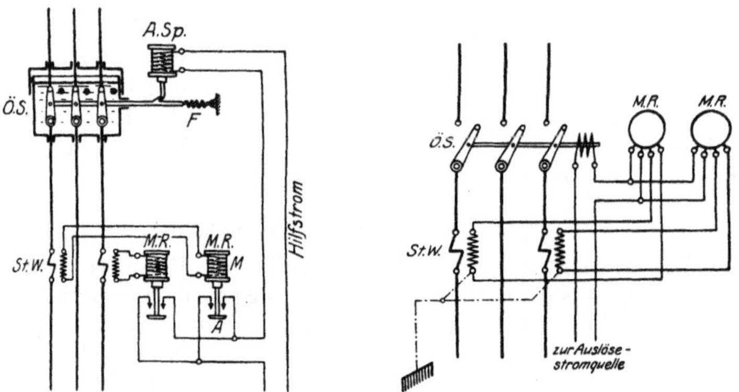

Abb. 11 u. 11a. Ölschalter mit sekundärer Überstromrelaisauslösung.
(Hilfstrom: Gleichstrom, Arbeitsschaltung.)

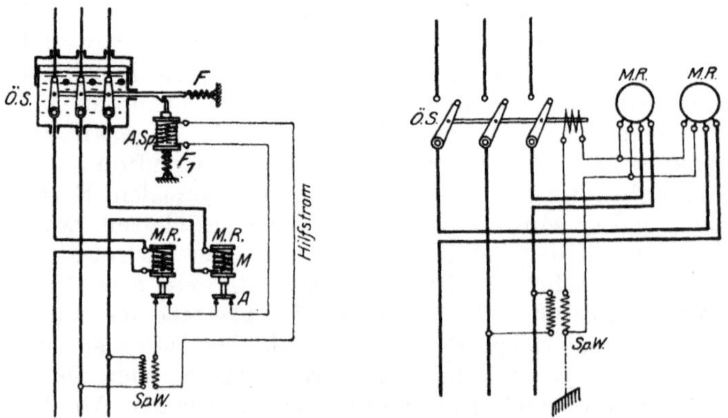

Abb. 12 u. 12a. Ölschalter mit primärer Überstromrelaisauslösung.
(Hilfstrom: Wechselstrom, Ruheschaltung.)

b) Schutz gegen Rückstrom.

Die Ölschalter können auch mit einer Rückstrom- oder Richtungsauslösung versehen sein. In diesem Falle kommen Relais zur Anwendung, auf die eine Strom- und eine Spannungsspule ein-

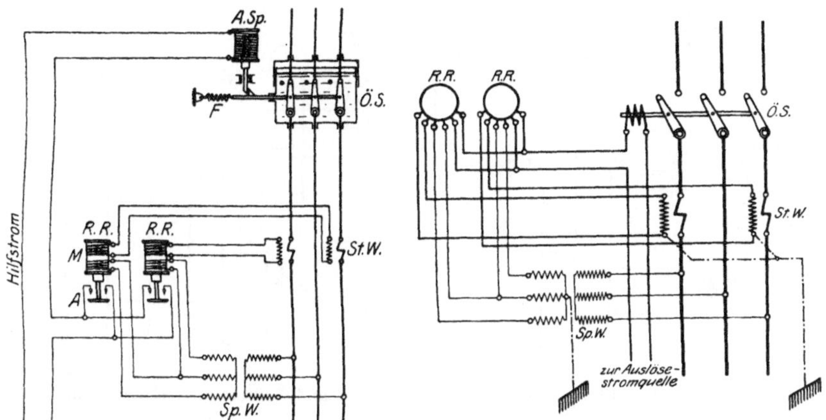

Abb. 13 u. 13a. Ölschalter mit sekundärer Richtungsrelaisauslösung.

wirken. Abb. 13 und 13a zeigen Wirkungsweise und Schema einer derartigen Anordnung: zwei Phasen eines Drehstromsystems sind durch Richtungsrelais *R. R.* geschützt.

c) Schutz gegen Spannungsrückgang.

Auch eine Nullspannungsauslösung kann an den Ölschaltern eingerichtet werden. In Abb. 14 und 14a ist ein Schalter mit

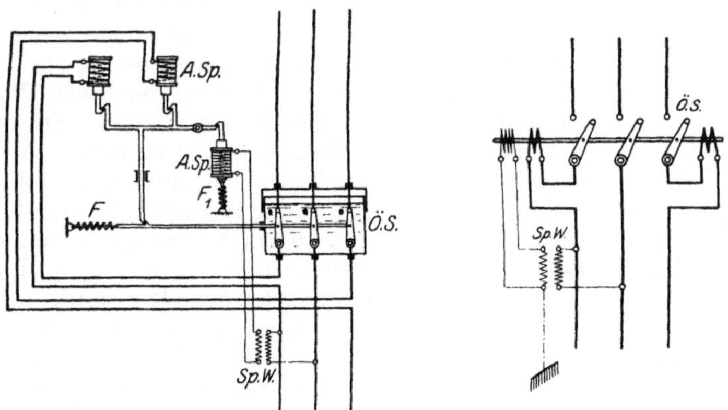

Abb. 14 u. 14a. Ölschalter mit unmittelbarer primärer Überstrom- und mit Nullspannungsauslösung.

Überstrom- und außerdem Nullspannungsauslösung dargestellt. Die Auslösespule für die Spannungsauslösung liegt an einem Spannungswandler und ist nur für eine Phase vorgesehen, sie kann jedoch auch auf mehrere Phasen ausgedehnt werden. Abb. 15 und 15a zeigen eine entsprechende Relaisauslösung, *N.R.* bedeutet das Nullspannungsrelais.

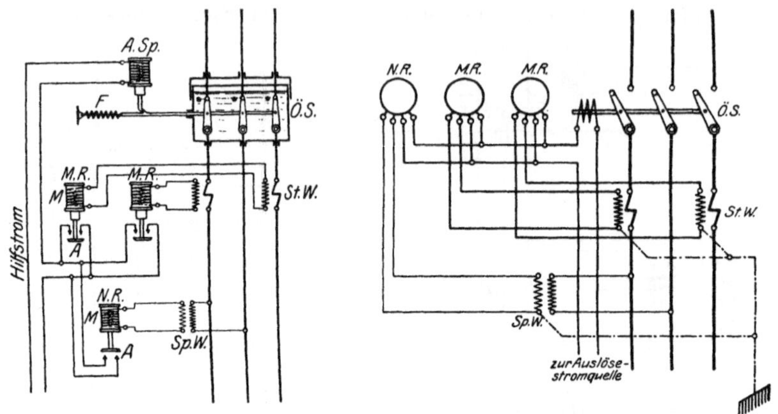

Abb. 15 u. 15a. Ölschalter mit sekundärer Überstrom- und Nullspannungsrelaisauslösung.

d) Differentialschutz.

In größeren Hochspannungsanlagen können nach einem von Merce und Price angegebenen Verfahren die Ölschalter mit Differentialrelais versehen werden, um fehlerhafte Leitungen oder Kabel abzuschalten, ohne daß andere Netzteile in Mitleidenschaft gezogen werden. Am Anfang und Ende der zu schützenden Leitung wird je ein Stromwandler eingebaut. Die sekundären Spulen der Wandler werden gegeneinander geschaltet und unter Einfügung je eines Relais zu einem Stromkreise vervollständigt. Da die Stromstärke in der gesunden Leitung an allen Stellen die gleiche ist, so sind auch die in den sekundären Wicklungen der beiden Wandler induzierten Spannungen gleich groß. Sie heben sich daher auf: der Relaiskreis ist stromlos. Anders, wenn zwischen zwei Leitungen ein Kurzschluß entsteht, oder wenn eine Leitung Erdschluß bekommt. Alsdann ist die Stromstärke am Anfang der betreffenden Leitung nicht mehr die gleiche wie am Ende. In den sekundären Wicklungen der Wandler werden Spannungen verschiedener Größe induziert, und im Relaiskreis fließt ein Strom, der der Differenz dieser Spannungen entspricht. Die Relais sprechen daher an, und die in die Leitungen eingebauten Schalter beiderseits der Fehlerstelle werden zur Auslösung gebracht. Das Wesen des Differentialschutzes ist in Abb. 16, der Einfachheit wegen für eine einzelne Leitung, zum Ausdruck gebracht, die Differentialrelais sind mit *D.R.* bezeichnet.

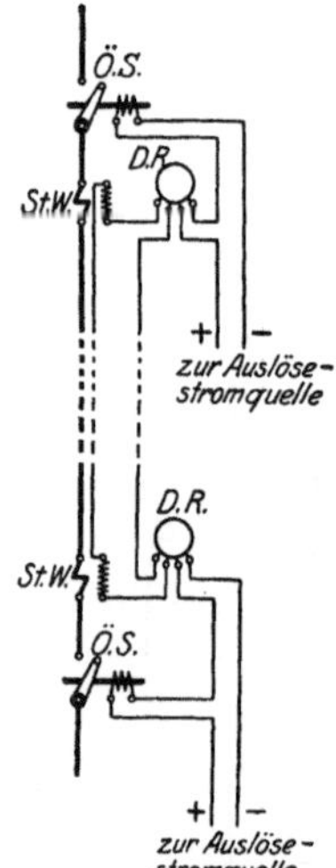

Abb. 16. Schutz einer Leitung durch Differentialrelais.

Durch den Einbau des Differentialschutzes wird eine Überstromauslösung nicht entbehrlich, da die Differentialrelais lediglich auf eintretende Fehler, nicht aber auf Überlastung der Leitung an sich ansprechen.

10. Fernsteuerung von Schaltern.

Bei der großen räumlichen Ausdehnung, welche die Schaltanlage von Hochspannungswerken annimmt, ist man häufig gezwungen, zur **Fernsteuerung** der Ölschalter überzugehen. Abb. 17 zeigt schematisch eine derartige Einrichtung. Es sind zwei Schaltmagnete vorhanden, einer für das Einschalten (*E.M.*) und einer für das Ausschalten (*A.M.*). Für die Erregung der Magnete dient Gleichstrom. Wird der Betätigungsschalter *F.S.* für die Fernsteuerung nach links gelegt, so wird der Einschaltmagnet erregt; wird er nach rechts gelegt, der Ausschaltmagnet. Mit dem Ölschalter ist noch eine Rückmeldeeinrichtung verbunden, eine Glühlampe *L*, die im allgemeinen ausgeschaltet ist, aber jedesmal zum Aufleuchten kommt, wenn der Ölschalter seine jeweilige Schaltstellung ändert. Sobald die vollzogene Schaltung durch die Lampe angezeigt ist, wird diese mittels des einpoligen Handschalters *S* wieder ausgeschaltet, und sie ist alsdann für den nächsten Schaltvorgang des Ölschalters erneut in Bereitschaft.

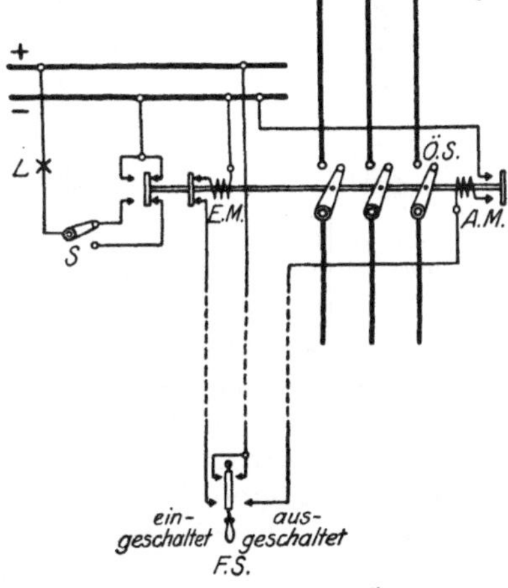

Abb. 17. Fernsteuerung eines Ölschalters.

Die Schaltstellung kann auch durch **zwei** Glühlampen angezeigt werden, von denen die eine bei geschlossenem, die andere bei geöffnetem Schalter brennt, vgl. Abb. 135. In diesem Falle empfiehlt sich die Anwendung von Lampen verschiedener Färbung.

11. Überspannungsschutz.

Als Schutz gegen Überspannungen kommen namentlich in Frage: **Hörnerableiter**, **Rollenableiter** (Vielfachfunkenstrecken) und **Kondensatoren**. Die Überspannungssicherungen werden mit den dazugehörigen **Dämpfungswiderständen** zwischen die zu schützende Leitung und Erde, wie in Abb. 18 bis 20

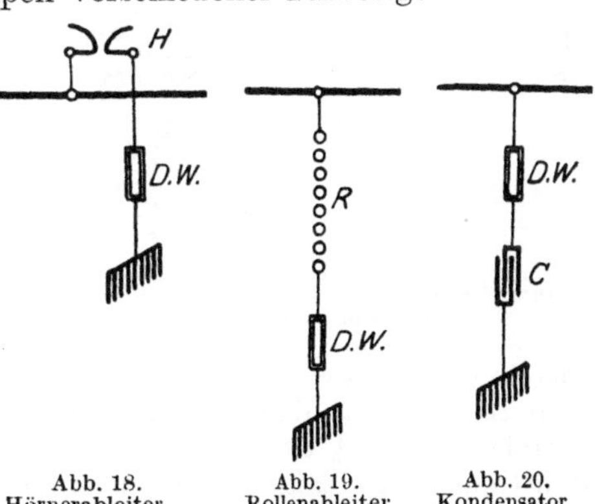

Abb. 18. Hörnerableiter — Abb. 19. Rollenableiter — Abb. 20. Kondensator

mit Dämpfungswiderstand.

angegeben, oder auch zwischen je zwei Leitungen geschaltet. Im ersteren Falle werden die Überspannungen zur Erde abgeleitet, im zweiten wird ein Ausgleich innerhalb des Netzes herbeigeführt. Für eine Drehstromleitung erhält man einen „Sternschutz", wenn alle Phasen eine Überspannungssicherung gegen Erde besitzen, einen „Dreieckschutz", wenn sämtliche Phasen gegeneinander geschützt sind.

Zur Ableitung statischer Ladungen dienen Erdungswiderstände, Abb. 21, und Erdungsdrosselspulen, Abb. 22. Erstere werden häufig in der Form der „Wasserstrahlerder" ausgeführt.

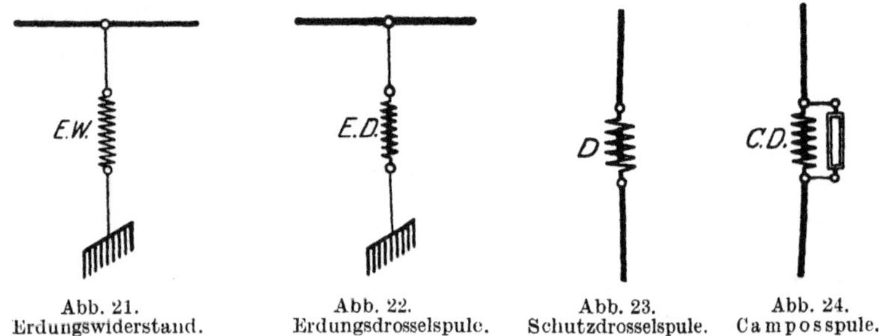

Abb. 21. Erdungswiderstand. Abb. 22. Erdungsdrosselspule. Abb. 23. Schutzdrosselspule. Abb. 24. Camposspule.

Um das Eindringen von „Wanderwellen" — einer gefährlichen Überspannungserscheinung, die sich den Leitungen entlang fortbewegt — in die Wicklung der Maschinen und Transformatoren zu verhindern, können diesen Schutzdrosselspulen vorgeschaltet werden, Abb. 23. Bei einer besonderen Ausführungsform, den Camposspulen, werden den Drosselspulen induktionsfreie Widerstände parallel geschaltet, Abb. 24.

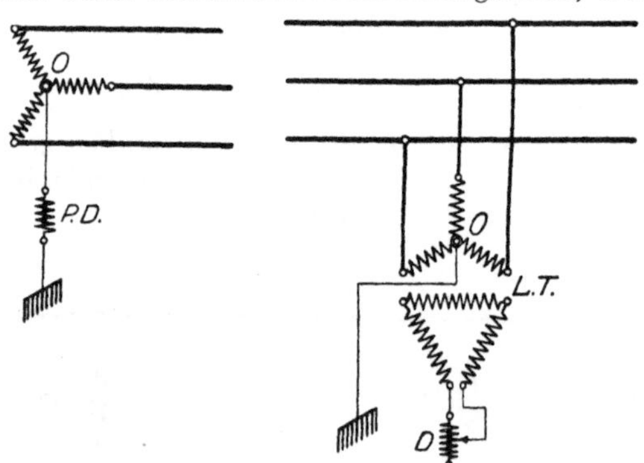

Abb. 25. Petersen Drosselspule Abb. 26. Löschtransformator von Bauch in einem Drehstromnetz.

Auf die Bedeutung des Schutzschalters zur Vermeidung von Überspannungen ist bereits in § 8 hingewiesen worden.

Zur Unterdrückung des „aussetzenden" Erdschlusses, der von Schwingungserscheinungen begleitet ist und unangenehme Überspannungen hervorrufen kann, hat sich die Erdschlußspule von Petersen bewährt. Es ist dies eine Drosselspule *P.D.*, deren Induktivität dem Leitungsnetz angepaßt ist, und über die der neutrale Punkt *O* des Systems geerdet wird, wie Abb. 25 für eine Drehstromanlage zeigt. Dem gleichen Zweck wie die Erdschlußspule dient der Löschtransformator von Bauch, Abb. 26. Ein Dreiphasentransformator *L.T.* bestimmter Ausführung ist an das zu schützende Drehstromnetz angeschlossen. Der Transformator ist primär im Stern geschaltet und über den Nullpunkt *O* geerdet. Die Sekundärseite des Transformators ist im Dreieck verbunden und enthält überdies eine Drosselspule *D*, die der Kapazität des Leitungsnetzes entsprechend eingestellt wird.

II. Lampenschaltungen.

12. Ein- und mehrpoliges Schalten.

Zum Schalten von Glühlampen-Stromkreisen werden in der Regel Drehschalter benutzt. Einzelne Lampen oder kleinere an das Leitungsnetz angeschlossene Lampengruppen können einpolig geschaltet werden, Abb. 27. Für größere Stromstärken ist doppelpoliges Schalten vorgeschrieben, Abb. 28. Die Achse der Schalter darf nicht spannungführend sein, was in den Schaltskizzen zum Ausdruck gebracht ist. In den Abbildungen sind die Glühlampen, wie üblich, durch Kreuze angegeben.

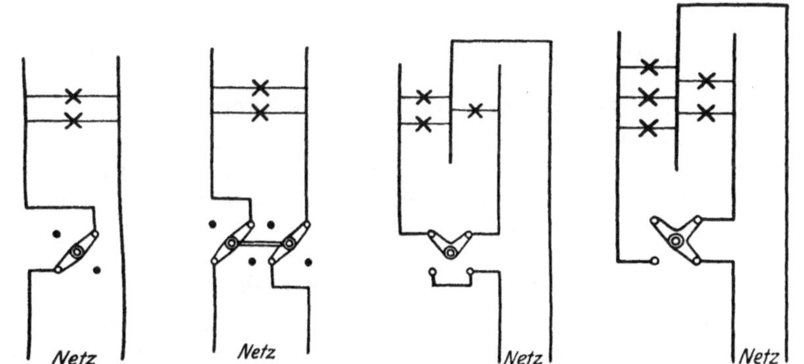

Abb. 27. Einpoliges Abb. 28. Zweipoliges Ausschalten. Abb. 29. Umschalten Abb. 30. Gruppenschaltung zweier Lampengruppen.

13. Umschalten zweier Stromkreise.

Soll von zwei Lampen oder Lampengruppen die eine oder die andere eingeschaltet werden, so kann ein Umschalter nach Abb. 29 verwendet werden. Auf eine Brennstellung des Schalters folgt jedesmal eine Ausschaltstellung.

14. Die Gruppenschaltung.

Eine namentlich bei Kronleuchtern viel gebrauchte Schaltung zeigt Abb. 30. Aus den Lampen sind zwei Gruppen gebildet, die entweder einzeln oder gleichzeitig brennen können. Es ergeben sich der Reihe nach folgende Schaltstellungen: alle Lampen ausgeschaltet, eine Lampengruppe eingeschaltet, beide Gruppen eingeschaltet. die andere Gruppe eingeschaltet.

15. Die Wechselschaltung.

Sehr beliebt in Hausinstallationen ist die Wechselschaltung. Sie ermöglicht das Ein- und Ausschalten einer Lampe von zwei verschiedenen Stellen aus. Es sind dazu Umschalter nach Abb. 31, sog. Wechselschalter, erforderlich.

In der Regel wird die Schaltung nach Abb. 31a ausgeführt. Unter Umständen bietet jedoch die Schaltung nach Abb. 31b Vorteile hinsichtlich bequemerer Leitungsführung. Mit ihr ist aber der Nachteil verbunden, daß in jedem Schalter die volle Netzspannung wirksam ist, was leicht zu Kurzschlüssen im Schalter führen kann.

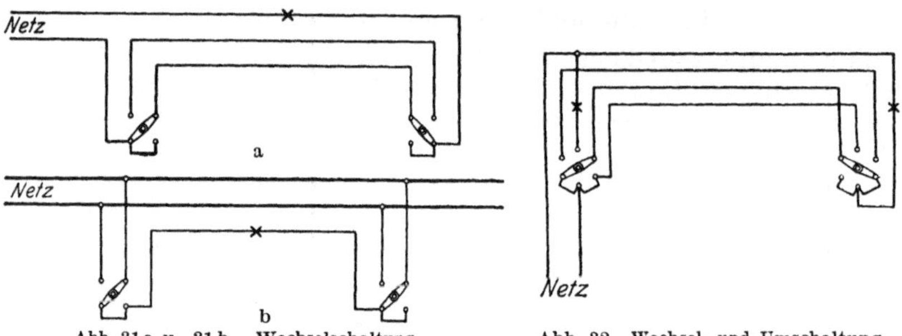

Abb. 31a u. 31b. Wechselschaltung. Abb. 32 Wechsel- und Umschaltung.

16. Wechsel- und Umschaltung.

Wechsel- und Umschaltung können in verschiedener Weise vereinigt werden. Ein Beispiel dafür zeigt Abb. 32: zwei Lampen lassen sich von zwei verschiedenen Stellen aus einzeln oder, bei bestimmten Schalterstellungen, auch gleichzeitig schalten.

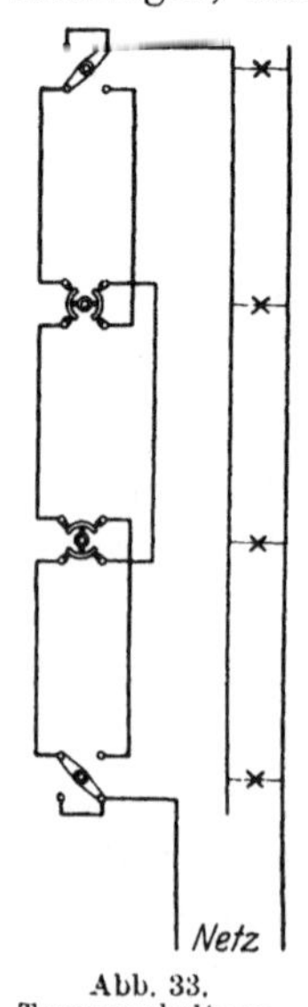

Abb. 33. Treppenschaltung.

17. Die Treppenschaltung.

Der Fall, daß Lampen von mehr als zwei Stellen aus geschaltet werden sollen, kommt namentlich bei der Beleuchtung von Treppenhäusern vor. Die hierfür geeignete Schaltung kann natürlich auch in anderen Fällen verwendet werden. Wie Abb. 33 zeigt, sind an den äußersten Schaltstellen Wechselschalter erforderlich. An den Zwischenstellen werden sog. Kreuzschalter benötigt. Wird irgendeiner der Schalter bedient, so werden sämtliche Lampen eingeschaltet oder, falls sie eingeschaltet waren, ausgeschaltet. Die Anordnung kann auf beliebig viele Schaltstellen ausgedehnt werden.

18. Automatische Treppenbeleuchtung.

Die im vorstehenden Paragraphen angegebene Schaltung ist heute meistens durch eine automatisch wirkende Treppenbeleuchtung ersetzt. Mittels einer Schaltuhr werden die Lampen zu einer festgesetzten

Zeit ein- und ebenso zu einer bestimmten Zeit wieder ausgeschaltet. In den Nachtstunden kann die Beleuchtung ferner durch Druckknopfschalter betätigt werden, derart, daß die Lampen nach einer Brennzeit von wenigen Minuten von selbst wieder erlöschen.

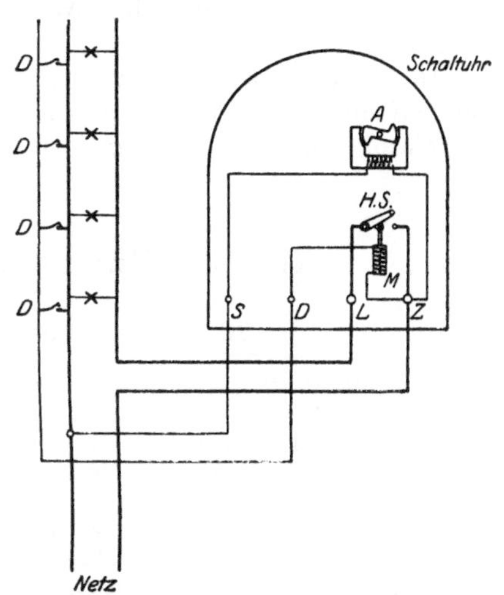

Abb. 34. Treppenbeleuchtung mittels Schaltuhr.

Ohne auf die Einrichtung der Schaltuhr im einzelnen einzugehen, ist in Abb. 34 das Prinzip der Schaltung sowie die Art der Leitungsanschlüsse angegeben. Die vier Klemmen der Uhr sind mit *Z* (Zuleitung), *L* (Lampenleitung), *D* (Druckknopfleitung) und *S* (Spannungsleitung) bezeichnet. Wird auf einen der Knöpfe *D* gedrückt, so wird dadurch der Hilfsstromkreis, in dem der Magnet *M* liegt, geschlossen. Der Magnet wird also — durch die Netzspannung — erregt und bewirkt das Einschnappen des Hauptschalters *H.S.*: die Lampen brennen. Das Herausspringen des Schalters nach der gewünschten Zeit und somit das Erlöschen der Lampen wird durch die Uhr selbsttätig veranlaßt. *A* bedeutet die elektrische Aufziehvorrichtung, welche dauernd an die Netzspannung angeschlossen ist, und mittels der die Feder des Uhrwerks unter dem Einfluß eines kleinen Elektromagneten immer wieder von neuem gespannt wird.

19. Lampen in Reihenschaltung.

Die an ein Verteilungsnetz angeschlossenen Lampen sind in der Regel parallel geschaltet. Steht eine höhere Netzspannung als ungefähr 220 Volt zur Verfügung, so kann jedoch auch eine entsprechende Zahl von Lampen in einen Stromkreis hintereinander geschaltet werden. Abb. 35 zeigt eine derartige Anordnung. Es sind nur zwei Lampen *L* eingezeichnet, doch kann das Schema auf beliebig viel Lampen erweitert werden. Um zu verhindern, daß der ganze Stromkreis unterbrochen ist, wenn eine Lampe ausbrennt, ist für jede Lampe ein Ersatzwiderstand *W* vorgesehen, welcher mit Hilfe eines kleinen Elektromagneten *M*, der mit der Glühlampe in Reihe liegt, sich selbsttätig einschaltet, wenn der Strom in der zugehörigen Lampe unterbrochen ist. Damit sich hierbei die Stromstärke

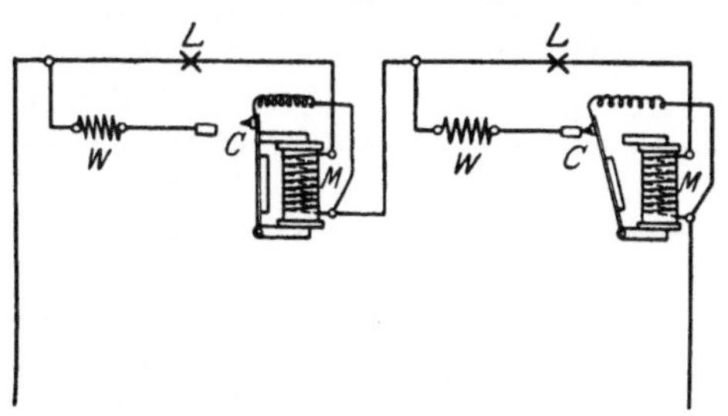

Abb. 35. Reihenschaltung von Lampen.

in dem Kreise nicht ändert, muß der Ersatzwiderstand von der gleichen Größe sein wie der Lampenwiderstand. Im Schema ist die Lampe links im normalen Betriebe; rechts ist der Ersatzwiderstand eingeschaltet, indem durch den federnden Anker des Magneten der Kontakt *C* geschlossen ist.

Die Hintereinanderschaltung spielte früher namentlich bei Bogenlampen eine Rolle. Doch sind diese seit der Erfindung der hochkerzigen Glühlampe mehr und mehr in den Hintergrund getreten.

III. Schaltung der Meßinstrumente.

20. Strom- und Spannungsmesser.

Strommesser werden in die Leitung geschaltet, deren Stromstärke bestimmt werden soll, Spannungsmesser zwischen die Leitungen oder die Punkte, deren Spannungsunterschied festzustellen ist. Daraus ergibt sich die in Abb. 36 dargestellte grundsätzliche Schaltungsweise. *A* bedeutet den Strommesser oder das Amperemeter, *V* den Spannungsmesser oder das Voltmeter in dem durch zwei Leitungen angedeuteten Netzteil.

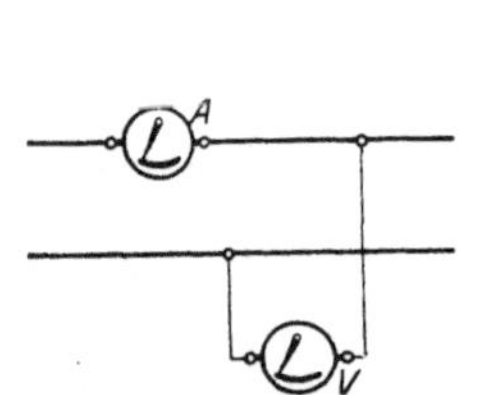

Abb. 36. Strom- und Spannungsmessung.

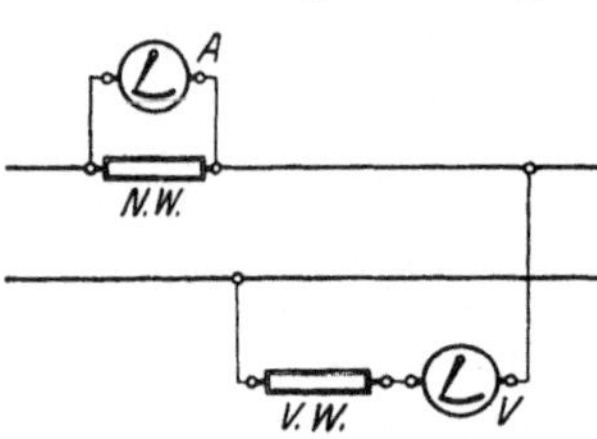

Abb. 37. Strom- und Spannungsmessung unter Anwendung von Meßwiderständen.

Häufig wird, Abb. 37, der Strommesser zur Erweiterung des Meßbereichs mit einem Nebenwiderstand *N.W.* versehen, wodurch eine Stromverzweigung erzielt wird, derart, daß dem Instrument nur ein bestimmter Bruchteil des zu messenden Stromes zugeführt wird. Der Spannungsmesser kann aus dem gleichen Grunde mit einem Vorwiderstand *V.W.* ausgestattet werden, so daß auf ihn nur ein bestimmter Teil der Spannung einwirkt. Bei Schalttafelinstrumenten mit derartigen Widerständen wird jedoch, damit die vollen Werte unmittelbar abgelesen werden können, die Skala stets auf den Gesamtstrom bzw. die Gesamtspannung geeicht.

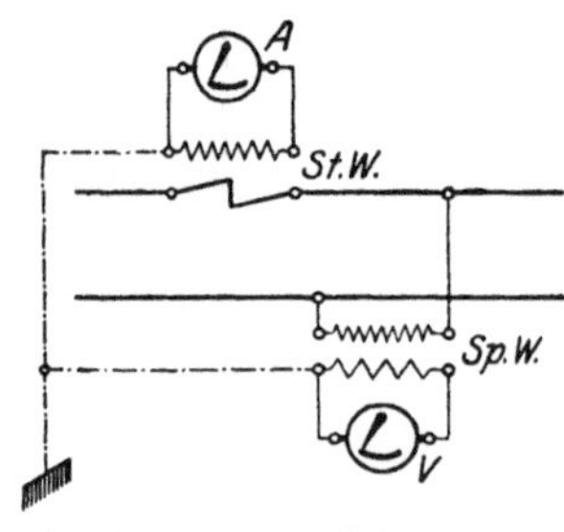

Abb. 38. Strom- und Spannungsmessung in einer Wechselstrom-Hochspannungsanlage.

In Wechselstrom-Hochspannungsanlagen verwendet man vorwiegend Niederspannungsinstrumente unter Zwischenschaltung von Wandlern, die daher auch Meßtransformatoren genannt werden. In Abb. 38 ist dieser Fall schematisch dargestellt. Der Strommesser *A* ist über den Stromwandler *St.W.*, der Spannungsmesser V über den Spannungswandler $Sp. W.$ an das Leitungsnetz angeschlossen. Die Niederspannungswicklung aller Strom- und Spannungswandler ist zu erden (vgl. § 9).

21. Umschalter für Spannungs- und Strommesser.

Um mit einem Voltmeter verschiedene Spannungen messen zu können, kann man sich eines Umschalters bedienen. Abb. 39 zeigt die Schaltung. Das Voltmeter ist an die Kontaktschienen des Umschalters U gelegt, während die Leitungen, deren Spannungsunterschied festgestellt werden soll, mit gegenüberliegenden Kontakten verbunden sind. Diese werden durch Schleiffedern mit den Schienen und damit mit dem Voltmeter in Verbindung gebracht. Nach der Abbildung können die Spannungen $P—O$, $O—N$ und $P—N$ gemessen werden, außerdem ist noch ein freies Kontaktpaar vorhanden.

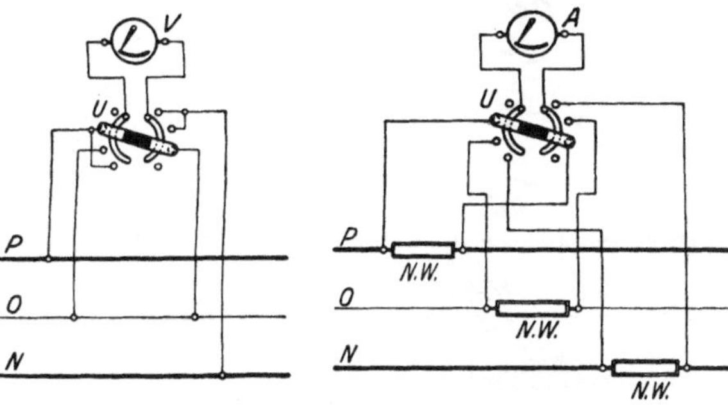

Abb. 39. Spannungsmesser mit Umschalter. Abb. 40. Strommesser mit Umschalter.

Die vorstehende Anordnung kann in entsprechender Weise auch für Strommessungen gebraucht werden. In jede Leitung, deren Stromstärke ermittelt werden soll, wird alsdann, Abb. 40, ein zum Instrument passender Nebenwiderstand fest eingebaut, und das Amperemeter kann mittels des Umschalters mit jedem der Widerstände verbunden werden. Die Methode kommt namentlich bei den in Gleichstromanlagen recht beliebten Drehspulinstrumenten zur Anwendung.

In Hochspannungsanlagen kann eine Ersparnis an Meßinstrumenten in der Weise erfolgen, daß ein Voltmeter auf verschiedene Spannungswandler, ein Amperemeter auf verschiedene Stromwandler umschaltbar gemacht wird. Während die Spannungswandler, wenn das Voltmeter mit ihnen nicht in Verbindung steht, sekundär offen bleiben, ist die Sekundärwicklung der Stromwandler, sobald das Amperemeter nicht an sie angeschlossen ist, kurz zu schließen, was durch geeignete Bauart des Umschalters erreicht wird.

22. Leistungsmesser.

a) Für Gleichstrom und Einphasenwechselstrom.

Spannung und Stromstärke bestimmen, bei Gleichstrom wenigstens, die elektrische Leistung: das Produkt von Spannung in Volt und Stromstärke in Ampere gibt die Leistung in Watt. Will man die Leistung unmittelbar messen, so erfordert dies einen Leistungsmesser, ein

Wattmeter. Die Wattmeter kommen jedoch namentlich in Wechselstromanlagen zur Anwendung, weil hier aus Spannung und Stromstärke nicht ohne weiteres auf die Leistung geschlossen werden kann, diese vielmehr auch von der zwischen Spannung und Stromstärke bestehenden Phasenverschiebung abhängt.

Die Wattmeter können als die Vereinigung eines Ampere- und eines Voltmeters angesehen werden, und demgemäß sind sie auch zu schalten. Ihre Bauweise ist verschieden, doch enthalten sie stets, Abb. 41, eine Stromspule und eine Spannungsspule. Sie besitzen daher vier Klemmen, zwei Stromklemmen A, B und zwei Spannungsklemmen C, D. Doch wird meistens die eine Stromklemme unmittelbar mit der einen Spannungsklemme verbunden, z. B. B mit C, so daß, wenn die entsprechende Verbindung im Innern des Instrumentes hergestellt ist,

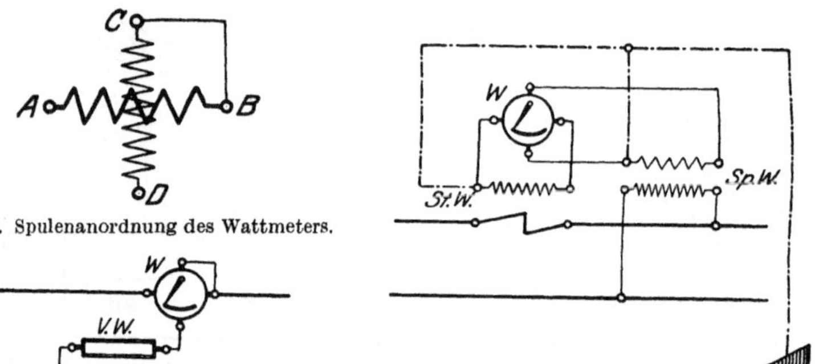

Abb. 41. Spulenanordnung des Wattmeters.

Abb. 42. Leistungsmessung bei Gleichstrom und einphasigem Wechselstrom.

Abb. 43. Leistungsmessung in einer Wechselstrom-Hochspannungsanlage.

nur drei Anschlußklemmen übrig bleiben. Abb. 42 zeigt den Anschluß des Wattmeters W an ein Gleichstrom- oder ein einphasiges Wechselstromnetz. Für die Spannungsspule ist in der Regel ein Vorwiderstand $V. W.$ erforderlich, der in der Abbildung besonders angegeben ist, obwohl er vielfach im Innern des Instrumentes fest angebracht wird.

Bei Leistungsmessungen in Hochspannungsnetzen ist man auf die Verwendung von Strom- und Spannungswandler angewiesen, wie Abb. 43 zeigt.

b) Für Drehstrom.

Bei Drehstrom kann die Leistung unter Zuhilfenahme von drei Wattmetern gemessen werden, deren Spannungsspulen mit ihren freien Enden mit dem Nullpunkt O des Systems oder dem Nulleiter des Netzes verbunden sind, Abb. 44. In diesem Falle mißt man die Leistung jeder einzelnen Phase. Kann gleiche Belastung aller Phasen angenommen werden, so kommt man mit einem einzigen Instrument aus, dessen Skala gegebenenfalls für die Gesamtleistung geeicht wird.

Ist der Nullpunkt des Systems nicht zugänglich, z. B. bei Dreieckschaltung, so kann ein künstlicher Nullpunkt mittels drei nach Abb. 45 geschalteter Widerstände geschaffen werden.

Eine andere Möglichkeit, die Drehstromleistung mit einem einzigen Instrument festzustellen, ist in Abb. 46 angegeben. Das Wattmeter,

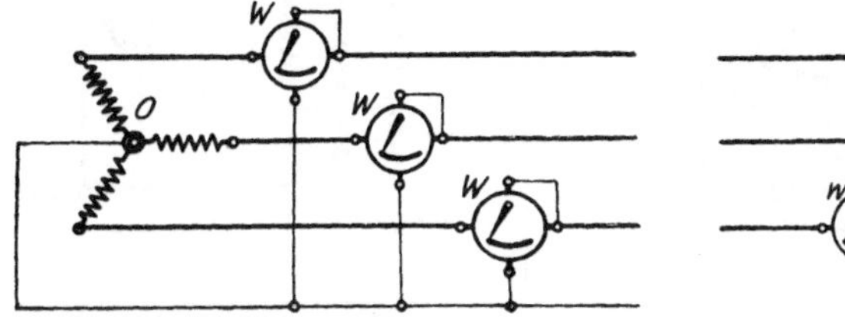

Abb. 44. Leistungsmessung bei Drehstrom, Dreiwattmetermethode.

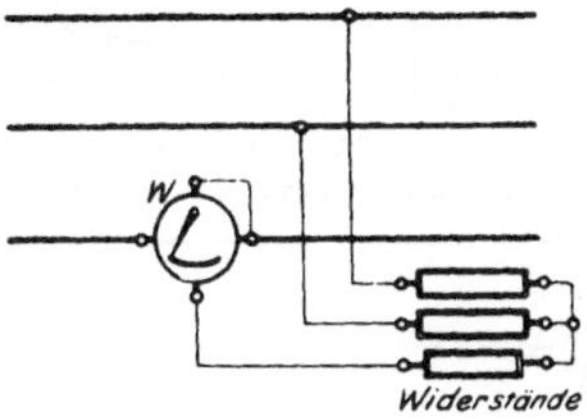

Widerstände

Abb. 45. Leistungsmessung bei Drehstrom mit künstlichem Nullpunkt.

welches für diese Schaltung besonders abgeglichen sein muß und auf die Gesamtleistung geeicht wird, ist hier an nur zwei der Drehstromleitungen angeschlossen. Auch diese Methode ist nur bei gleicher Belastung aller Phasen anwendbar.

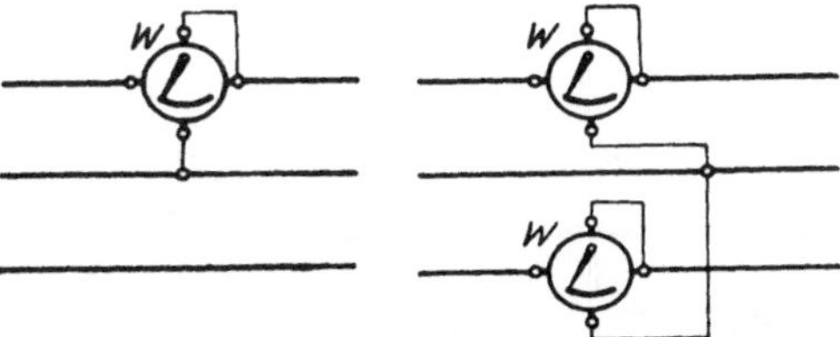

Abb. 46. Leistungsmessung bei Drehstrom mit einem Wattmeter.

Abb. 47. Leistungsmessung bei Drehstrom, Zweiwattmetermethode.

Dagegen führt die Zweiwattmeterschaltung, Abb. 47, auch bei ungleicher Phasenbelastung zu richtigen Ergebnissen. Die Gesamtdrehstromleistung ist gleich der arithmetischen Summe der von den beiden Wattmetern angezeigten Werte, wenn die Instrumente im gleichen Sinne geschaltet

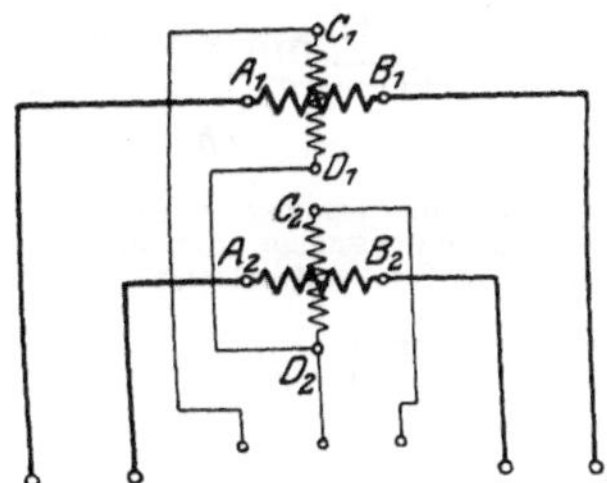

Abb. 48. Spulenanordnung eines nach der Zweiwattmetermethode geschalteten Instrumentes.

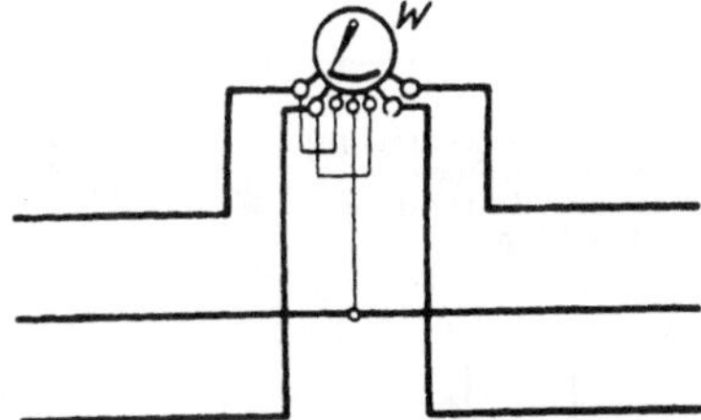

Abb. 49. Leistungsmessung bei Drehstrom mit einem Instrument in Zweiwattmeterschaltung.

sind. Um ein sofortiges Ablesen der Gesamtleistung, auch bei stark schwankender Belastung, zu ermöglichen, können zwei nach der Zweiwattmetermethode geschaltete Einphasensysteme zu einem Instrument in der Weise vereinigt werden, daß der Zeiger die Summe der von den einzelnen Systemen gemessenen Leistungen unmittelbar angibt. Abb. 48 zeigt die innere Schaltung eines derartigen Instrumentes, Abb. 49 seine Verbindung mit den Netzleitungen.

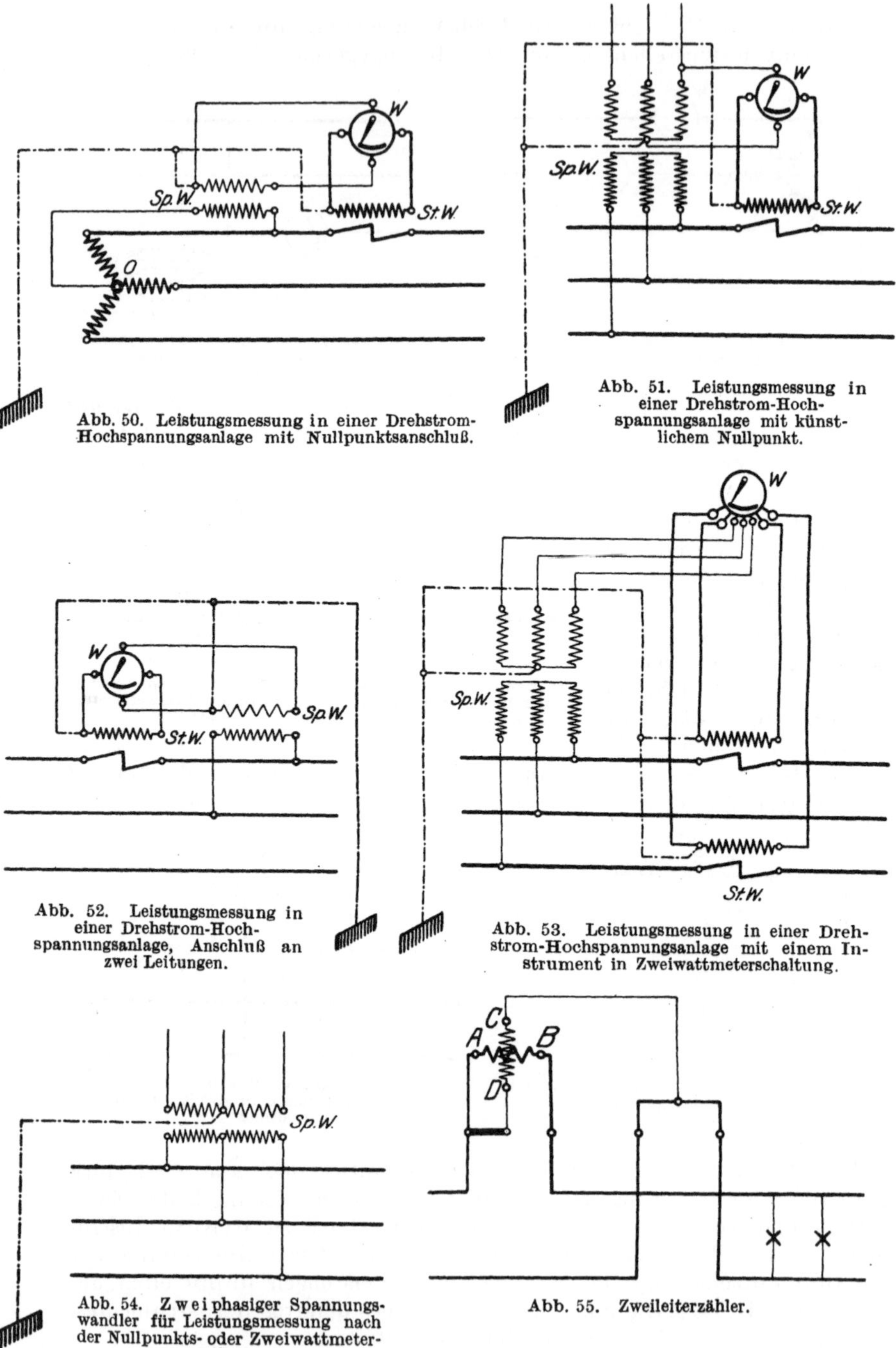

Abb. 50. Leistungsmessung in einer Drehstrom-Hochspannungsanlage mit Nullpunktsanschluß.

Abb. 51. Leistungsmessung in einer Drehstrom-Hochspannungsanlage mit künstlichem Nullpunkt.

Abb. 52. Leistungsmessung in einer Drehstrom-Hochspannungsanlage, Anschluß an zwei Leitungen.

Abb. 53. Leistungsmessung in einer Drehstrom-Hochspannungsanlage mit einem Instrument in Zweiwattmeterschaltung.

Abb. 54. Zweiphasiger Spannungswandler für Leistungsmessung nach der Nullpunkts- oder Zweiwattmetermethode.

Abb. 55. Zweileiterzähler.

Die vorstehenden Schaltungen zur Leistungsmessung in Drehstromanlagen können auch auf Hochspannung übertragen werden. Es müssen alsdann wieder Wandler zu Hilfe genommen werden. Beispiele solcher Anordnungen sind in den Abb. 50 bis 53 zur Darstellung gebracht. In Abb. 51 ist ein künstlicher Nullpunkt mittels eines dreiphasigen Spannungswandlers hergestellt. Dieser kann, wie auch bei der in Abb. 53 angegebenen Zweiwattmeterschaltung durch einen zweiphasigen Wandler, Abb 54, ersetzt werden.

23. Arbeitsmesser.

Um die von den Stromerzeugern verrichtete oder die den Verbrauchsstellen zugeführte Arbeit zu messen, bedient man sich der Wattstundenzähler. Sie sind ähnlich eingerichtet wie die Leistungsmesser, besitzen also auch eine Strom- und eine Spannungsspule. Während jedoch bei den Wattmetern die Leistung durch Zeigerausschlag angegeben wird, wird bei den Zählern die Arbeit fortlaufend registriert. Zu diesem Zwecke

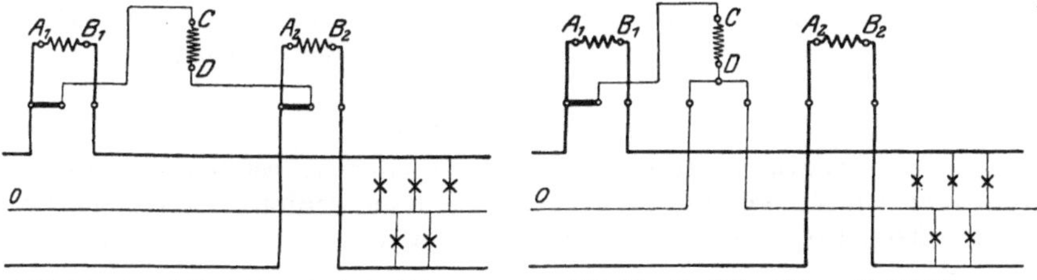

Abb. 56. Dreileiterzähler mit Außenleiteranschluß.

Abb. 57. Dreileiterzähler mit Nulleiteranschluß.

werden sie meistens mit einem drehbaren System ausgestattet, dessen Umdrehungszahl die Arbeit angibt, die an einem Zifferwerk abgelesen werden kann.

Wie in ihrem Aufbau, so entsprechen die Elektrizitätszähler den Wattmetern auch nach der Art ihres Anschlusses. Es kann daher im allgemeinen auf die im vorigen Paragraphen gegebenen Schaltskizzen der Wattmeter verwiesen werden, die auch für den Anschluß der Zähler maßgebend sind.

Um ein bequemes Anschließen des Zählers zu ermöglichen, kann die Verbindung der Spannungsspule von vornherein in seinem Innern in der Weise bewirkt werden, daß lediglich die Netzleitungen einzuführen sind. Als Beispiel hierfür ist in Abb. 55 das Schema eines Zweileiterzählers gegeben. Die Schaltung entspricht völlig der in Abb. 42 dargestellten Wattmeterschaltung. Abb. 56 zeigt ferner den Anschluß eines Dreileiterzählers. Ein solcher benötigt zwei Stromspulen und eine gemeinsame Spannungsspule. Letztere ist an die beiden Außenleiter gelegt, kann aber auch, wie in Abb. 57, an einen Außenleiter und den Nulleiter O angeschlossen werden.

In Gleichstromanlagen mit konstanter Netzspannung begnügt man sich bisweilen mit der Verwendung von Amperestundenzählern. Sie sind billiger als Wattstundenzähler, da sie lediglich eine Stromspule besitzen, während die Spannungsspule fortfällt. Sie werden genau wie die Amperemeter angeschlossen. Für eine bestimmte Netzspannung läßt sich auch an solchen Zählern bei entsprechender Eichung die Arbeit unmittelbar in Wattstunden ablesen, wobei die durch Spannungsschwankungen hervorgerufenen Abweichungen jedoch unberücksichtigt bleiben.

24. Phasenmesser.

Zum Anzeigen des Leistungsfaktors [$\cos\varphi$] eines Wechselstromnetzes dienen die Phasenmesser. Ihre Bauweise ist der der Wattmeter ähnlich, und sie werden auch in der gleichen Weise wie diese an das Netz angeschlossen.

25. Frequenzmesser.

Zur Bestimmung der sekundlichen Periodenzahl eines Wechselstroms benutzt man Frequenzmesser. Es sind hauptsächlich auf dem Resonanzprinzip beruhende Instrumente im Gebrauch, bei denen die Frequenz durch schwingende Stahlzungen angezeigt wird. Der Anschluß der Frequenzmesser erfolgt nach Art der Voltmeter.

26. Erdschlußprüfer.

Um den Isolationszustand einer Anlage jederzeit feststellen zu können, kann ein Erdschlußanzeiger eingebaut werden: ein Voltmeter für die Betriebsspannung wird mit der einen Klemme an die zu unter-

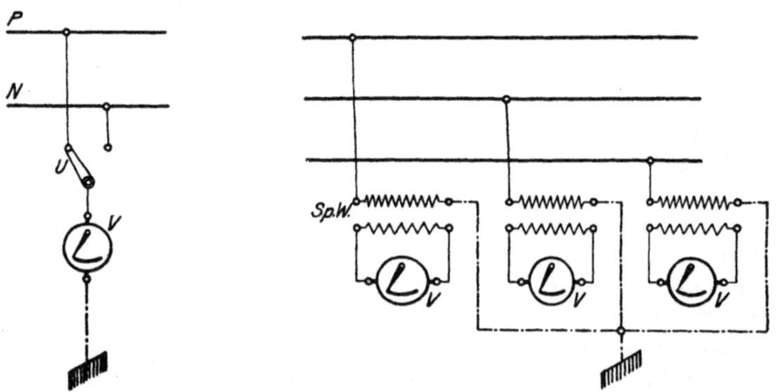

Abb. 58. Voltmeter als Erdschlußanzeiger.

Abb. 59. Erdschlußanzeiger in einer Drehstrom-Hochspannungsanlage.

suchende Leitung, mit der anderen Klemme an Erde gelegt. Besitzt in Abb. 58 die Leitung P einen Erdschluß, während die Leitung N sich in gutem Isolationszustand befindet, so zeigt das Voltmeter, wenn es mittels des Umschalters U an P gelegt wird, keine Spannung an, wohl aber, wenn es mit N verbunden wird. Aus der Größe des Ausschlages kann auf den Isolationswiderstand der Leitung geschlossen werden. Bei einem vollkommenen Erdschluß zeigt das Voltmeter die volle Betriebsspannung. Statt eines Voltmeters kann auch eine Glühlampe verwendet werden. Aus der Helligkeit ihres Aufleuchtens läßt sich ein ungefährer Schluß auf den Isolationszustand der Leitungen ziehen.

Bei Hochspannung werden zum Anschluß der Erdschlußvoltmeter Spannungswandler benutzt. Abb. 59 zeigt die Schaltung für den Fall, daß drei Einphasenspannungswandler zur Anwendung kommen. Auf eine Erdung der Sekundärspulen der Wandler (vgl. § 9) kann hier verzichtet werden, da bei einem etwaigen Schluß zwischen primärer und sekundärer Wicklung letztere von der Hochspannungsseite aus geerdet ist.

Auch statische Voltmeter können als Erdschlußprüfer dienen. Sie können unmittelbar an Hochspannung gelegt werden, so daß sich die Benutzung von Spannungswandlern erübrigt.

IV. Elektrizitätswerke mit Gleichstrombetrieb.

A. Gleichstrommaschinen und Akkumulatoren.

27. Die fremderregte Maschine.

Die Gleichstrommaschinen werden nach der Art ihrer Felderregung eingeteilt in fremd- und selbsterregte. Bei den Maschinen mit Fremderregung wird der Erregerstrom von einer besonderen Stromquelle geliefert. Das Schema ihrer Schaltung zeigt Abb. 60. Es bedeutet AB den Anker, JK die Magnetwicklung. Von den Ankerklemmen werden die Außenleitungen abgenommen. Die Belastung ist durch einige Glühlampen angedeutet. Die Magnetwicklung ist an eine Akkumulatorenbatterie angeschlossen. Mittels eines in den Magnetkreis eingeschalteten Regulierwiderstandes, des Magnetreglers, kann die Erregerstromstärke und damit die Spannung der Maschine auf den gewünschten Wert einreguliert und letztere bei schwankender Belastung konstant gehalten werden. Der Drehpunkt der Regulierkurbel ist mit s, der Kurzschlußkontakt mit t bezeichnet.

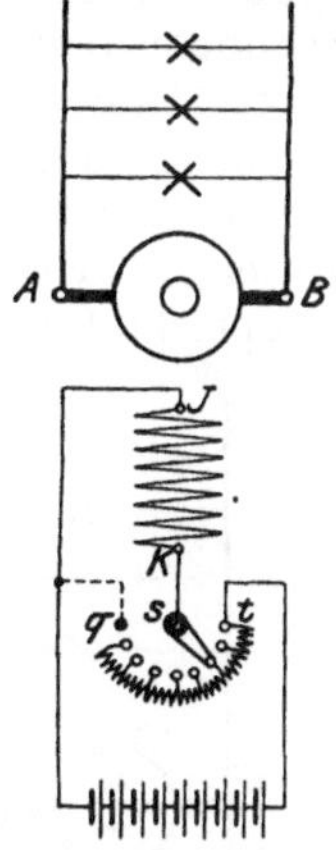

Abb. 60. Fremderregte Maschine.

Um den beim Ausschalten des Erregerstroms auftretenden Selbstinduktionsstoß unschädlich zu machen, kann der Ausschaltkontakt q des Reglers mit dem mit dem Regler nicht in Verbindung stehenden Ende der Magnetwicklung verbunden werden, wodurch dem Selbstinduktionsstrom ein geschlossener Weg geboten und die Neigung zur Funkenbildung am Ausschaltkontakt abgeschwächt wird. Die Ausschaltleitung ist im Schema durch eine gestrichelte Linie angegeben.

28. Die Nebenschlußmaschine.

Die meisten Maschinen arbeiten mit Selbsterregung der Magnete. Wird ein Teil des im Anker der Maschine erzeugten Stromes für die

Erregung abgezweigt, so erhält man die **Nebenschlußmaschine**, die hauptsächlich verwendete Gleichstrommaschine. Bei ihr liegt also die Magnetwicklung *CD* parallel zum äußeren Stromkreis, wie es das Schema Abb. 61 zeigt, in dem auch der Magnetregler, hier **Nebenschlußregler** genannt, eingezeichnet ist. Die gestrichelt angedeutete Leitung dient, wie im vorigen Paragraphen angegeben, zum selbstinduktionsfreien Ausschalten.

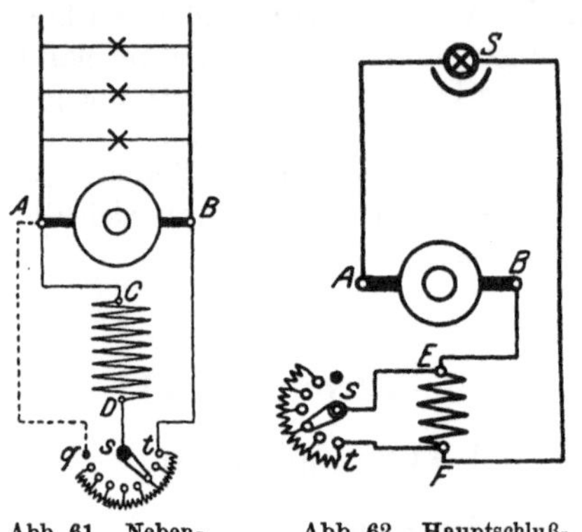

Abb. 61. Nebenschlußmaschine.

Abb. 62. Hauptschlußmaschine.

29. Die Hauptschlußmaschine.

Bei der **Hauptschlußmaschine** sind der Anker *AB* und die Magnetwicklung *EF* hintereinander geschaltet, Abb. 62. Die Spannung der Maschine richtet sich ganz und gar nach der Belastung. Solange der Maschine kein Strom entnommen wird, liefert sie auch keine Spannung. Da die an ein Stromverteilungsnetz angeschlossenen Stromverbraucher in der Regel mit einer gleichbleibenden Spannung betrieben werden sollen, so wird die Hauptschlußmaschine nur selten zur Stromerzeugung verwendet. Eine Spannungsreglung kann mittels eines zur Magnetwicklung parallel angeschlossenen Regulierwiderstandes, in der Abbildung mit *s*, *t* bezeichnet, vorgenommen werden.

Im Schema ist angenommen, daß die Maschine auf einen Scheinwerfer *S* arbeitet, wodurch gleichzeitig ein Anwendungsgebiet der Hauptschlußmaschine gekennzeichnet ist.

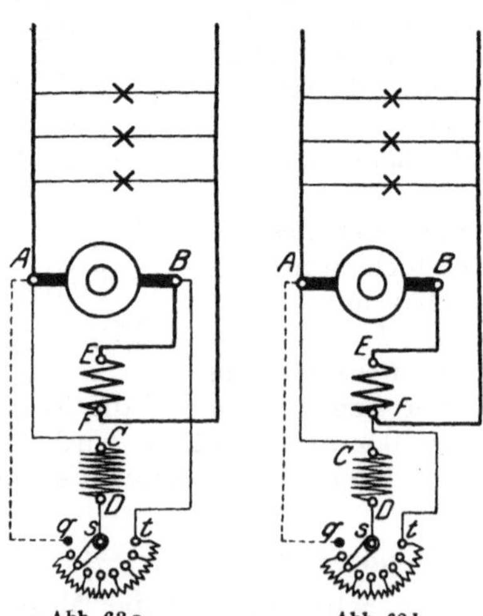

Abb. 63 a. Abb. 63 b.
Doppelschlußmaschine.

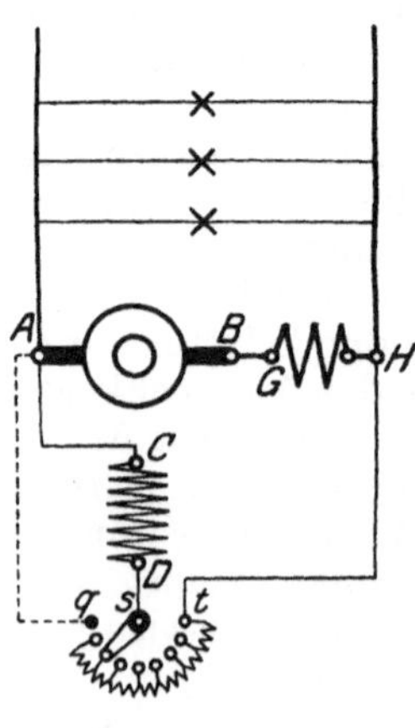

Abb. 64.
Maschine mit Wendepolen oder kompensierte Maschine.

30. Die Doppelschlußmaschine.

In manchen Fällen bietet die Anwendung einer Doppelschlußmaschine Vorteile: die Magnete erhalten sowohl eine Nebenschluß- als auch eine Hauptschlußwicklung. Die Maschine, häufig auch Kompoundmaschine genannt, zeichnet sich durch eine bei allen Belastungen gleichbleibende Spannung aus. Oder sie ist „überkompoundiert", und ihre Spannung steigt alsdann mit zunehmender Belastung ein wenig an. Die Nebenschlußwicklung *CD* kann entweder an die Bürstenspannung *AB*, wie im Schema Abb. 63a, oder, wie in Abb. 63b, an die Klemmenspannung *AF* angeschlossen werden. Mittels des Nebenschlußreglers wird die Spannung auf den gewünschten Wert eingestellt.

31. Maschinen mit Wendepolen und kompensierte Maschinen.

Die Gleichstrommaschinen werden vielfach mit Wendepolen versehen, Hilfspolen, welche zwischen den Hauptpolen angeordnet und vom Ankerstrom in der Weise erregt werden, daß bei der Drehung des Ankers die auf ihm untergebrachten, der Induktion unterworfenen Drähte vor ihrem Vorbeigang an einem Hauptpol zunächst immer erst an einem Wendepol der gleichen Polarität vorüber müssen. Durch die Wendepole wird das magnetische Querfeld des Ankers aufgehoben und die Neigung zur Funkenbildung an den auf dem Kollektor schleifenden Bürsten vermindert. Wendepole werden daher namentlich an Maschinen angebracht, welche besonders schweren Betriebsbedingungen genügen müssen.

Das Schema einer Nebenschlußmaschine mit Wendepolen ist in Abb. 64 wiedergegeben. Die Wendepolwicklung hat die Bezeichnung *GH*.

Das gleiche Schema gilt auch für die kompensierte Maschine. Ihr Magnetgestell besitzt keine ausgeprägten Pole, sondern umschließt den Anker als Hohlzylinder. In Nuten des Hohlzylinders wird die Kompensationswicklung *GH* untergebracht, die, wie die Wendepolwicklung, auch vom Ankerstrom durchflossen wird, und durch welche das magnetische Feld des Ankers in besonders vollkommener Weise aufgehoben wird.

In den nachfolgenden Plänen sind Wendepol- und Kompensationswicklungen an den Maschinen, da ihr Vorhandensein lediglich deren inneren Aufbau betrifft, im allgemeinen nicht angegeben.

32. Die Akkumulatorenbatterie.

Große Vorteile bietet in einer Stromerzeugungsanlage die Anwendung einer Akkumulatorenbatterie. Ihr wird während der Ladung elektrische Energie zugeführt, und sie kann ihr nach Bedarf wieder entnommen werden. Es läßt sich daher durch Aufstellung einer Batterie eine wesentliche Vereinfachung in der Betriebsführung des Werkes erzielen. Lade- und Entladestrom sind entgegengesetzt gerichtet. Die Batterie setzt sich je nach der Betriebsspannung aus einer mehr oder weniger großen Zahl von Zellen zusammen. Sie wird zu den

Betriebsmaschinen parallel geschaltet und greift daher beim Versagen der Maschinen selbsttätig ein, wodurch die Betriebssicherheit der Anlage erheblich erhöht wird.

Während der Ladung steigt die Spannung der Batterie allmählich an, bis auf ungefähr das $1^1/_2$fache der Netzspannung. Diese höhere Spannung kann durch entsprechend stärkere Erregung der Betriebsmaschine erzielt werden, oder es ist eine besondere Zusatzmaschine aufzustellen, die mit der Betriebsmaschine in Reihe geschaltet wird.

a) Der Einfachzellenschalter.

Da die Spannung der Akkumulatorenbatterie zu Beginn der Entladung größer ist als die Netzspannung, so müssen zunächst einige Zellen abgeschaltet werden, die in dem Maße, wie die Entladung der Batterie fortschreitet, allmählich wieder hinzuzufügen sind. Hierzu gebraucht man einen Zellenschalter. Derselbe wird auch für das Aufladen der Batterie benötigt, um nacheinander die Zellen abzuschalten, deren Ladung beendigt ist. Das ist bei den Schaltzellen früher der Fall als bei den Stammzellen, da sie bei der Entladung nur nach und nach in Benutzung genommen werden. Das Schema einer Batterie mit Zellenschalter zeigt Abb. 65.

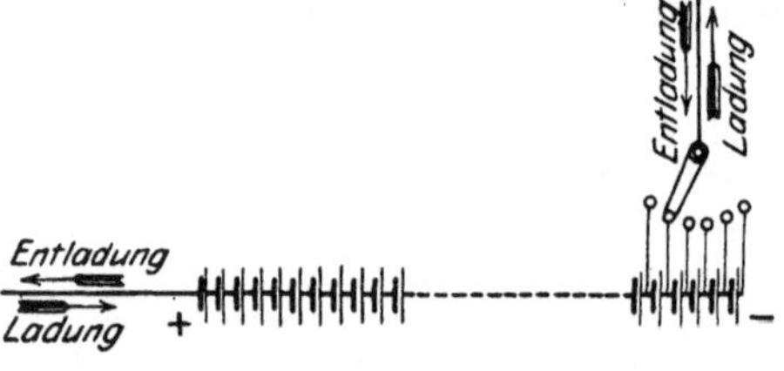

Abb. 65. Akkumulatorenbatterie mit Einfachzellenschalter.

Auf die Ausführung des Zellenschalters soll nicht näher eingegangen werden; es ist bei der Konstruktion darauf Rücksicht zu nehmen, daß beim Übergang aus einer Kurbelstellung in die nächste weder eine Stromunterbrechung eintritt, noch einzelne Zellen durch Kurzschluß gefährdet werden.

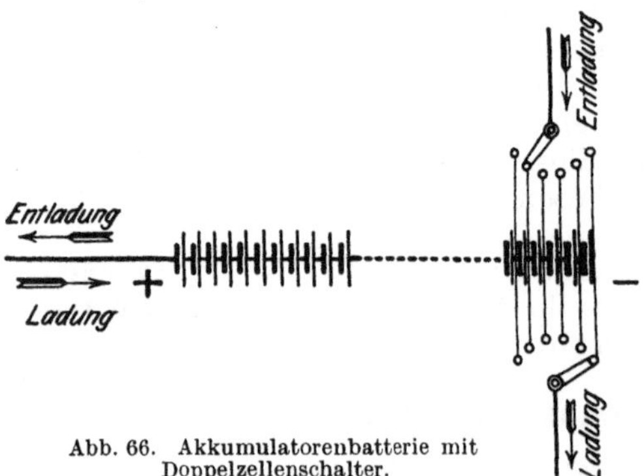

Abb. 66. Akkumulatorenbatterie mit Doppelzellenschalter.

b) Der Doppelzellenschalter.

Soll die Batterie auch während der Ladung mit dem Netz in Verbindung bleiben, so sind, um die Entladespannung unabhängig von der Ladespannung einstellen zu können, zwei Zellenschalter erforderlich. In der Regel werden beide Schalter zu einem Doppelzellenschalter in der Weise vereinigt, daß über einer gemeinsamen Kontaktplatte zwei Kontaktfedern verschiebbar angebracht werden, eine für die Ladung und eine für die Entladung. Eine Batterie mit Doppelzellenschalter ist schematisch in Abb. 66 dargestellt, jedoch ist der Deutlichkeit wegen die Kontaktbahn für die Lade- und Entladeseite getrennt gezeichnet. Der Zellenschalter wird durch zwei die Kontaktfedern tragende Kurbeln bedient.

c) Der leitungsparende Zellenschalter.

Um die Zahl der zwischen Batterie und Zellenschalter erforderlichen Verbindungsleitungen zu vermindern, können jedesmal zwei Zellen zwischen benachbarte Kontakte des Zellenschalters angeschlossen werden. Um trotzdem die gleiche Feinheit in der Regelung zu erreichen wie beim Anschluß von Zelle zu Zelle, läßt sich unter Anwendung einer Hilfszelle noch eine Zwischenstufe zwischen je zwei Hauptstellungen des Zellenschalters einführen. Abb. 67 zeigt das Prinzip der Einrichtung für einen Einfachzellenschalter. Die beiden mechanisch miteinander verbundenen, aber elektrisch voneinander isolierten Hauptbürsten B_1 und B_2 sowie die Hilfsbürste B_3 sind zwangläufig in der Weise miteinander gekuppelt, daß jedesmal, wenn die Hauptbürsten um eine halbe Stufe verschoben werden, die Hilfsbürste ebenfalls verschoben wird, und zwar abwechselnd zwischen den Stellungen *a* und *b*. In Stellung *a* ist nun die Hilfszelle *H* ausgeschaltet, in Stellung *b* wirkt ihre Spannung dagegen der Batteriespannung entgegen, was in der Wirkung dasselbe ist, als ob eine Zelle weniger eingeschaltet wäre. Das Weiterrücken der Hauptbürsten von halber zu halber Stufe läuft also, wie ein Vergleich der Abb. 67a und b verdeutlicht, auf das gleiche hinaus, als ob jedesmal nur eine Zelle zu- oder abgeschaltet würde.

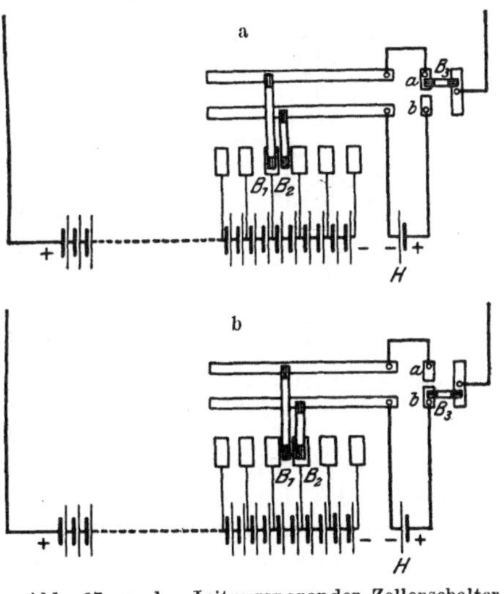

Abb. 67a u. b. Leitungsparender Zellenschalter.

Die konstruktive Ausbildung des leitungsparenden Zellenschalters, der von den S.S.W. hergestellt wird, kann hier nicht erörtert werden.

B. Zweileiterzentralen.

33. Betrieb mit einer Nebenschluß- oder Doppelschlußmaschine.

In Abb. 68 ist der Schaltplan für eine Stromerzeugungsstation mit nur einer Betriebsmaschine wiedergegeben. Eine derartige Anlage kommt, da jegliche Reserve fehlt, nur für kleinste Verhältnisse in Betracht. Der Abbildung ist eine Nebenschlußmaschine zugrunde gelegt (s. § 28). Zur Verbindung der Maschine mit den Sammelschienen

— mit P ist die positive, mit N die negative Schiene bezeichnet — ist ein zweipoliger Schalter erforderlich. An Meßinstrumenten sind vorgesehen der Strommesser A und der Spannungsmesser V. Mittels der von den Sammelschienen ausgehenden Verteilungsleitungen wird der Strom den verschiedenen Teilen des Netzes zugeführt. Alle Leitungen sind durch Schmelzsicherungen geschützt.

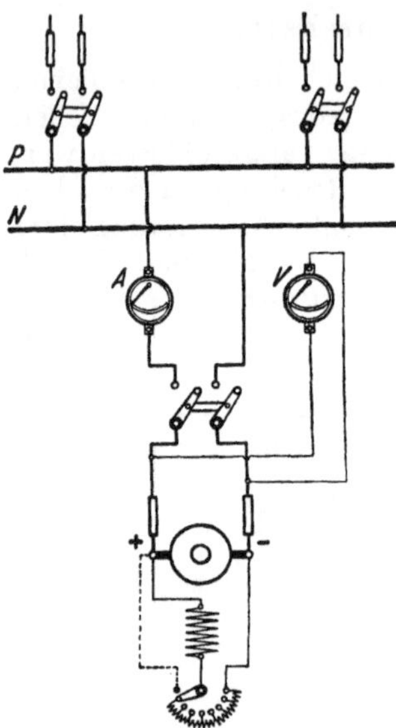

Abb. 68. Gleichstromanlage mit einer Nebenschlußmaschine.

Statt der Nebenschlußmaschine kann auch eine Doppelschlußmaschine (s. § 30) in Anwendung kommen. Das vorstehende Schema läßt sich ohne weiteres auf diesen Fall übertragen. Eine Doppelschlußmaschine ist namentlich dann vorteilhaft, wenn in der Anlage größere Belastungsschwankungen zu erwarten sind.

34. Allgemeines über den Parallelbetrieb von Gleichstrommaschinen.

In größeren Zentralstationen wird man stets mehrere Betriebsmaschinen aufstellen, die nach Bedarf parallel geschaltet werden. Hierdurch wird eine größere Betriebssicherheit gewährleistet. Außerdem ist es möglich, bei jeder Netzbelastung mit einem guten Wirkungsgrad zu arbeiten, indem immer nur so viel Maschinen in Betrieb genommen werden, als der jeweiligen Belastung entspricht. Es ist anzustreben, daß die eingeschalteten Maschinen stets ungefähr voll belastet sind.

Bei parallel arbeitenden Maschinen müssen alle positiven Pole an die eine Sammelschiene, die negativen Pole an die andere Sammelschiene angeschlossen sein. Ferner ist zu beachten, daß eine Maschine, ehe man sie zu anderen, bereits im Betrieb befindlichen Maschinen parallel schaltet, auf die gleiche Spannung wie diese gebracht wird.

Sinkt während des Betriebes, etwa infolge Nachlassens der Umdrehungszahl der Antriebsmaschine, die Spannung einer Maschine, so liegt die Gefahr vor, daß sie Strom von den anderen Maschinen empfängt, daß sie also, anstatt Strom in das Netz zu liefern, als Motor angetrieben wird. Um dem vorzubeugen, wird in je eine der von den Maschinen zu den Sammelschienen führenden Verbindungsleitungen ein selbsttätiger Rückstrom- oder ein Nullstromschalter eingebaut (s. § 7b). Der Rückstromschalter läßt sich einlegen, sobald die betreffende Maschine auf Spannung gebracht ist, unabhängig davon, ob sie belastet ist oder nicht. Der Nullstromschalter bleibt dagegen nur eingeschaltet, wenn eine gewisse Mindeststromstärke vorliegt. Er wird wegen seiner größeren Einfachheit in Gleichstromanlagen oft dem Rückstromschalter vorgezogen.

Während im Falle eines Rückstromes die Magnetwicklung einer Nebenschlußmaschine in der gleichen Richtung wie im normalen Betriebe vom Strom durchflossen wird, erhält eine Hauptschlußmagnetwicklung in entgegengesetztem Sinne Strom, so daß eine Umpolarisierung der Maschine eintritt. Dieser Umstand muß beim Parallelbetrieb von Doppelschlußmaschinen beachtet werden.

35. Nebenschlußmaschinen im Parallelbetrieb.

Abb. 69 stellt das Schaltungsschema zweier Nebenschlußmaschinen dar, die auf gemeinsame Sammelschienen arbeiten. Ein Pol jeder Maschine ist mit den Sammelschienen über einen Handschalter, der andere Pol über einen Nullstromschalter (oder einen Rückstromschalter) verbunden. Für jede Maschine ist ein Strommesser vorgesehen. Es ist dagegen nur ein Spannungsmesser vorhanden, der in Verbindung mit einem Voltmeterumschalter zum Messen der Spannungen beider Maschinen dient. Die dafür nötigen Verbindungsleitungen sind der Deutlichkeit wegen in der Abbildung fortgelassen und lediglich durch Zahlen angedeutet in der Weise, daß eine Leitung 1—1, eine solche 2—2 usw. zu denken ist. In der Stellung 1—2 des Umschalters zeigt das Voltmeter die Spannung der einen, in der Stellung 3—4 die Spannung der anderen Maschine an.

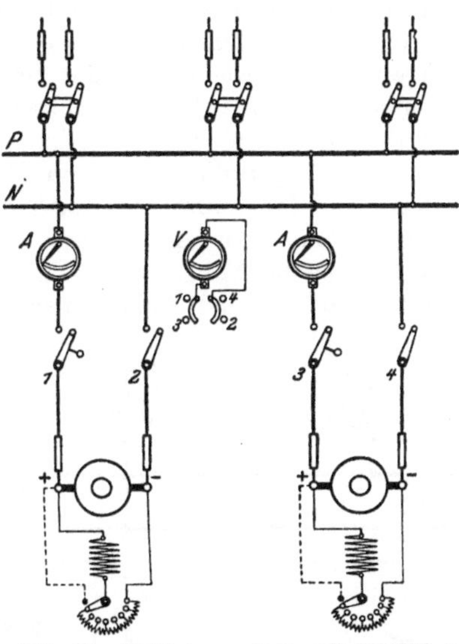

Abb. 69. Gleichstromanlage mit parallel geschalteten Nebenschlußmaschinen.

Soll eine der Maschinen auf das Netz geschaltet werden, so wird zunächst ihre Spannung mittels des Nebenschlußreglers auf den normalen Wert gebracht. Sodann ist der Handschalter zu schließen. Darauf wird auch der Nullstromschalter eingelegt und von Hand festgehalten, bis so viel Belastung eingeschaltet ist, daß er von selber in der Einschaltstellung verbleibt. Um die andere Maschine mit der bereits im Betriebe befindlichen parallel zu schalten, muß sie zunächst auf die Betriebsspannung erregt werden. Die Belastung kann auf die beiden Maschinen beliebig verteilt werden, indem die Maschine, deren Belastung erhöht werden soll, mit Hilfe des Nebenschlußreglers etwas stärker erregt wird. Um eine Maschine abzuschalten, ist sie durch Schwächen des Erregerstroms soweit zu entlasten, daß der Nullstromschalter von selber auslöst.

Vor der Inbetriebsetzung der Anlage hat man sich davon zu überzeugen, daß die Maschinen in der richtigen Weise mit den Sammelschienen verbunden sind, d. h. daß die positiven Pole beider Maschinen an der einen, die negativen Pole an der anderen Sammelschiene liegen. Um auf alle Fälle richtige Pole zu erhalten, empfiehlt es sich, beim ersten Parallelschalten die hinzuzuschaltende Maschine kurze Zeit an die von der anderen Maschine gespeisten Sammelschienen anzuschließen, jedoch so, daß der Anker keinen Strom erhält, was z. B. dadurch erreicht werden kann, daß die Bürsten vom Kollektor abgehoben werden. Der Hebel des Nebenschlußreglers wird sodann allmählich in die Kurzschlußstellung gebracht, so daß die Magnetwicklung vollen Strom erhält. Unter dem Einflusse des nach dem Ausschalten zurückbleibenden remanenten Magnetismus wird die Maschine nunmehr die für das Parallelarbeiten notwendige Polarität annehmen, vorausgesetzt, daß sie sich überhaupt erregt. Sollte bei der vorliegenden Drehrichtung eine Selbsterregung der Maschine nicht erfolgen, so sind die Enden der Magnetwicklung hinsichtlich ihrer Verbindung mit dem Anker zu wechseln, und es ist alsdann das vorstehend beschriebene Verfahren zu wiederholen, d. h. der Magnetwicklung nochmals einen Augenblick lang von den Sammelschienen aus Strom zuzuführen. Die Maschine wird sich dann sicher erregen und dabei die richtigen Pole aufweisen.

Das Schema Abb. 69 läßt sich ohne Schwierigkeit für den Fall erweitern, daß in der Anlage mehr als zwei Maschinen vorhanden sind.

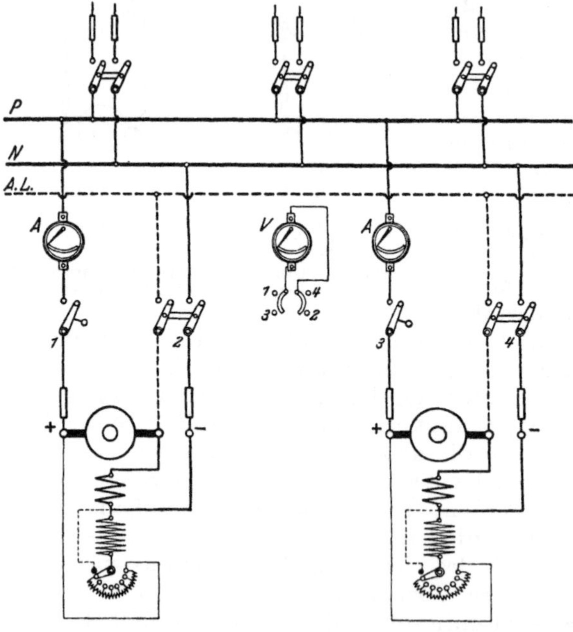

Abb. 70. Gleichstromanlage mit parallel geschalteten Doppelschlußmaschinen.

36. Doppelschlußmaschinen im Parallelbetrieb.

Der Schaltplan für parallel betriebene Doppelschlußmaschinen entspricht dem für parallel arbeitende Nebenschlußmaschinen. Doch wendet man in der Regel noch eine Ausgleichsleitung an, wie es das Schema Abb. 70 zeigt. An die Ausgleichsleitung *A.L.* werden diejenigen Ankerpole aller Maschinen angeschlossen, welche mit der Hauptschlußmagnetwicklung in unmittelbarer Verbindung stehen. Der bei Spannungsverschiedenheiten der Maschinen auftretende Ausgleichsstrom fließt dann durch die

Ausgleichsleitung hindurch, nicht aber durch die Hauptschlußwicklungen, und es wird dadurch die Gefahr des Umpolarisierens der Maschinen (vgl. § 34) beseitigt. Die Ausgleichsleitung ist in der Abbildung gestrichelt angegeben. Durch Anwendung eines zweipoligen Handschalters für jede Maschine wird erreicht, daß ihr Anschluß an die Ausgleichsleitung gleichzeitig mit dem Anschluß an die eine Sammelmaschine bewirkt wird.

37. Nebenschlußmaschine und Akkumulatorenbatterie mit Einfachzellenschalter.

Das Schema Abb. 71 zeigt den einfachsten Fall einer mit einer Akkumulatorenbatterie ausgerüsteten Zentrale. Für letztere ist ein Einfachzellenschalter vorgesehen. Die Verbindung der Betriebsmaschine, einer Nebenschlußmaschine, mit den Sammelschienen wird durch Schließen des einpoligen Handschalters und des Nullstromschalters bewirkt. Die über den Nebenschlußregler zur Magnetwicklung führende Leitung ist zwischen Nullstromschalter und Sammelschiene angeschlossen. Dadurch wird erreicht, daß die Maschine von den Sammelschienen (also von der Batterie) aus erregt werden kann, ehe noch der Selbstschalter eingelegt ist. Die Maschine erhält dann mit Sicherheit die für den Parallelbetrieb mit der Batterie erforderliche Polarität (vgl. § 35, vorletzter Absatz). Die Verbindung der Batterie mit den Sammelschienen geschieht durch zwei einpolige Schalter. Für die Maschine und die Batterie ist je ein Strommesser vorgesehen. Wird für die Batterie ein Drehspulinstrument verwendet, das seinen Nullpunkt in der Mitte der Skala hat, so kann man aus der Richtung des Ausschlags sofort erkennen, ob sich die Batterie im Zustande der Ladung (L) oder der Entladung (E) befindet, andernfalls ist noch ein besonderer Stromrichtungszeiger erforderlich. Bei Verwendung eines Voltmeterumschalters genügt ein Spannungsmesser sowohl zur Messung der Maschinenspannung 1—2 als auch der Batteriespannung 3—4. Um

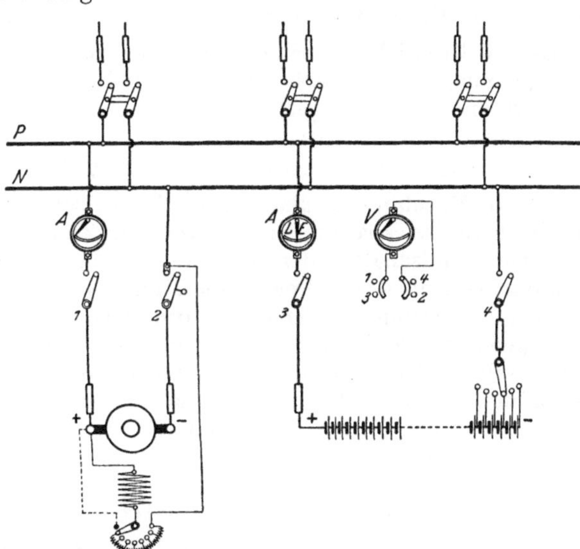

Abb. 71. Nebenschlußmaschine und Akkumulatorenbatterie mit Einfachzellenschalter.

die Batterie mittels der Nebenschlußmaschine laden zu können, muß deren Spannung durch den Nebenschlußregler auf den hierfür erforderlichen Betrag gesteigert werden können.

Es sind nachstehende Betriebsweisen möglich.

a) Die Maschine arbeitet allein auf das Netz.

Um die Maschine in Betrieb zu nehmen, wird ihr Nullstromschalter eingelegt und zunächst festgehalten. Sodann wird sie auf die normale Spannung erregt. Darauf wird der einpolige Handschalter geschlossen. Ist die Belastung genügend groß, so bleibt der Selbstschalter von selber haften.

b) Die Batterie arbeitet allein auf das Netz.

Es sind lediglich die beiden einpoligen Batterieschalter geschlossen. Die Spannung wird mittels des Zellenschalters auf den richtigen Wert reguliert und konstant gehalten.

c) Maschine und Batterie arbeiten parallel.

Um die Maschine zur Batterie parallel zu schalten, muß sie zunächst auf deren Entladespannung erregt werden. Zu diesem Zwecke wird der einpolige Handschalter der Maschine geschlossen, worauf beim Einschalten des Nebenschlußreglers die Magnetwicklung von den Sammelschienen aus Strom empfängt. Ist die Maschine auf die richtige Spannung gebracht, so wird der Selbstschalter eingelegt. Nunmehr wird durch weiteres Erregen möglichst die volle Belastung auf die Maschine geworfen, so daß die Batterie nur die Belastungsschwankungen auszugleichen hat, der Zeiger des Batteriestrommessers also um den Nullpunkt herum pendelt.

d) Die Batterie wird geladen.

Die Schaltung ist die gleiche wie beim Parallelbetrieb. Doch muß die Kurbel des Zellenschalters, damit alle Zellen geladen werden, zunächst auf den äußersten Kontakt gebracht werden. Die Maschinenspannung ist um einige Volt höher einzustellen als die Batteriespannung und in dem Maße, wie diese während der Ladung ansteigt, zu erhöhen, derart, daß die Stromstärke stets den für die Ladung gewünschten Wert hat. Die bereits voll aufgeladenen Zellen werden nacheinander mittels des Zellenschalters abgeschaltet.

Da die Ladespannung die Betriebsspannung wesentlich übersteigt, so können während der Ladung keinesfalls Lampen und andere mit der Netzspannung zu betreibende Stromverbraucher von den Sammelschienen aus gespeist werden. Die zum Netz führenden Leitungen müssen daher vor Beginn der Ladung abgeschaltet werden. Es ist dies ein erheblicher Mangel der Anordnung, und es werden daher auch nur ausnahmsweise Anlagen nach diesem System ausgeführt, z. B. kleine Beleuchtungsanlagen, bei denen tagsüber kein Strom gebraucht wird, so daß die Batterie in dieser Zeit geladen werden kann.

Wird eine Zusatzmaschine angewendet, so kann zwar durch die Hauptmaschine, da diese dann stets mit der normalen Spannung betrieben wird, das Netz auch während der Ladung mit Strom versorgt werden, doch muß die Batterie während dieser Zeit von den Sammelschienen getrennt werden. Man verliert auf diese Weise einen der Hauptvorteile der Batterie: selbsttätig in die Strombelieferung des Netzes einzugreifen, wenn an der Maschine eine Störung eintritt.

38. Nebenschlußmaschine und Akkumulatorenbatterie mit Doppelzellenschalter.

Soll die Möglichkeit gegeben sein, daß die Batterie auch während der Ladung mit dem Netz verbunden bleibt, so muß ein Doppelzellenschalter angewendet werden. Abb. 72 gibt für diesen Fall die Schaltung an, und zwar wieder unter der Annahme, daß die für die Ladung notwendige Spannungserhöhung durch Nebenschlußregelung der Betriebsmaschine erzielt werden kann. In einer der beiden von der Nebenschlußmaschine zu den Sammelschienen führenden Leitungen befindet sich, wie im vorigen Schema, ein einpoliger Handschalter. Die andere Leitung enthält jedoch außer dem Nullstromschalter noch einen Umschalter. Dieser ist, wenn die Maschine auf das Netz arbeiten soll, in die Stellung *N* zu bringen, dagegen ist er für die Ladung auf *L* einzustellen. Es empfiehlt sich, einen Umschalter zu wählen, der den Übergang aus der einen in die andere Stellung ohne Stromunterbrechung zu bewerkstelligen erlaubt. Die Batterie steht mit den Sammelschienen wieder durch zwei einpolige Schalter in Verbindung. Ihre Lade- und Entladespannung können mittels des Doppelzellenschalters unabhängig voneinander geregelt werden. Der Kontakt *L* des Umschalters und die Ladekurbel sind durch die Ladeleitung miteinander verbunden. Bezüglich der Strommesser gilt das im vorigen Paragraphen angegebene. Für den Spannungsmesser ist ein Umschalter mit folgenden Stellungen vorgesehen: 1—2 Maschinenspannung, 3—4 Batterieentladespannung, 5—6 Batterieladespannung.

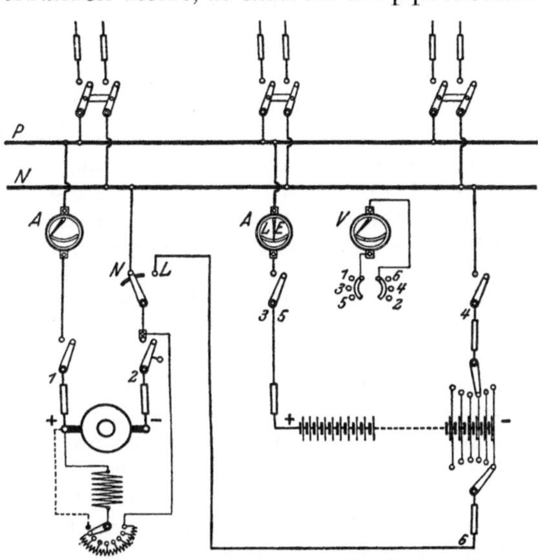

Abb. 72. Nebenschlußmaschine und Akkumulatorenbatterie mit Doppelzellenschalter.

Auf die verschiedenen Betriebsweisen soll nur insoweit eingegangen werden, als sich gegenüber der Anordnung mit einem Einfachzellenschalter Unterschiede ergeben.

a) Die Maschine arbeitet allein auf das Netz.

Ist die Batterie aus irgendeinem Grunde ausgeschaltet, so hat die Maschine allein den Betrieb zu übernehmen. Der Umschalter steht hierbei auf N.

b) Die Batterie arbeitet allein auf das Netz.

Zu Zeiten geringen Strombedarfs, z. B. des Nachts, wird der Maschinenbetrieb stillgelegt und die Stromlieferung lediglich der Batterie übertragen. Zur Konstanthaltung der Spannung dient die Entladekurbel des Zellenschalters.

c) Maschine und Batterie arbeiten parallel.

In den Stunden des Hauptbetriebes läßt man Maschine und Batterie gleichzeitig auf das Netz arbeiten, damit letztere die Belastungsschwankungen aufnehmen kann und im Falle eines Versagens der Maschine die Stromlieferung aufrecht erhält. Um die Maschine zur Batterie parallel zu schalten, ist bei der Umschalterstellung N zunächst der einpolige Handschalter zu schließen und erst, nachdem die Maschine erregt ist, der Nullstromschalter einzulegen.

d) Die Batterie wird geladen.

Um vom Parallelbetrieb zur Ladung überzugehen, ist der Umschalterhebel von N auf L zu bringen. Vorher ist aber die Ladekurbel des Doppelzellenschalters auf den gleichen Kontakt zu stellen, auf dem sich die Entladekurbel befindet, da andernfalls in dem Augenblicke, in dem während des Umschaltens N und L gleichzeitig von der Kontaktfeder des Schalters berührt werden, die zwischen beiden Kurbeln befindlichen Zellen kurzgeschlossen sind. Ist die Umschaltung bewirkt, so ist jedoch die Ladekurbel auf den äußersten Kontakt zu drehen, so daß alle Zellen an der Ladung teilnehmen. Die Maschine ist auf die der Ladung entsprechende Spannung zu erregen. Die voll aufgeladenen Zellen werden mittels der Ladekurbel nach und nach abgeschaltet. Da die Batterie auch während der Ladung den Strombedarf im Netz zu decken hat, müssen mittels der Entladekurbel stets so viel Zellen abgeschaltet werden, daß trotz der höheren Ladespannung die Netzspannung den normalen Wert beibehält.

Um nach der Ladung die Maschine wieder zur Batterie parallel zu schalten, ist das soeben für den umgekehrten Fall Angegebene sinngemäß zu beachten.

39. Mehrere Nebenschlußmaschinen und Akkumulatorenbatterie mit Doppelzellenschalter.

In größeren Anlagen sind stets mehrere Betriebsmaschinen vorhanden, und es wird die Zahl der in Betrieb zu nehmenden Maschinen immer der jeweiligen Belastung des Netzes angepaßt. Das Schema

Abb. 73, in welchem zwei Nebenschlußmaschinen angenommen sind, läßt erkennen, daß sich wesentliche Änderungen gegenüber dem Falle einer Betriebsmaschine nicht ergeben, es wiederholen sich vielmehr für alle Maschinen die im vorigen Paragraphen angegebenen Einrichtungen. Für das Laden der Batterie ist eine besondere Ladeschiene anzuordnen, mit der die Kontakte *L* der Maschinenumschalter sowie

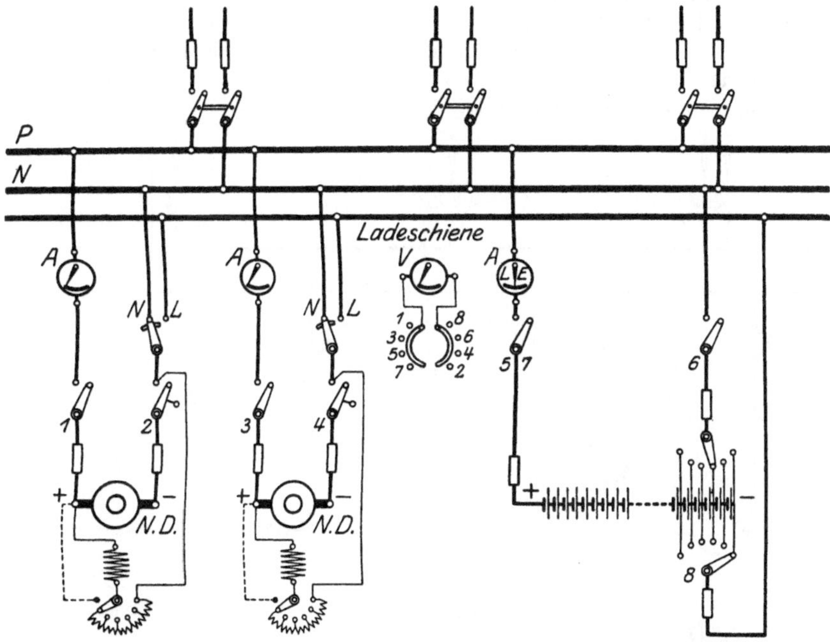

Abb. 73. Zwei parallelgeschaltete Nebenschlußmaschinen und Akkumulatorenbatterie mit Doppelzellenschalter.

die Ladekurbel der Batterie verbunden werden. Man kann alsdann jede Betriebsmaschine zum Laden heranziehen, die anderen Maschinen dagegen aufs Netz arbeiten lassen.

40. Nebenschlußmaschine, Akkumulatorenbatterie mit Doppelzellenschalter und Zusatzmaschine.

Ist die zur Stromerzeugung dienende Nebenschlußmaschine nicht für Spannungserhöhung eingerichtet, so muß zur Erzielung der für die Ladung der Batterie notwendigen Spannung eine Zusatzmaschine vorgesehen werden. Die erforderliche Schaltung zeigt das Schema Abb. 74. Ein Umschalter für die Hauptmaschine erübrigt sich, da die Maschine stets, auch bei der Batterieladung, auf die Sammelschienen arbeitet. Beim Laden wird der positive Pol der Zusatzmaschine mittels eines gewöhnlichen Schalters an die negative Sammelschiene gelegt, während ihr negativer Pol durch einen Nullstromschalter mit der

Ladekurbel des Doppelzellenschalters in Verbindung gebracht wird. Haupt- und Zusatzmaschine sind dann hintereinander geschaltet. Die Erregung der Zusatzmaschine geschieht am zweckmäßigsten durch die Ladespannung der Batterie, wie es auch im Schema angenommen ist. Ihr Antrieb erfolgt durch einen mit ihr unmittelbar gekuppelten Nebenschlußmotor, der von den Sammelschienen gespeist wird, und dessen Belastung durch ein Amperemeter festgestellt werden kann. Das Voltmeter erlaubt unter Anwendung des Umschalters folgende Spannungen zu messen: 1—2 Spannung der Hauptmaschine, 3—4 Entladespannung der Batterie, 5—6 Ladespannung der Batterie, 7—8 Gesamtspannung von Haupt- und Zusatzmaschine.

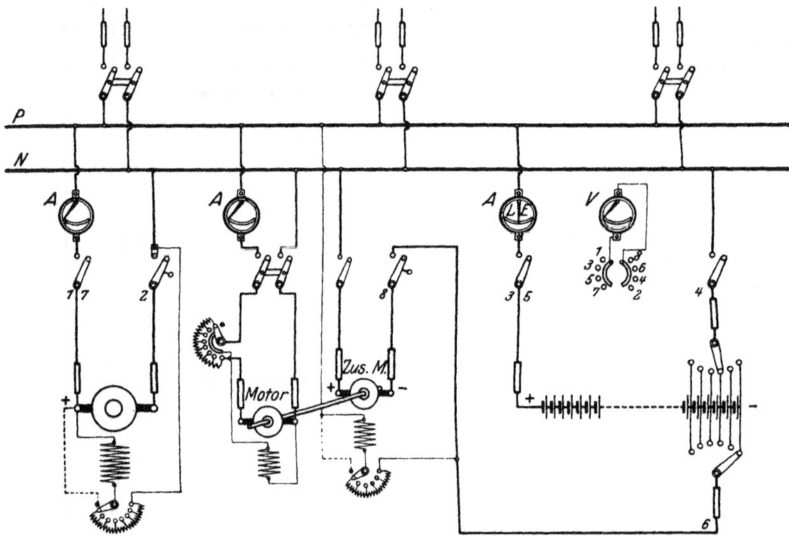

Abb. 74. Nebenschlußmaschine, Akkumulatorenbatterie und Zusatzmaschine.

Es sind wieder folgende Betriebszustände möglich:

a) die Hauptmaschine arbeitet allein auf das Netz,
b) die Batterie arbeitet allein auf das Netz,
c) Maschine und Batterie arbeiten parallel,
d) die Batterie wird geladen.

Es soll hier nur auf das Laden der Batterie eingegangen werden; wegen der anderen Fälle sei auf die Ausführungen der vorhergehenden Paragraphen verwiesen. Beim Laden arbeitet die Hauptmaschine wie immer mit normaler Spannung auf die Sammelschienen. Die Ladekurbel des Doppelzellenschalters wird zunächst auf den äußersten Kontakt gestellt. Darauf wird die Zusatzmaschine durch den Elektromotor angetrieben und, nachdem ihr Handschalter geschlossen ist, so weit erregt, daß die Gesamtspannung von Haupt- und Zusatzmaschine etwas höher ist als die Ladespannung der Batterie. Nunmehr wird der Nullstromschalter der Zusatzmaschine eingelegt und die Batterie mit der vorschriftsmäßigen Stromstärke in üblicher Weise geladen.

41. Nebenschlußmaschine und Akkumulatorenbatterie in Micka-Schaltung.

Um eine Akkumulatorenbatterie aufzuladen, ohne die Spannung der Betriebsmaschine zu erhöhen, kann man sie in Gruppen zerlegen und diese nacheinander laden. Sie kann in zwei oder, was

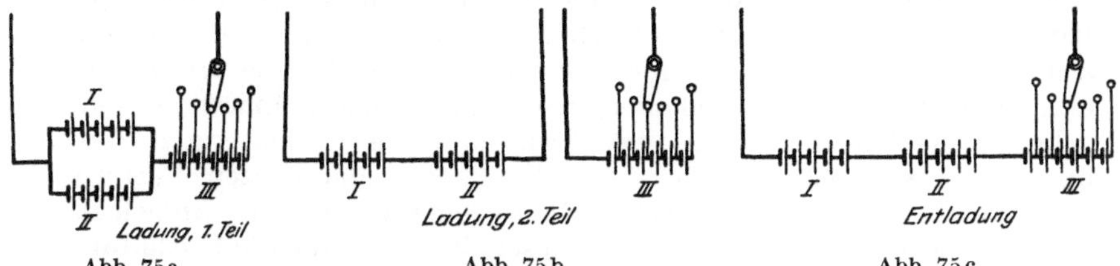

Abb. 75a. Abb. 75b. Abb. 75c.
Akkumulatorenbatterie in Micka-Schaltung.

praktisch meistens vorgezogen wird, in drei Gruppen unterteilt werden. Eine Dreiteilung der Batterie liegt dem Verfahren von Micka zugrunde. Die Gruppen mögen mit I, II und III bezeichnet werden. Die Ladung wird nun in der Weise vorgenommen, daß zunächst die Gruppen I und II parallelgeschaltet werden und Gruppe III dahintergelegt

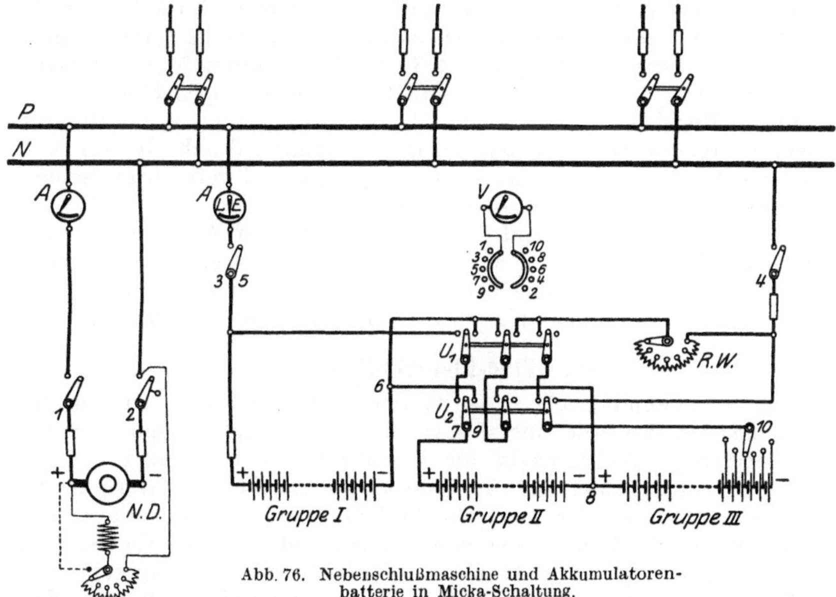

Abb. 76. Nebenschlußmaschine und Akkumulatorenbatterie in Micka-Schaltung.

wird (Abb. 75a). Dabei empfangen I und II nur einen halb so großen Ladestrom wie III. Ist III vollgeladen, so werden nunmehr I und II hintereinandergeschaltet und fertig geladen (Abb. 75b). Bei der Entladung werden alle drei Teile hintereinandergeschaltet (Abb. 75c).

Das Schema einer Anlage mit einer Akkumulatorenbatterie in Micka-Schaltung zeigt Abb. 76. Als Betriebsmaschine ist, wie üblich, eine Nebenschlußmaschine angenommen. Für die Batterie wird ein Einfachzellenschalter benötigt. Das Schema entspricht, abgesehen von der Schaltung der Batterie, im wesentlichen dem in Abb. 71 gegebenen. Zur Herstellung der erforderlichen Batterieschaltungen dienen zwei dreipolige Umschalter U_1 und U_2. Zunächst werden beim Laden beide Schalter nach links gelegt, dann entspricht die Schaltung der Batterie der Abb. 75a. Die aufgeladenen Schaltzellen können mit dem Zellenschalter abgeschaltet werden. Ist nach einiger Zeit die Gruppe III fertig geladen, so muß die Schaltung nach Abb. 75b abgeändert werden, indem U_1 nach rechts gelegt wird, während U_2 in der bisherigen Stellung zu belassen ist. Ist schließlich die Ladung der ganzen Batterie beendigt, so wird U_1 ausgeschaltet, U_2 dagegen nach rechts umgelegt, wodurch die Batterie nach Abb. 75c geschaltet, also für die Entladung bzw. den Parallelbetrieb mit der Maschine hergerichtet ist.

Da die Betriebsspannung, d. h. die Spannung der Maschine, für die Ladung der in Betracht kommenden Batteriegruppen zu groß ist, so muß die überschüssige Spannung vernichtet werden, wozu noch ein Regulierwiderstand *R. W.* erforderlich ist. Durch diesen wird die Ladestromstärke auf den gewünschten Wert eingestellt. Der damit verbundene Energieverlust muß in Kauf genommen werden.

Mittels des Voltmeters können unter Zuhilfenahme des Umschalters gemessen werden: die Maschinenspannung 1—2, die Batteriegesamtspannung, also die Entladespannung 3—4, die Spannung 5—6 der Batteriegruppe I, 7—8 der Gruppe II und 9—10 der Gruppen II + III.

In der Regel werden die beiden dreipoligen Batterieumschalter zu einem besonders ausgebildeten Schalter vereinigt, durch dessen Anwendung Mißgriffe, wie sie bei Anwendung von zwei getrennten Schaltern vorkommen können, ausgeschlossen werden.

Die Micka-Schaltung wird namentlich bei kleinen Anlagen vielfach verwendet, besonders dann, wenn eine Batterie erst nachträglich eingebaut wird, die Spannung der Betriebsmaschine aber nicht erhöht und auch eine Zusatzmaschine nicht aufgestellt werden kann.

42. Wind-Elektrizitätswerk.

Sehr verlockend erscheint es, besonders in einer Zeit, in der die Kohlennot die Heranziehung aller verfügbaren Energiequellen zu einer unabweisbaren Pflicht macht, die Windkraft zur Erzeugung elektrischen Stromes auszunutzen. Die hierbei auftretenden Schwierigkeiten sind namentlich in der Unregelmäßigkeit begründet, mit der diese Naturkraft zur Verfügung steht, und in ihrer häufig wechselnden Stärke. Durch Anwendung einer Akkumulatorenbatterie von entsprechender Größe kann die für ein Wind-Elektrizitätswerk unerläßliche Reserve für windflaue Zeiten geschaffen werden.

Bei den Ausführungen der Vereinigten Windturbinenwerke in Dresden wird die Stromlieferung in das Netz ausschließlich der Akkumulatorenbatterie zugewiesen, während die von der Windturbine angetriebene Dynamomaschine lediglich zum Laden der Batterie dient. Durch einen von Liebe entworfenen selbsttätigen Schaltapparat ist aber Sorge getragen, daß nur bei ausreichendem Winde die Maschine mit der Batterie in Verbindung steht. Sinkt infolge Abnahme der Windstärke die Drehzahl der Turbine und damit die Spannung der Dynamomaschine unter die zulässige Grenze, so wird die Verbindung aufgehoben, während sie bei zunehmender Windstärke von selbst wieder hergestellt wird.

Abb. 77 gibt das Schaltbild eines nach vorstehenden Gesichtspunkten eingerichteten Elektrizitätswerkes wieder. Zur Stromerzeugung dient eine Art Doppelschlußdynamo *D.D.*, deren Hauptschlußwicklung jedoch nicht, wie das bei dieser Maschinenart sonst die Regel ist, im gleichen

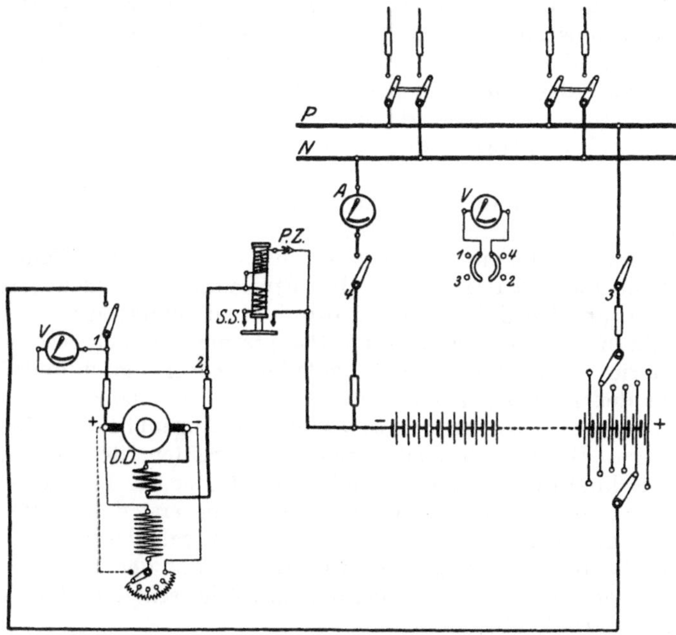

Abb. 77. Wind-Elektrizitätswerk.

Sinne wie die Nebenschlußwicklung magnetisierend wirkt, sondern ihr entgegenarbeitet. Hierdurch wird bei großer Windstärke und damit verbundener hoher Drehzahl der Maschine einer Überlastung vorgebeugt, da in dem Maße, wie die Stromstärke anwächst, die Spannung der Maschine durch die gegenmagnetisierende Wirkung der Hauptschlußwicklung heruntergedrückt wird. Der Strom kann daher nicht über eine bestimmte Höhe ansteigen. Die Maschinenspannung läßt sich durch einen Nebenschlußregler den Betriebsverhältnissen entsprechend einstellen.

Für die Akkumulatorenbatterie ist ein Doppelzellenschalter vorhanden. Sie ist über die beiden einpoligen Schalter, die während des Betriebes stets geschlossen sind, mit den Sammelschienen dauernd verbunden.

Für die Verbindung der Dynamomaschine mit der Batterie ist einerseits ein einpoliger Handschalter vorgesehen, andererseits der obenerwähnte selbsttätige Schalter *S. S.* Dieser enthält als wesentlichsten Teil einen Eisenkern, welcher an seinem unteren Ende eine Kontaktfeder trägt. Wird der Kern in die Höhe gehoben, so werden durch dieselbe zwei Kontakte überbrückt, und der Stromkreis wird geschlossen. Über dem Eisenkern befinden sich zwei Wicklungen, eine aus wenigen Windungen dicken Drahtes bestehende, welche in den Hauptkreis eingegeschaltet ist, und eine aus vielen Windungen dünnen Drahtes gebildete, welche mit der Polarisationszelle *P. Z.* in Reihe liegt und mit einem vom Hauptkreis abgezweigten Strome versorgt wird. Die Polarisationszelle enthält in einer Flüssigkeit eine Aluminiumelektrode und eine Elektrode aus einem anderen Metall und besitzt die Eigenschaft, den Strom nur in einer Richtung — zum Aluminium — hindurchzulassen. Die Zelle ist nun so geschaltet, daß ein Stromdurchgang lediglich von der Maschine zur Batterie möglich ist.

Der Betrieb gestaltet sich derartig, daß der selbsttätige Schalter erst dann den Hauptstrom schließt, wenn die Maschinenspannung die Batteriespannung um ein weniges überschreitet. In diesem Falle fließt zunächst, da die Polarisationszelle den Stromdurchgang in der betreffenden Richtung freigibt, ein Strom durch die dünndrähtige Wicklung, der Eisenkern wird gehoben und der Hauptstrom dadurch geschlossen. Die Batterie wird also nunmehr geladen, wobei die dünndrähtige Spule mit der Zelle kurzgeschlossen ist. Läßt während des Betriebes die Spannung der Maschine nach, so löst in dem Augenblicke, in dem Maschinen- und Batteriespannung gleich groß werden, der Strom also durch Null hindurch geht, der Schalter infolge seines Eigengewichtes aus, und der Stromkreis wird unterbrochen, um erst dann selbsttätig von neuem geschlossen zu werden, wenn die Maschinenspannung wiederum die Batteriespannung übertrifft. Der Betrieb der Anlage wickelt sich also, abgesehen von der Bedienung des Zellenschalters, im wesentlichen automatisch ab.

43. Anlage mit Pufferbatterie und Piranimaschine.

In Anlagen, deren Netzbelastung häufigen und stoßartig auftretenden Schwankungen unterworfen ist — Betrieb von Straßenbahnen, Förderanlagen, Aufzügen usw. — kann mit Vorteil eine Pufferbatterie zur Verwendung kommen. Dieser fällt die Aufgabe zu, den Belastungsausgleich zu übernehmen, die Belastungsstöße also von den Betriebsmaschinen fernzuhalten. Die Batterie, welche wie gewöhnlich zu den Betriebsmaschinen parallel geschaltet wird, muß, ihrer Aufgabe entsprechend, für eine hohe Lade- bzw. Entladestromstärke eingerichtet sein (Batterie für kurzzeitige Entladung).

Eine gute Pufferwirkung tritt ein, wenn bei geringer Belastung die Spannung des Batteriezweiges die Maschinenspannung stark unterschreitet — die Batterie nimmt alsdann einen großen Teil des von der Maschine gelieferten Stromes auf, sie wird kräftig geladen —, und wenn umgekehrt bei hoher Belastung die Spannung des Batteriezweiges die Maschinenspannung erheblich überschreitet — die Batterie beteiligt sich dann lebhaft an der Stromlieferung, sie wird mit hoher Stromstärke entladen.

Die gewünschte große Spannungsänderung des Batteriezweiges kann durch Anwendung einer Piranimaschine erzielt werden, einer Art Zusatzmaschine, deren Anker mit der Akkumulatorenbatterie in Reihe geschaltet ist, und deren Magnete von zwei Wicklungen erregt werden. In Abb. 78, welche die grundsätzliche Schaltung einer derartigen Anlage wiedergibt, ist die Piranimaschine mit *P.D.* bezeichnet. Ihre Magnetwicklung *I* ist an die Batteriespannung angeschlossen, während die Wicklung *II* vom gesamten in das Netz gelieferten Strom durchflossen wird. Beide Wicklungen sind gegeneinander geschaltet und so bemessen, daß sich ihre Einflüsse bei einer mittleren Belastung aufheben. Die Maschine gibt dann keine Spannung, sie ist wirkungslos, und die Batterie gibt weder Strom ab, noch nimmt sie solchen auf.

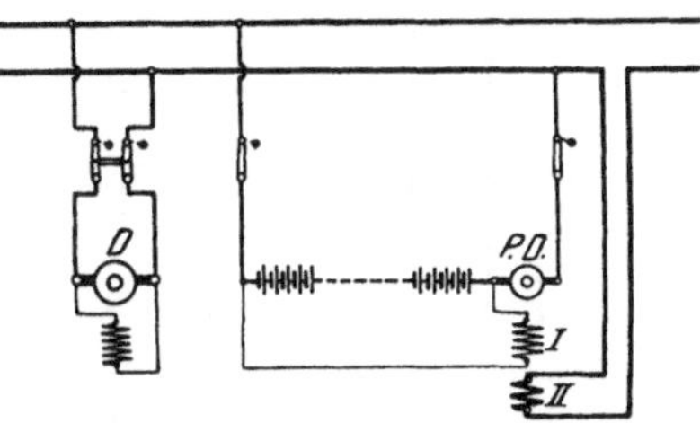

Abb. 78. Pufferbatterie mit Piranimaschine.

Bei geringer Belastung überwiegt der Einfluß der Wicklung *I*, und die von der Maschine gelieferte Spannung ist der Batteriespannung entgegengerichtet. Die Spannung des Batteriezweiges wird also verringert, so daß ein Aufladen der Batterie eintritt. Bei höherer Belastung überwiegt der Einfluß der Wicklung *II*, und die Maschine liefert eine Spannung im gleichen Sinne wie die Batterie. Die Spannung des Batteriezweiges wird demnach erhöht, so daß eine Entladung der Batterie herbeigeführt wird. Der Antrieb der Piranimaschine erfolgt durch einen Elektromotor.

In Abb. 79 ist das Schaltungsschema einer den vorstehenden Darlegungen entsprechenden Anlage wiedergegeben. Als Betriebsmaschine ist eine Nebenschlußdynamo vorgesehen, welche in bekannter Weise auf die Sammelschienen arbeitet. Ein Zellenschalter für die Akkumulatorenbatterie ist nicht vorhanden. Über die jeweilige Lade- bzw. Entladestromstärke der Batterie gibt ein doppelseitig ausschlagendes Amperemeter Auskunft.

Die Batterie liegt unmittelbar an den Sammelschienen, wenn der in ihrem Pluspol befindliche Schalter eingelegt ist und der Umschalter U_1 auf der negativen Seite der Batterie sich in Stellung *N* befindet. Dieser Betrieb kommt jedoch nur bei ausgeschalteter Maschine in Betracht, zu Zeiten also, in denen der Batterie die gesamte Stromlieferung übertragen wird. Dabei muß der zweipolige Umschalter U_2 in die Stellung *S* (Sammelschiene) gebracht werden.

Normalerweise, d. h. wenn Maschine und Batterie parallel arbeiten, befindet sich der Umschalter U_1 in Stellung *P*. Dadurch wird die Piranimaschine in den Batteriezweig gelegt. Die beiden einpoligen

Schalter beiderseits der Piranimaschine, von denen der eine $S.S_1$ als selbsttätiger Schalter ausgebildet ist, sind zu schließen. Die dünndrähtige Wicklung der Piranimaschine (Wicklung *I* in Abb. 78) ist an die Batteriepole angeschlossen. Die dickdrähtige Wicklung (*II*) wird in eine der Sammelschienen eingeschaltet, indem der Umschalter U_2 in Stellung *P* gebracht wird. Durch den zur dickdrähtigen Wicklung parallel geschalteten Regulierwiderstand *R.W.* kann die Einstellung der

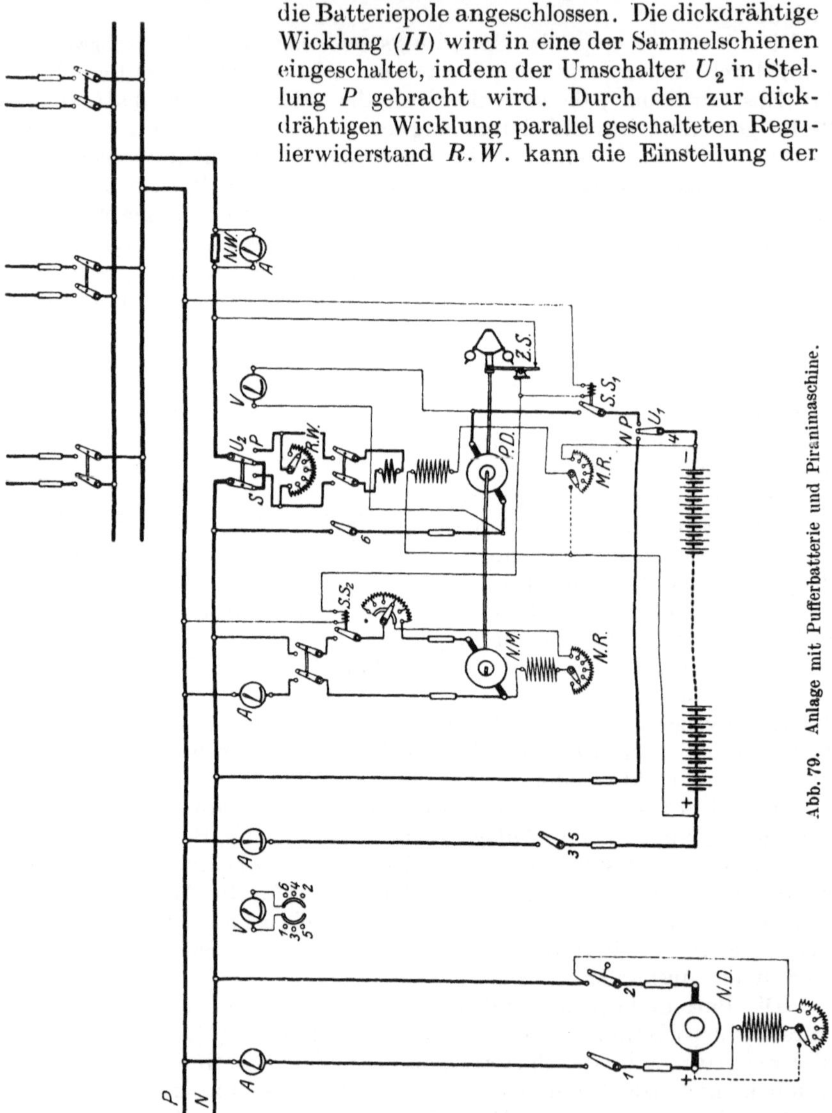

Abb. 79. Anlage mit Pufferbatterie und Piranimaschine.

Piranimaschine für eine mittlere Belastung vorgenommen werden. Auch der Erregerstrom in der dünndrähtigen Wicklung läßt sich durch einen Magnetregler *M.R.* auf den für den Betrieb zweckmäßigsten Wert einstellen.

Der Anschluß des zum Antrieb der Piranimaschine dienenden Nebenschlußmotors *N.M.* an das Netz erfolgt mittels eines zweipoligen Schalters. Außerdem liegt in einem der Pole des Motors noch der selbsttätige Schalter $S.S_2$. Auch ist ein Nebenschlußregler *N. R.* zur Drehzahlregulierung des Motors (s. § 54) vorgesehen. Piranimaschine und Antriebsmotor sind unmittelbar miteinander gekuppelt: Piraniumformer.

Die vorstehend erwähnten Selbstschalter $S.S_1$ und $S.S_2$ stehen mit dem Zentrifugalschalter *Z.S.* in Verbindung, der auf die Welle des Piraniumformers gesetzt ist. Er soll verhindern, daß die Piranimaschine durchgeht, wenn sie bei einem Kurzschluß in der Anlage Rückstrom empfängt und dadurch eine Schwächung ihres Magnetfeldes erfährt. Bei Überschreitung der zulässigen Drehzahl schließt sich der Zentrifugalschalter. Hierdurch werden die Schalter *S.S.*, da ihre Magnetwicklungen an die Sammelschienen gelegt werden, ausgelöst, so daß gleichzeitig der Stromkreis der Piranimaschine und der ihres Antriebsmotors unterbrochen werden.

Die für die Anlage erforderlichen Meßinstrumente ergeben sich sinngemäß aus den vorhergehenden Schaltplänen. Erwähnt sei das über einen Nebenwiderstand in die eine Sammelschiene gelegte Amperemeter, durch das die volle Netzbelastung angezeigt wird. Außer dem Voltmeter mit Umschalter für die Maschinenspannung 1—2, Batteriespannung 3—4 und Batterie- + Piranimaschinenspannung 5—6 ist noch ein zweites mit doppelseitigem Ausschlage für die Piranimaschinenspannung vorhanden.

Auf die verschiedenen Betriebsmöglichkeiten:

a) die Maschine arbeitet allein auf das Netz,
b) die Batterie arbeitet allein auf das Netz,
c) Maschine und Batterie arbeiten — in Pufferschaltung — parallel,

braucht hier im einzelnen nicht eingegangen zu werden. Die vorzunehmenden Schaltgriffe ergeben sich aus den obigen Darlegungen.

44. Piranimaschine mit besonderer Erregermaschine.

Häufig, namentlich in größeren Anlagen, zieht man es vor, der Piranimaschine eine besondere Erregermaschine zu geben. Das allgemeine Schaltbild hierfür ist in Abb. 80 gegeben, in der ***E.M.*** die Erregermaschine bedeutet. Die Wicklungen *I* und *II*, die genau wie in Abb. 78 geschaltet sind, befinden sich nunmehr auf den Magneten der Erregermaschine, während die Piranimaschine nur eine einzige Wicklung erhält, welcher der von der Erregermaschine erzeugte Strom zugeführt wird. Die Wirkung ist die gleiche, als wenn die beiden Wicklungen unmittelbar auf der Piranimaschine angebracht wären; doch fallen die Wicklungen erheblich kleiner aus. Piranimaschine und Erregermaschine (wie auch der Antriebsmotor) werden in der Regel unmittelbar miteinander gekuppelt.

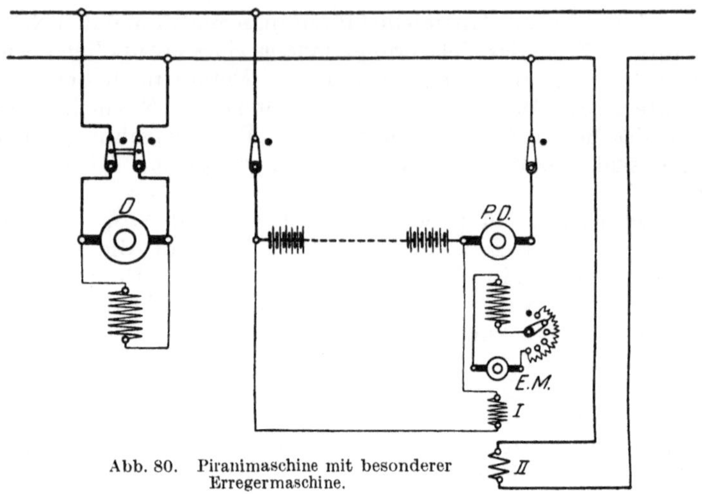

Abb. 80. Piranimaschine mit besonderer Erregermaschine.

C. Dreileiterzentralen.

45. Dreileiteranlage mit Hintereinanderschaltung der Betriebsmaschinen.

Ist von einer Gleichstromzentrale ein größerer Umkreis mit elektrischem Strom zu versorgen, so empfiehlt es sich, zum Dreileitersystem überzugehen, da es die Anwendung einer doppelt so hohen Betriebsspannung wie das Zweileitersystem ermöglicht, ohne daß die Spannung der angeschlossenen Stromverbraucher erhöht werden muß.

Die einfachste Möglichkeit, ein Dreileitersystem herzustellen, ergibt sich, indem in der Zentrale zwei Dynamomaschinen *G. D. I* und *G. D. II* hintereinandergeschaltet werden (Abb. 81), so daß man zwischen den von den freien Maschinenpolen abgenommenen Außenleitern *P* und *N* die doppelte Maschinenspannung erhält. Zwischen den beiden Maschinen wird jedoch noch eine dritte Leitung, der Mittelleiter *O*, abgenommen. Die Verbrauchsapparate, Lampen usw., werden nun an je einen Außenleiter und den Mittelleiter angeschlossen und auf die beiden Netzhälften möglichst gleichmäßig verteilt. Dagegen schaltet man, um erhebliche Belastungsverschiedenheiten zu vermeiden, größere Motoren, die dann für die volle Spannung gebaut sein müssen, in der Regel zwischen die Außenleiter.

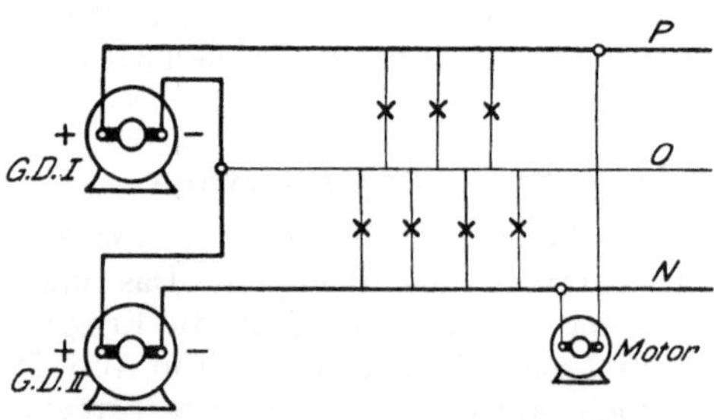

Abb. 81. Dreileiteranlage, Spannungsteilung durch Hintereinanderschaltung zweier Betriebsmaschinen.

Sind beide Netzhälften gleich stark belastet, so ist der Mittelleiter stromlos. Er wird daher meistens **Nulleiter** genannt. Bei ungleicher Belastung führt der Mittelleiter einen Strom, dessen Stärke gleich dem Unterschied der beiden Außenstromstärken ist.

Das Schema einer Dreileiteranlage der vorstehend besprochenen Art zeigt Abb. 82. Die beiden Nebenschlußmaschinen sind durch die Nullsammelschiene hintereinandergeschaltet. Die Spannung jeder Netzhälfte wird durch den Nebenschlußregler ihrer Maschine konstant gehalten. Der Spannungsmesser kann durch einen Umschalter auf die eine oder andere Maschine geschaltet werden. Zur Beobachtung der Spannung zwischen den beiden Außenleitern ist ein besonderes Voltmeter (für die doppelte Spannung) vorhanden. Für jede Maschine ist ferner, um ihre Belastung kontrollieren zu können, ein Strommesser vorgesehen. Wünschenswert ist es, wenn eine Reservemaschine aufgestellt ist, die nach Bedarf auf eine der beiden Netzhälften geschaltet werden kann.

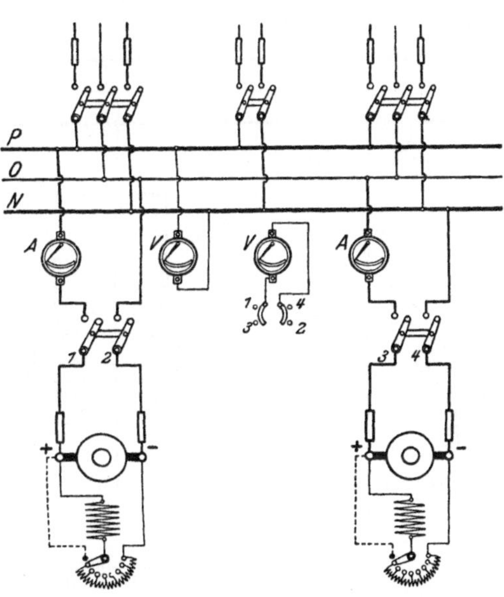

Abb. 82. Dreileiteranlage mit hintereinandergeschalteten Betriebsmaschinen.

Die von den Sammelschienen abgehenden Verteilungsleitungen bestehen im allgemeinen aus je zwei Außenleitungen und der Nulleitung, die in der Regel geerdet wird und daher nicht gesichert werden darf (vgl. § 6). Eine weitere Abzweigung ist lediglich von den Außenschienen abgenommen, sie soll zum Anschluß von Motoren dienen.

46. Dreileiteranlage mit Hintereinanderschaltung der Betriebsmaschinen und einer Akkumulatorenbatterie.

Im Schema Abb. 83 ist zu jeder der beiden hintereinandergeschalteten Nebenschlußmaschinen eine Hälfte der vorhandenen Akkumulatorenbatterie parallelgeschaltet. Die Spannung der Maschinen kann zum Zwecke der Batterieladung gesteigert werden. Es sind zwei Doppelzellenschalter erforderlich. Hinsichtlich der übrigen Schaltapparate, Meßinstrumente usw. gilt sinngemäß das für Zweileiteranlagen Angegebene. Der besseren Übersichtlichkeit wegen ist für **jede** Netzhälfte ein Spannungsmesser vorgesehen, mit dem die Maschinenspannung sowie die Entlade- und Ladespannung der Batterie festgestellt werden können. Zur Kontrolle der Außenleiterspannung dient wieder ein besonderes Voltmeter.

a) Die Maschinen arbeiten allein auf das Netz.

Jeder der beiden einpoligen Umschalter — im Schema in der Mitte unten — befindet sich, um die Verbindung der Maschinen mit der mittleren Sammelschiene, d. h. mit dem Netz herzustellen, auf *N*. Die für jede Maschine vorhandenen einpoligen Ausschalter wie auch die Nullstromschalter sind geschlossen.

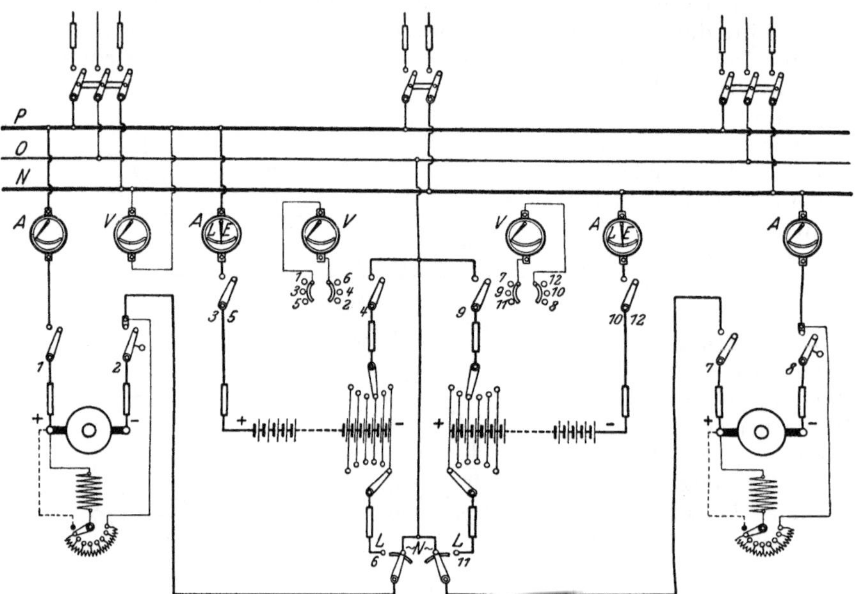

Abb. 83. Dreileiteranlage mit hintereinandergeschalteten Betriebsmaschinen und Akkumulatorenbatterie.

b) Die Batterie arbeitet allein auf das Netz.

Es sind die beiden einpoligen Schalter, die die Pole der Batterie mit den Außensammelschienen verbinden, geschlossen, ebenso die Schalter in den von den Entladekurbeln der Zellenschalter zum Mittelleiter führenden Leitungen.

c) Die Maschinen und die Batterie arbeiten parallel.

Das Parallelschalten jeder Maschine zu ihrer Batteriehälfte erfolgt in derselben Weise, wie in einer Zweileiteranlage Maschine und Batterie parallel geschaltet werden.

d) Die Batterie wird geladen.

Jede Maschine ladet die zu ihr gehörige Batteriehälfte. Die Umschalter sind beim Laden auf *L* zu stellen. Der Vorgang beim Laden ist der gleiche wie bei einer Zweileiteranlage. Durch entsprechende Bedienung der Zellenschalterentladekurbeln wird die Stromlieferung in das Netz auch während des Ladens aufrechterhalten.

Es sei noch darauf hingewiesen, daß die Zellenschalter, die sich im Schema in der Batteriemitte befinden, auch an die äußeren Pole der Batterie gelegt werden können.

In größeren Anlagen wird man für die Ladung der Batterie meistens Zusatzmaschinen verwenden.

47. Dreileiteranlage mit Akkumulatorenbatterie zur Spannungsteilung.

In vielen Fällen verwendet man in Dreileiteranlagen statt zwei hintereinandergeschalteter Nebenschlußmaschinen, wie bisher angenommen wurde, eine Maschine, die für die Außenleiterspannung eingerichtet

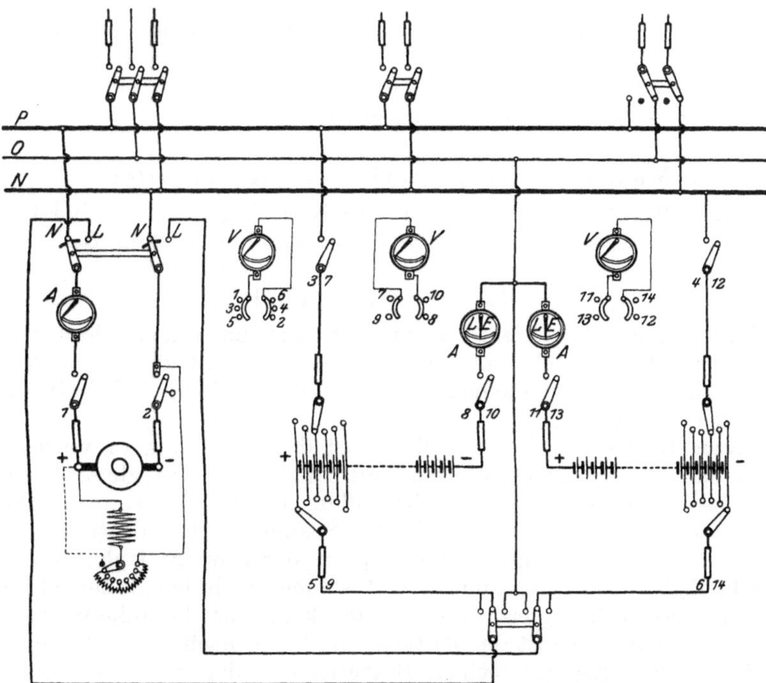

Abb. 84. Dreileiteranlage mit Akkumulatorenbatterie zur Spannungsteilung.

ist und demnach auch an die Außenleiter angeschlossen wird. Die Vorteile einer derartigen Anordnung sind darin zu erblicken, daß eine Maschine für die Gesamtleistung billiger ist als zwei Maschinen halber Leistung. Außerdem besitzt die größere Maschine einen besseren Wirkungsgrad. Andererseits muß für eine Teilung der Spannung Sorge getragen werden. Diese Aufgabe ist im Schema Abb. 84 der Akkumulatorenbatterie übertragen worden. Das bedingt, daß diese stets eingeschaltet ist, da sonst der Mittelleiter nicht angeschlossen wäre. Es ist wieder angenommen, daß die Maschine die für die Ladung der Batterie notwendige Spannung unmittelbar, also ohne Anwendung einer

Zusatzmaschine, liefern kann. Die Doppelzellenschalter sind im vorliegenden Falle an die Batterieenden zu legen. Die Maschine ist mit einem doppelpoligen Umschalter (ohne Unterbrechung) versehen, so daß sie entweder auf das Netz, Schalterstellung *NN*, arbeiten oder die Batterieladung, Stellung *LL*, bewirken kann. Außerdem ist noch ein zweipoliger Umschalter (mit Unterbrechung) für die Batterie erforderlich — im Schema unten —, um entweder die ganze Batterie oder bei Bedarf auch jede Batteriehälfte aufladen zu können. Es sind im ganzen drei Spannungsmesser vorhanden: einer für die Maschine und die ganze Batterie und je einer für die Batteriehälften.

a) Die Batterie arbeitet allein auf das Netz.

Es sind die Schalter, die sich in den von den Entladekurbeln der Zellenschalter zu den Außensammelschienen führenden Leitungen befinden, geschlossen, ebenfalls die Schalter, welche die Verbindung der beiden Batteriehälften mit dem Mittelleiter herstellen.

b) Maschine und Batterie arbeiten parallel.

Das Parallelschalten der Maschine zur Batterie geschieht in bekannter Weise. Der Maschinenumschalter befindet sich in Stellung *NN*.

c) Die Batterie wird geladen.

Um die ganze Batterie zu laden, wird der Batterieumschalter in die mittlere Stellung gebracht. Die Einzelheiten der Ladung, während welcher sich der Maschinenumschalter in der Stellung *LL* befinden muß, sind bekannt.

Sollten die beiden Batteriehälften bei der Entladung in verschiedenem Maße beansprucht sein, so muß die stärker entladene Hälfte durch die Betriebsmaschine noch besonders nachgeladen werden. Dies wird in der Regel möglich sein, da die Spannung einer Batteriehälfte gegen Schluß der Ladung ungefähr $^3/_4$ der normalen Außenleiterspannung beträgt und die Spannung der Maschine durch den Nebenschlußregler auf diesen Betrag erniedrigt werden kann. Ist die linke Batteriehälfte nachzuladen, so ist der Batterieumschalter nach links zu stellen, bei der Nachladung der rechten Batteriehälfte dagegen nach rechts. Um übrigens die beiden Batteriehälften möglichst gleichmäßig entladen zu können, richtet man einige Anschlüsse, z. B. die Beleuchtung des Maschinenhauses, so ein, daß man sie nach Bedarf auf die eine oder andere Netzhälfte umschalten kann, wie dies im Schema auch für eine Netzleitung zum Ausdruck gebracht ist.

48. Dreileiteranlage mit Ausgleichsmaschinen, Akkumulatorenbatterie und Zusatzmaschine.

Eine sehr zweckmäßige Methode der Spannungsteilung ist die Anwendung von Ausgleichsmaschinen. Es sind dies zwei kleine miteinander gekuppelte Maschinen, jede für die halbe Außenspannung.

Beide werden, hintereinandergeschaltet, an die von der Gleichstrommaschine *G.D.* abgenommenen Außenleiter *P* und *N* gelegt, und zwischen ihnen wird der Mittelleiter *O* abgenommen, Abb. 85. Die Ausgleichsmaschinen sind mit ***A.M.*** bezeichnet. Sind beide Netzhälften gleich belastet, lo laufen die Maschinen leer als Motor. Ist eine Netzhälfte stärker belastet als die andere, so erhält die in der schwächer beanspruchten Hälfte befindliche Maschine, da in ihr der Spannungsabfall kleiner als in der anderen ist, eine höhere Spannung. Sie läuft also schneller, wirkt als Motor und treibt die in der stärker belasteten Netzhälfte befindliche Maschine an. Diese wirkt daher als Dynamomaschine und liefert Strom in ihre Netzhälfte, während die als Motor arbeitende Maschine ihrer Netzhälfte den für den Antrieb der Dynamomaschine erforderlichen Strom entzieht. Es tritt also ein Ausgleich der Belastungen beider Netzseiten ein.

Empfehlenswert ist es, die Ausgleichsmaschinen über Kreuz zu erregen, d. h. die in der oberen Netzhälfte liegende Maschine von der unteren Netzhälfte aus, und umgekehrt. In diesem Falle empfängt jeweils die als Motor arbeitende Maschine ihren Erregerstrom von der stärker belasteten Seite. Sie wird also, da deren Spannung die geringere ist, schwächer erregt und läuft daher noch schneller als bei eigener Erregung, wodurch die Ausgleichswirkung begünstigt wird.

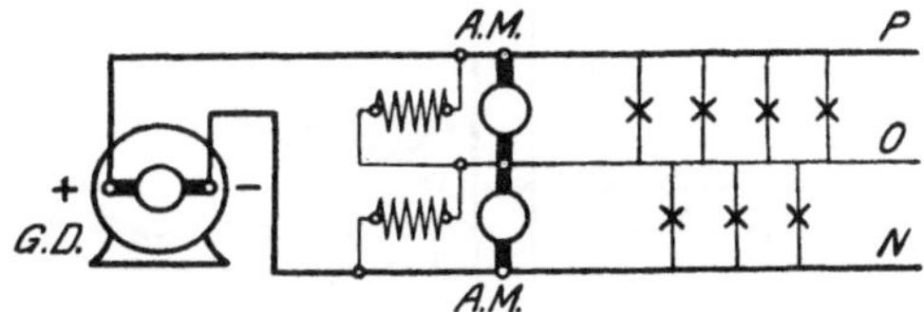

Abb. 85. Dreileiteranlage, Spannungsteilung durch Ausgleichungsmaschinen.

Im Schema Abb. 86 ist als Betriebsmaschine wiederum eine Nebenschlußmaschine angenommen. Parallel dazu befindet sich eine Akkumulatorenbatterie mit zwei innen liegenden Doppelzellenschaltern. Die Batterie wirkt, wie im Schema Abb. 84, als Spannungsteiler. Doch ist für diesen Zweck außerdem ein Ausgleichsmaschinensatz vorgesehen. Die beiden Maschinen des Satzes besitzen einen gemeinsamen Anlaßwiderstand. Beim Kurzschließen der Anlasserkurbel wird die Verbindung der Maschinen mit dem Mittelleiter selbsttätig hergestellt. Die Ausgleichsmaschinen erhalten ihre Erregung kreuzweise von den Sammelschienen. Für jede Ausgleichsmaschine ist ein Nebenschlußregler vorgesehen.

Für die Ladung der Batterie ist eine Zusatzmaschine vorhanden. Die Betriebsmaschine ist daher lediglich für die normale Spannung eingerichtet. Um einen besonderen Antriebsmotor zu ersparen, ist die Zusatzmaschine mit den Ausgleichsmaschinen gekuppelt. Der zweipolige Batterieumschalter — rechts unten im Schema — ist notwendig, um entweder die ganze Batterie oder auch bei Bedarf jede einzelne Batteriehälfte aufladen zu können.

An Meßinstrumenten sind u. a. ein Voltmeter für die Außenspannungen und je eins für die beiden Netzhälften vorhanden. Für die Zusatzmaschine ist ein besonderes Voltmeter und auch ein Ampere-

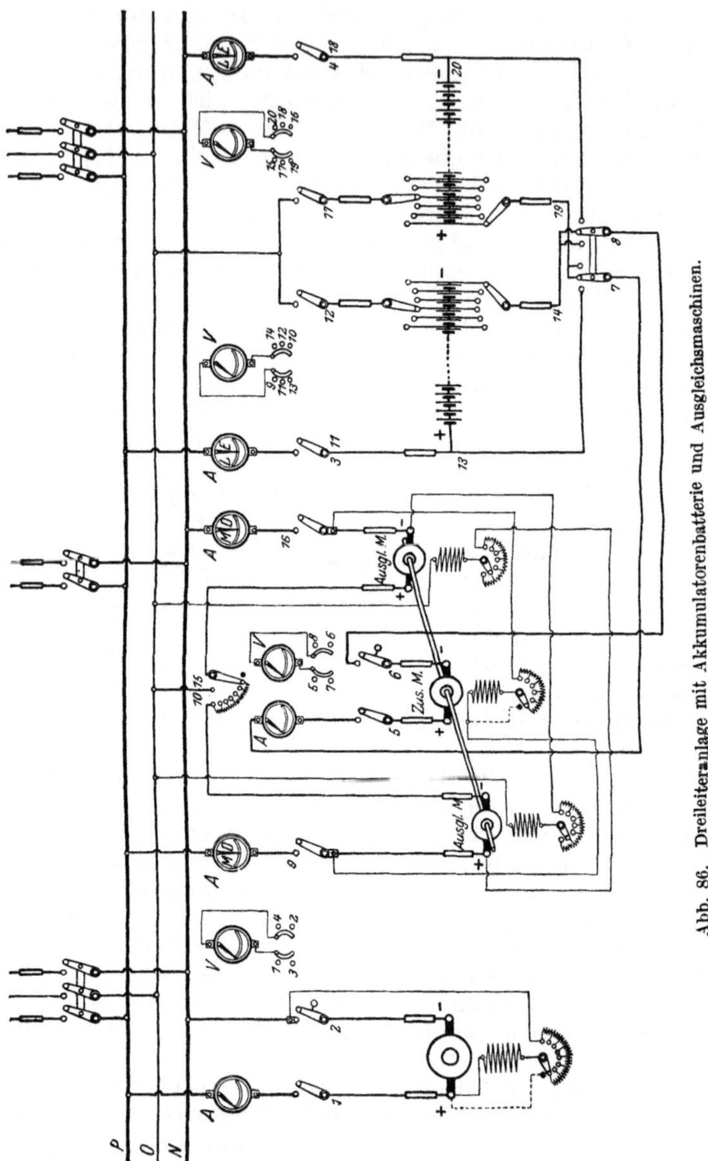

Abb. 86. Dreileiteranlage mit Akkumulatorenbatterie und Ausgleichsmaschinen.

meter eingebaut. Durch Anwendung zweiseitig ausschlagender Strommesser für die Ausgleichsmaschinen läßt sich jederzeit feststellen, ob sie als Motor (*M*) oder als Dynamomaschine (*D*) wirken.

Nur die beiden wichtigsten Betriebsweisen sollen nachfolgend besprochen werden.

a) Maschine, Batterie und Ausgleichsmaschinensatz arbeiten parallel.

Es werde angenommen, daß die Betriebsmaschine und die Batterie bereits auf die Sammelschienen arbeiten, und es sollen nunmehr auch die Ausgleichsmaschinen eingeschaltet werden. Zu diesem Zwecke werden zunächst die beiden die Verbindung mit den Außenleitern bewirkenden Schalter des Maschinensatzes geschlossen. Die beiden Ausgleichsmaschinen sind alsdann erregt und können nunmehr mittels des Anlassers in Betrieb gesetzt und unter Benutzung der Nebenschlußregler auf die richtige Umdrehungszahl bzw. Spannung eingestellt werden.

b) Die Batterie wird geladen.

Die Betriebsmaschine arbeitet wie immer auf die Sammelschienen. Die zum Antrieb der Zusatzmaschine dienenden Ausgleichsmaschinen befinden sich im Betriebe. Der zweipolige Batterieumschalter wird in die mittlere Stellung gebracht, was einer Aufladung der ganzen Batterie entspricht. Sodann wird die Zusatzmaschine auf die für die Ladung erforderliche Spannung erregt, ihr Handschalter eingelegt und schließlich ihr Nullstromschalter geschlossen.

Das Nachladen einer einzelnen Batteriehälfte erfolgt unmittelbar durch die Zusatzmaschine. Diese muß daher auf eine entsprechend hohe Spannung gebracht werden können. Zur Aufladung der linken Batteriehälfte wird der Batterieschalter nach links, zur Aufladung der rechten Hälfte nach rechts gestellt.

49. Dreileitermaschine mit einer Akkumulatorenbatterie.

Eine Spannungsteilung kann auch innerhalb der Betriebsmaschine selber vorgenommen werden. Man erhält alsdann eine sog. Dreileitermaschine. An der von Dobrowolsky erfundenen Maschine der A. E. G., Abb. 87, sind außer dem Kollektor zwei Schleifringe angebracht, mit denen durch Vermittlung von Hilfsbürsten die Enden einer Drosselspule *D* verbunden sind. An den Mittelpunkt der Drosselspulenwicklung ist der Mittelleiter des Dreileiternetzes angeschlossen, während den Außenleitern der Betriebsstrom in normaler Weise vom Kollektor zugeführt wird.

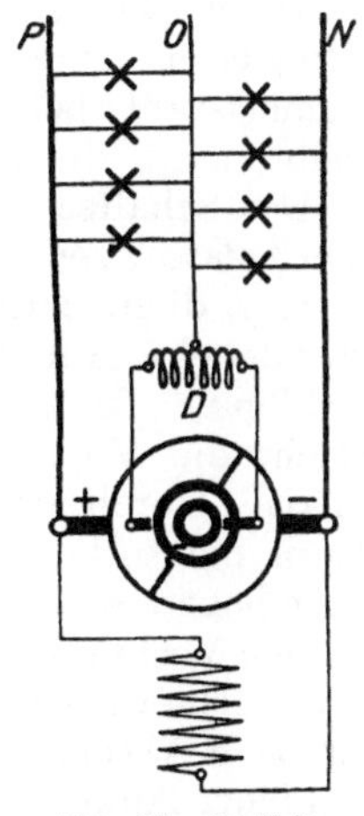

Abb. 87. Dreileitermaschine.

Abb. 88 zeigt die Schaltung einer Anlage mit einer Dreileitermaschine und einer parallel geschalteten Akkumulatorenbatterie. Der Batteriemittelpunkt ist wieder an den Mittelleiter angeschlossen. Das Schema gilt für den Fall, daß die Ladung der Batterie durch Nebenschlußregulierung der Dreileitermaschine erfolgt. Bei Verwendung von Zusatzmaschinen erhält zweckmäßigerweise jede Netzhälfte eine solche.

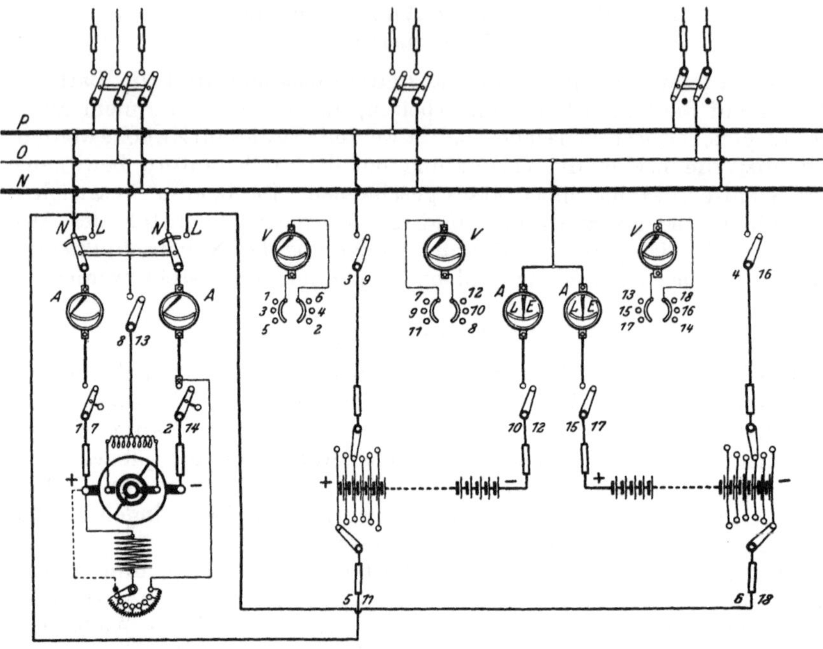

Abb. 88. Dreileitermaschine mit Akkumulatorenbatterie.

V. Gleichstrommotoren.

50. Der Nebenschlußmotor.

Die große Verbreitung, welche die Nebenschlußmaschine als Motor gefunden hat, verdankt sie hauptsächlich dem Umstand, daß ihre Umdrehungszahl bei allen vorkommenden Belastungen nahezu gleichbleibt, wenn die Netzspannung konstant gehalten wird.

Das Schaltschema des Nebenschlußmotors in Verbindung mit dem Anlasser zeigt Abb. 89. Der Anlasser besitzt drei Anschlußklemmen: *L* dient zum Anschluß einer der beiden Netzleitungen, mit *R* wird der eine Ankerpol verbunden und mit *M* das freie Ende der Magnetwicklung. *M* steht mit einer Schleifschiene in Verbindung, durch welche die Magnetwicklung beim Anlassen stets die volle Spannung erhält. Durch den Anlaßwiderstand wird also lediglich der Ankerstrom, nicht aber auch der Magnetstrom geschwächt, was zur Erzielung einer hohen Anzugskraft erforderlich ist. Die in dem Schema angedeutete Verbindung zwischen Anlaßschiene und erstem Arbeitskontakt ist empfehlenswert mit Rücksicht auf selbstinduktionsfreies Ausschalten: der beim Abschalten auftretende Stromstoß kann in dem aus Magnetwicklung, Anker und Anlaßwiderstand gebildeten Stromkreis verlaufen (vgl. § 27).

Will man die Schiene am Anlasser vermeiden, so kann die Schaltung nach Abb. 90 vorgenommen werden. In diesem Falle wird, über die Klemme *M*, das freie Ende der Magnetwicklung an den ersten Arbeitskontakt des Anlassers angeschlossen. Der Magnet wird also beim Anlassen sofort auf volle Stärke erregt, und die Anzugskraft ist dementsprechend hoch. Im weiteren Verlauf des Anlassens wird allerdings der Anlaßwiderstand vor die Magnetwicklung gelegt, was jedoch unbedenklich ist und sich lediglich durch eine etwas erhöhte Drehzahl bemerkbar macht.

Sind im vorstehenden die grundsätzlichen Schaltungsweisen von Motor und Anlasser erörtert worden, so gibt Abb. 91 noch ein Beispiel für die praktische Ausführung des Anlassers (nach Voigt und Häffner, Frankfurt a.M.). Die Schaltung läßt sich auf Abb. 90 zurückführen, doch ist die Anlasserkurbel selbst stromlos gemacht worden, wodurch sich am Anlasser

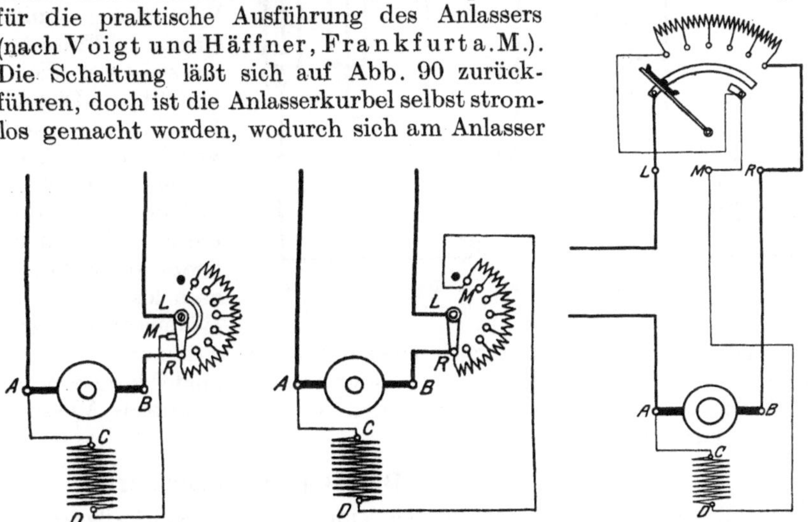

Abb. 89. Nebenschlußmotor mit Anlasser mit Erregerschiene.

Abb. 90. Nebenschlußmotor mit Anlasser ohne Schiene.

Abb. 91. Nebenschlußmotor mit Anlasser. (Kurbel nicht stromführend.)

die Notwendigkeit einer Schleifschiene für den zugeführten Strom ergibt. Die erforderlichen Verbindungen werden ausschließlich mittels der am Kurbelende befindlichen Schleiffedern hergestellt. In der Kurzschlußstellung des Anlassers werden die Magnete über einen besonderen Hilfskontakt voll erregt, der Magnetstrom wird dann also, im Gegensatz zu Abb. 90, nicht mehr durch den Anlaßwiderstand geschwächt.

51. Der Hauptschlußmotor.

Die Hauptschlußmaschine besitzt als Motor eine besonders hohe Anzugskraft und wird daher mit Vorliebe für den Betrieb von Fahrzeugen, Kranen u. dgl. verwendet. Ihre Umlaufzahl ist jedoch in hohem Maße von der Belastung abhängig. Sie steigt, wenn der Motor entlastet wird, stark an, und bei Leerlauf geht der Motor durch. Er ist daher für Riemenantriebe, wie überhaupt in allen Fällen, in denen eine unvorhergesehene Entlastung eintreten kann, nicht verwendbar, wenn nicht, etwa durch einen Zentrifugalapparat, das Auftreten einer zu hohen Geschwindigkeit verhindert wird.

Das Schema des Hauptschlußmotors mit dem zugehörigen Anlaßwiderstand ist durch Abb. 92 gegeben. Am Anlasser sind nur zwei Klemmen erforderlich: *L* für den Anschluß einer der beiden Netzleitungen, *R* für die Verbindung mit dem Motor.

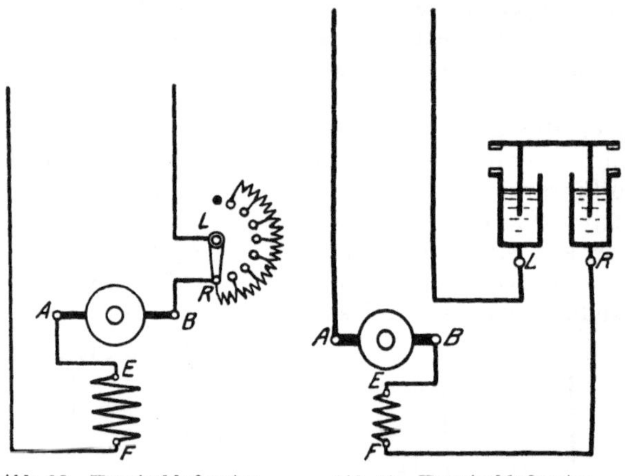

Abb. 92. Hauptschlußmotor mit Anlasser.

Abb. 93. Hauptschlußmotor mit Flüssigkeitsanlasser.

In Abb. 93 ist noch ein Schema des Motors in Verbindung mit einem Flüssigkeitsanlasser dargestellt. Dieser besteht aus zwei voneinander isolierten eisernen Gefäßen, die mit einer schwachen Soda- oder Pottaschelösung als Widerstand gefüllt sind. Beim Anlassen werden zwei unter sich verbundene Eisenbleche, eins für jedes Gefäß, mittels einer Schraubspindel langsam in die Flüssigkeit eingetaucht, bis schließlich der Anlasser mittels Messerkontakte kurz geschlossen wird.

52. Der Doppelschlußmotor.

Wirkt bei einem Doppelschlußmotor die Hauptschlußwicklung der Nebenschlußwicklung entgegen, so kann eine von der Belastung unabhängige Drehzahl erzielt werden. Eine völlig konstante Geschwindigkeit läßt sich jedoch, schon infolge der im Betrieb eintretenden Erwärmung, nicht erreichen. Daher findet diese Art Doppelschlußmotoren nur selten Anwendung.

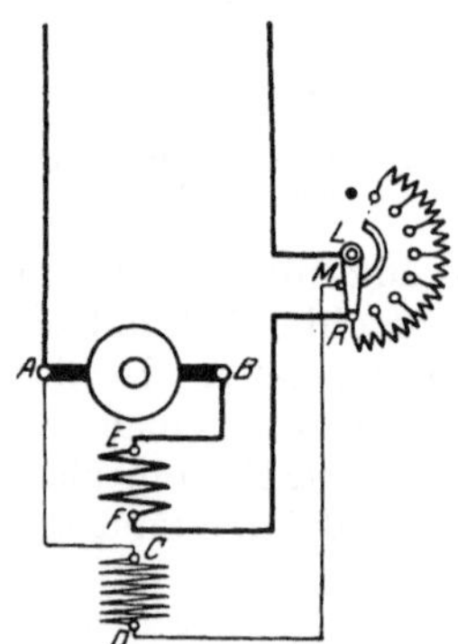

Abb. 94. Doppelschlußmotor mit Anlasser.

Ist die Hauptschlußwicklung im gleichen Sinne wie die Nebenschlußwicklung geschaltet, so wird die Anzugskraft des Motors im Vergleich zu der des Nebenschlußmotors erhöht. Da aber bei einer derartigen Schaltung mit zunehmender Belastung ein stärkerer Abfall der Drehzahl eintritt, so begnügt man sich meistens mit einer verhältnismäßig schwachen Hauptschlußwicklung.

Das Schema eines Doppelschlußmotors mit seinem Anlasser zeigt Abb. 94.

53. Anlasser mit selbsttätiger Ausschaltung.

Kommt ein Motor zum Stillstand, weil aus irgendeinem Grunde die Spannung des Netzes, an das er angeschlossen ist, ausbleibt, so muß der Anlaßwiderstand sofort ausgeschaltet werden. Andernfalls würde der Motor bei plötzlicher Wiederkehr der Spannung, wenn die Sicherungen nicht rechtzeitig ansprechen, verbrennen. Hiergegen kann man sich durch Einbau eines Nullspannungsschalters in eine der Zuführungsleitungen schützen (s. 7c).

Bei Nebenschlußmotoren wird oft eine selbsttätige Auslösung unmittelbar am Anlasser vorgesehen, Abb. 95 (vgl. auch Abb. 91). Auf der Kontaktplatte des Anlassers befindet sich ein kleiner Elektromagnet M, dessen Wicklung in den Erregerkreis des Motors eingeschaltet ist. Auf die Kurbel des Anlassers wirkt nun die Kraft einer Feder F ein, welche beim Drehen der Kurbel während des Anlassens gespannt wird und daher bestrebt ist, sie immer wieder in die Ausschaltstellung zurückzuziehen. In der Endstellung wird sie jedoch mittels eines kleinen eisernen Ankers vom Magneten festgehalten. Bleibt aber die Netzspannung aus, so wird der Anlasser unter der Einwirkung der Feder sofort ausgeschaltet. Da die Spule M mit der Magnetwicklung des Motors hintereinander geschaltet ist, so löst der Schalter auch aus, wenn der Erregerstrom aus irgendeinem Grunde unterbrochen wird. Dies ist insofern von Belang, als beim unerregten Motor die Gefahr des „Durchgehens" vorliegt (vgl. § 54, 2. Absatz).

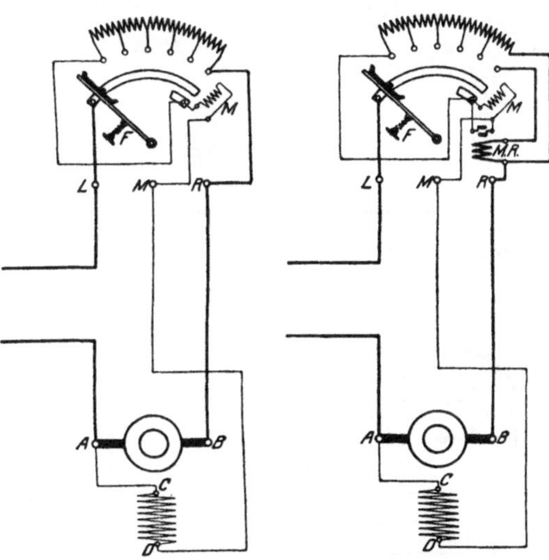

Abb. 95. Anlasser mit selbsttätiger Spannungsauslösung.

Abb. 96. Anlasser mit selbsttätiger Spannungs- und Überstromauslösung.

In Abb. 96 hat der Anlasser außer der Nullspannungs- auch eine Überstromauslösung erhalten. Beim Überschreiten der zulässigen Stromstärke wird durch ein kleines Maximalrelais $M.R.$ die Magnetspule M kurzgeschlossen und damit der Motor ausgeschaltet.

54. Regulierung der Drehzahl.

Die Drehzahl eines Motors läßt sich vermindern, indem dem Anker eine geringere Spannung zugeführt, vor den Anker also ein Widerstand gelegt wird. Ist der Anlaßwiderstand für Dauerbelastung eingerichtet — aber auch nur dann —, so kann er selber zur Geschwindigkeitsreglung verwendet werden. Gegebenenfalls werden hierfür nur einige Stufen des Anlaßwiderstandes eingerichtet, wie Abb. 97 für einen Nebenschlußmotor zeigt. Das Verfahren ist für alle Arten von Gleichstrommotoren verwendbar. Es ist jedoch unwirtschaftlich, da es mit einem erheblichen Energieverlust verbunden ist, und wird daher nur in Ausnahmefällen angewendet.

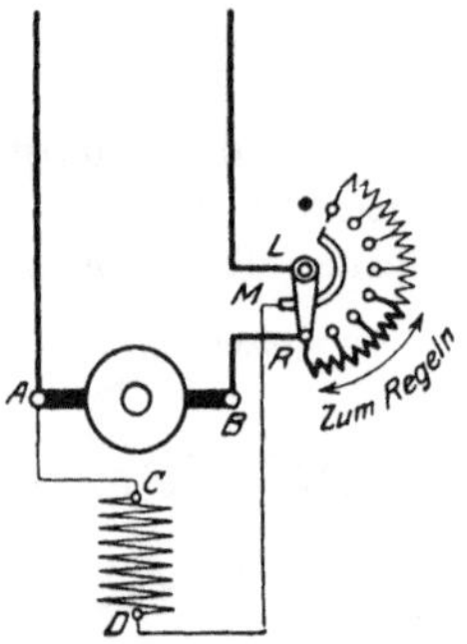

Abb. 97. Nebenschlußmotor mit Regulieranlasser zur Erniedrigung der Drehzahl.

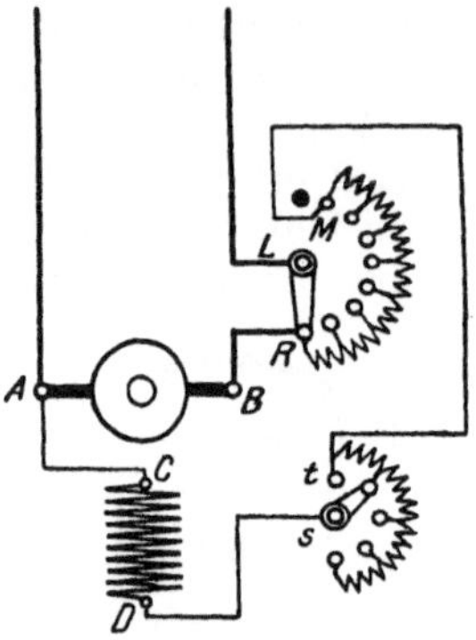

Abb. 98. Nebenschlußmotor mit Anlasser und Nebenschlußregler.

Eine Erhöhung der Umdrehungszahl eines Motors läßt sich durch Schwächen des Magnetfeldes, also durch Vermindern des Erregerstromes erreichen. Beim Nebenschlußmotor wird — nach Art des Nebenschlußreglers einer Dynamomaschine — in den Magnetkreis ein Regulierwiderstand eingeschaltet, *s*, *t* in Abb. 98. Der Widerstand ist ohne Ausschaltkontakt auszuführen, da bei unterbrochenem Magnetstrom der Motor, der dann nur dem Einfluß des „remanenten Magnetismus" unterliegt, durchgehen kann. In Abb. 99 ist das Schema eines Nebenschlußmotors dargestellt, mit dessen Anlasser ein Nebenschlußregler vereinigt ist. Es sind vier Regulierstufen vorgesehen. Die punktiert gezeichnete Verbindungsleitung dient wieder zum selbstinduktionsfreien Ausschalten.

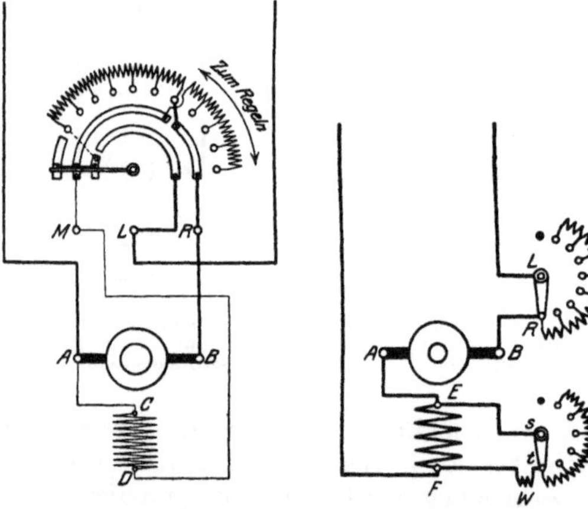

Abb. 99. Nebenschlußmotor mit Regulieranlasser zur Erhöhung der Drehzahl.

Abb. 100. Hauptschlußmotor mit Regulierwiderstand zur Erhöhung der Drehzahl.

Beim Hauptschlußmotor kann eine Erhöhung der Drehzahl dadurch herbeigeführt werden, daß zur Magnetwicklung ein Regulierwiderstand *s*, *t* parallel geschaltet wird, Abb. 100. Ist dieser Widerstand ausgeschaltet, so läuft der Motor mit der normalen Umdrehungszahl. Diese steigt jedoch an, wenn die Regulierkurbel des Widerstandes in Richtung *t* gedreht wird. Ein gewisser Widerstand *W* muß jedoch auch bei kurzgeschlossenem Regulierwiderstand eingeschaltet bleiben, damit die Magnetwicklung nicht stromlos wird, was ein Durchgehen des Motors zur Folge haben würde.

55. Wendeanlasser.

Eine Umkehr der Drehrichtung eines Motors wird erzielt, indem entweder dem Strom in der Magnetwicklung oder dem Ankerstrom eine andere Richtung erteilt wird. Ist der Drehsinn während des Betriebes

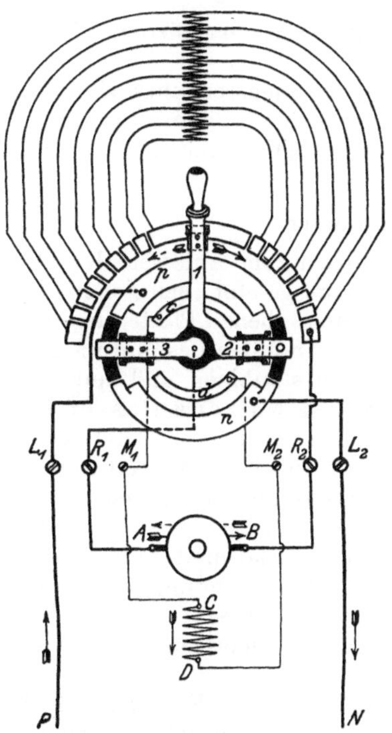

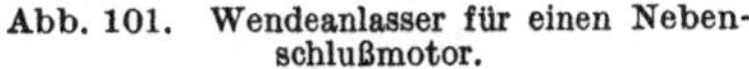
Abb. 101. Wendeanlasser für einen Nebenschlußmotor.

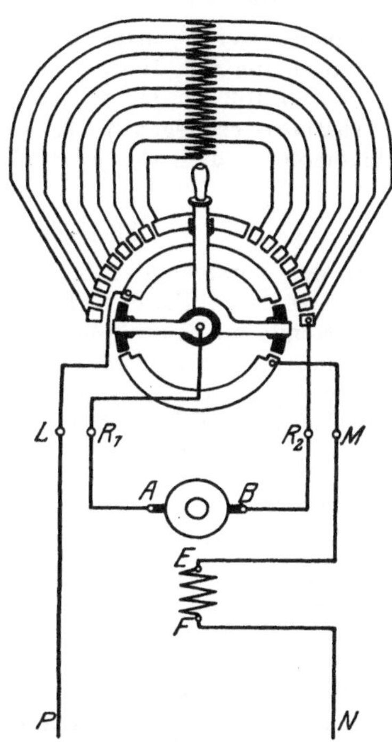

Abb. 102. Wendeanlasser für einen Hauptschlußmotor.

regelmäßig umzukehren, so geschieht dies stets durch Beeinflussung des Ankerstromes. In derartigen Fällen können Wendeanlasser verwendet werden.

Abb. 101 zeigt das Schema eines Wendeanlassers für einen Nebenschlußmotor. Die Kurbel des Anlassers ist dreiarmig ausgeführt: die Arme 1 und 2 stehen miteinander in leitender Verbindung, 3 ist von ihnen isoliert. Die Schleiffeder des Armes 1 bestreicht die Kontaktbahn; durch die an den Armen 2 und 3 befindlichen Federn können einerseits die Schienen p und c, andererseits n und d miteinander in Verbindung gebracht werden. Wie in der Abbildung durch Pfeile kenntlich gemacht ist, wird der Anker, wenn die Anlasserkurbel nach rechts bewegt wird, in der Richtung von A nach B vom Strom durchflossen:

$$P\text{-}L_1\text{-}p\text{-}3\text{-}R_1\text{-}AB\text{-}R_2\text{-Anlaßwiderstand-}1\text{-}2\text{-}n\text{-}L_2\text{-}N;$$

wenn die Kurbel nach links bewegt wird, dagegen in der Richtung von B nach A:

$$P\text{-}L_1\text{-}p\text{-}2\text{-}1\text{-Anlaßwiderstand-}R_2\text{-}\overline{BA}\text{-}R_1\text{-}3\text{-}n\text{-}L_2\text{-}N.$$

Die Magnetwicklung empfängt stets Strom derselben Richtung:

$$p\text{-}3\text{-}c\text{-}M_1\text{-}\overline{CD}\text{-}M_2\text{-}d\text{-}2\text{-}n \text{ bzw. } p\text{-}2\text{-}c\text{-}M_1\text{-}\overline{CD}\text{-}M_2\text{-}d\text{-}3\text{-}n.$$

Es ergeben sich je nach der Kurbelstellung also verschiedene Drehrichtungen für den Motor.

In Abb. 102 ist das Schema für den Wendeanlasser eines Hauptschlußmotors gegeben. Er unterscheidet sich von dem des Nebenschlußmotors durch den Fortfall der inneren Schleifschienen.

56. Schaltwalzenanlasser.

In den vorstehenden Schaltskizzen wurden zum Anlassen der Motoren stets sog. Flachbahnanlasser vorausgesetzt, bei denen die Widerstände an Kontakten liegen, die auf einer ebenen Platte angeordnet sind. Wo ein häufiges Anlassen und Abstellen des Motors notwendig ist, zieht man jedoch, namentlich in staubigen und feuchten Betrieben oder bei Aufstellung im Freien, Schaltwalzenanlasser vor. Auf der Oberfläche einer mittels einer Kurbel drehbaren Schaltwalze ist eine Anzahl Kontaktstücke angebracht. In einer Mantellinie der Walze liegt eine Reihe Kontaktfinger federnd auf, welche in bestimmter Weise mit den Zuführungsleitungen, dem Motor selbst oder den Anlaßwiderständen verbunden sind. Die Kontaktstücke sind nun so ausgestaltet und stehen untereinander derartig in Verbindung, daß durch Vermittlung der Kontaktfinger die für das Anlassen erforderlichen Verbindungen beim Drehen der Kurbel in der richtigen Reihenfolge hergestellt werden.

Das Schaltbild eines Walzenanlassers für einen Nebenschlußmotor zeigt Abb. 103. Ihm ist, wie auch den nachstehend wiedergegebenen Bildern von Walzenschaltern eine Ausführung der Firma F. Klöckner, Köln zugrunde gelegt. Es sind 8 Kontaktfinger vorhanden. Der rechte Teil der Abbildung stellt die Abwicklung der Walze dar. Dieselbe läßt 7 Anlaßstellungen erkennen, außerdem die Ausschaltstellung 0. In Stellung 1 der Walze, d. h. wenn die Kontaktfinger sämtlich in der Mantellinie 1 auf der Walze liegen, nimmt der Strom seinen Weg von der Netzleitung P über die Klemme L des Walzenanlassers zum Kontaktfinger 8; sodann wird er durch die beiden unteren Kontaktstücke der Walze über Finger 7 zu dem Anlaßwiderstand geleitet, dessen Stufen, 6 an der Zahl, er sämtlich durchfließen muß, um sodann über die Funkenblasspule $F.B.$ und die Klemme R zum Anker in Richtung $\overline{BA}$ und weiter zum anderen Netzpol N zu gelangen. In Stellung 2 wird durch die zu den Fingern 6 und 7 gehörigen Kontaktstücke eine Widerstandsstufe kurzgeschlossen, so daß nur noch 5 Stufen dem Anker vorgeschaltet bleiben. In Stellung 3 sind noch 4 Widerstandsstufen eingeschaltet usw. In Stellung 7 schließlich ist der ganze Anlaßwiderstand kurzgeschlossen: der Motor ist im normalen Betriebe. Die Magnetwicklung ist von der ersten Anlaßstellung an stets voll erregt.

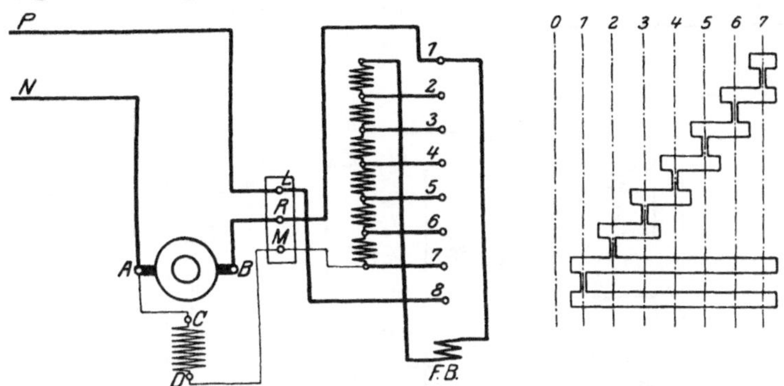

Abb. 103. Schaltwalzenanlasser für einen Nebenschlußmotor.

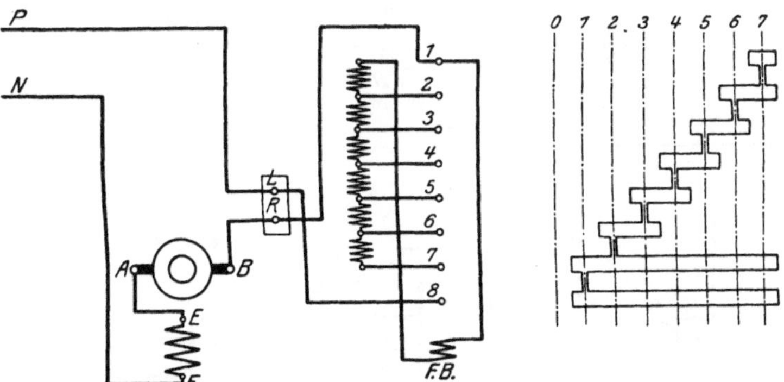

Abb. 104. Schaltwalzenanlasser für einen Hauptschlußmotor.

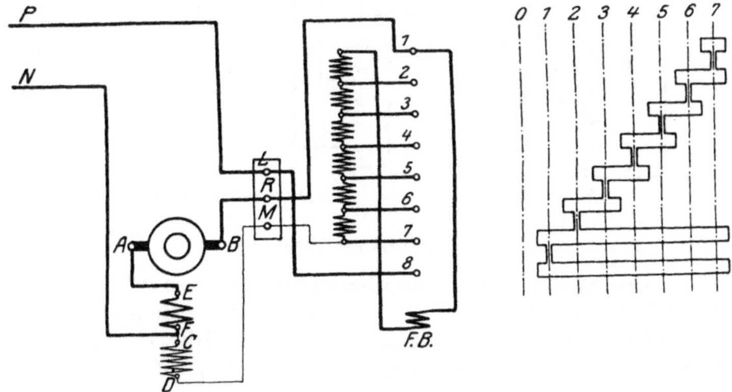

Abb. 105. Schaltwalzenanlasser für einen Doppelschlußmotor.

Im Schema Abb. 104 ist der vorstehend behandelte Walzenanlasser in Verbindung mit einem Hauptschlußmotor gezeichnet. Die Klemme *M* fehlt in diesem Falle.

Schema Abb. 105 zeigt schließlich den gleichen Walzenanlasser für einen Doppelschlußmotor.

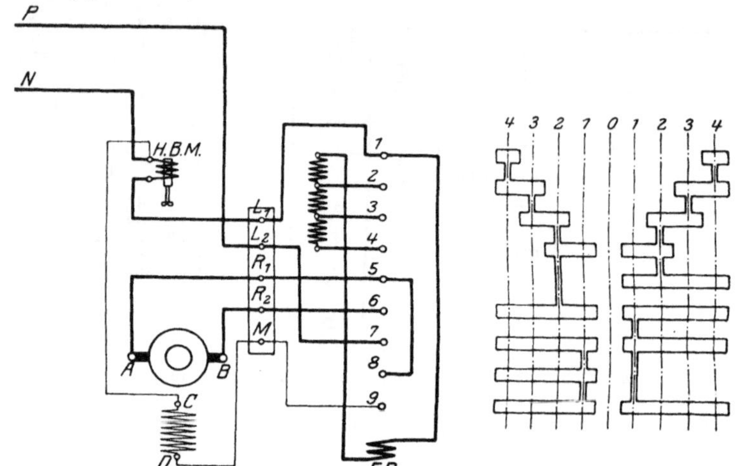

Abb. 106. Steuerwalze für einen Nebenschlußmotor.

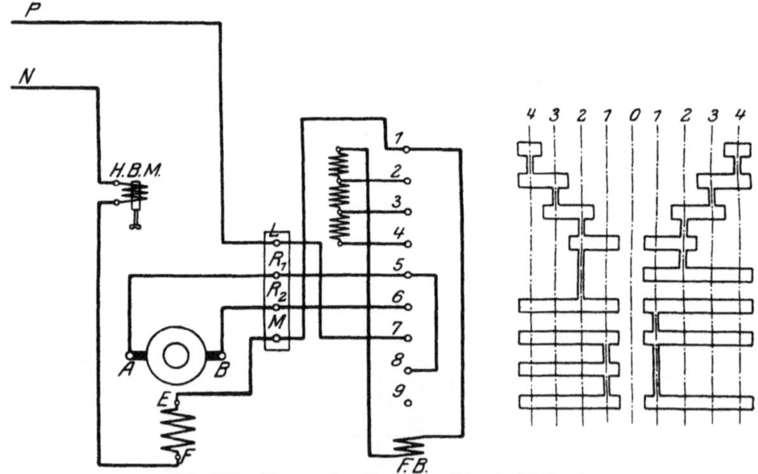

Abb. 107. Steuerwalze für einen Hauptschlußmotor.

57. Steuerwalzen.

In Abb. 106 ist das Schaltungsschema einer Steuerwalze für einen Nebenschlußmotor und in Abb. 107 das entsprechende Schema für einen Hauptschlußmotor dargestellt. Mit Hilfe der Walze kann die Drehrichtung des Motors beliebig eingestellt werden. Für jede Drehrichtung sind 4 Anlaßstellungen vorhanden. Die Ausführung der Walze ist, mit Rücksicht auf eine einheitliche Fabrikation, für beide Motorarten die gleiche. Würde hiervon abgesehen werden, so könnten beim Hauptschlußmotor die untersten Kontaktschienen des Anlassers mit dem Kontaktfinger 9 entbehrt werden. Die Umsteuerung der Motoren erfolgt durch Richtungsänderung des Ankerstromes, während der Magnetstrom stets im gleichen Sinne fließt. Das Schema für den Nebenschlußmotor läßt erkennen, daß die Magnete während des ganzen Einschaltvorganges voll erregt sind.

Bei Hubmotoren für Krane ist eine Bremsvorrichtung erforderlich. In den Schaltplänen ist je ein Bremslüftmagnet $H.B.M.$ angedeutet. Der Magnet wird vom Hauptstrom erregt, doch kann auch ein Nebenschlußmagnet verwendet werden.

Bei Straßenbahnmotoren, Kranmotoren usw. werden auch häufig, um sie rasch zum Stillstand zu bringen, einige Nachlaufbrems-

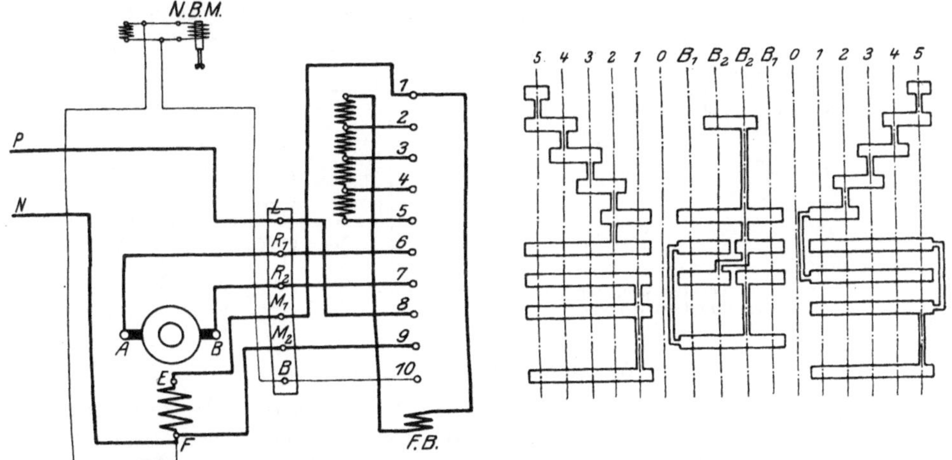

Abb. 108. Steuerwalze mit Nachlaufbremsung für einen Hauptschlußmotor.

stellungen eingerichtet. Die Motoren werden zu diesem Zwecke vom Netz getrennt und, als Dynamo arbeitend, auf einen kleinen Widerstand, z. B. den Anlaßwiderstand, geschaltet, in dem ihre lebendige Kraft schnell verzehrt wird. Um für einen derartigen Betrieb ein Beispiel zu geben, ist in Abb. 108 das Schema einer Wendewalze mit Nachlaufbremsung für beide Drehrichtungen gegeben. Es ist auf einen Hauptschlußmotor bezogen. Hinsichtlich des Anlassens nach der einen oder anderen Drehrichtung wird auf die vorhergehenden Schaltbilder verwiesen. Damit ein Hauptschlußmotor bei einer bestimmten Drehrichtung stromerzeugend wirkt, muß die Verbindung der Magnetwicklung mit dem Anker geändert werden. War vorher z. B. Ende E der Magnetwicklung mit der Ankerklemme A verbunden (linke Seite der Walzenabwicklung in Abb. 108), so muß beim Bremsen F mit A verbunden werden. Die erforderliche Schaltungsänderung wird mittels der Steuerwalze vorgenommen. Es sind zwei Bremsstellungen, B_1 und B_2, für jede Drehrichtung vorhanden. In den Stellungen B_1 der Walze arbeitet die Maschine auf den gesamten Anlaßwiderstand, der nunmehr die Rolle eines Belastungswiderstandes übernommen hat. Beim Weiterdrehen der Walze in die Stellung B_2 wird, da dann nur noch eine Widerstandsstufe eingeschaltet ist, die Bremswirkung entsprechend verstärkt.

Im Schema ist noch ein Bremslüftmagnet *N. B. M.* angegeben, und zwar in der Schaltung als Nebenschlußmagnet. Der Magnetwicklung ist ein Schutzwiderstand parallel geschaltet, um dem beim Ausschalten des Magneten auftretenden Selbstinduktionsstrom einen Weg zu bieten.

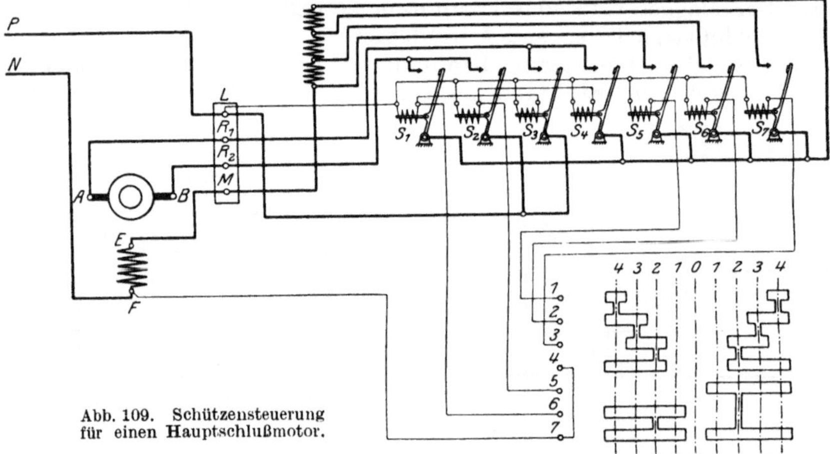

Abb. 109. Schützensteuerung für einen Hauptschlußmotor.

58. Schützensteuerungen.

Schützensteuerungen kommen namentlich bei großen Motoren zur Verwendung, besonders wenn ein häufiges Ein- und Ausschalten erforderlich ist. Das Schütz, ein elektromagnetisch betätigter Apparat, zieht, sobald es erregt ist, einen Anker an und schließt dadurch einen Kontakt. Um einen Motor anzulassen, ist ein Satz von Schützen notwendig, die in der richtigen Reihenfolge erregt werden müssen. Zu diesem Zwecke ist eine kleine Steuerwalze zu bedienen, die sog. Meisterwalze. Je nach der Stellung der Walze werden einzelne Schützen in einen vom Hauptstrom abgezweigten Stromkreis eingeschaltet. Der Vorteil der Schützensteuerung besteht darin, daß die Steuerwalze nur kleine Abmessungen annimmt, da mit ihr nicht der gesamte Arbeitsstrom des Motors, sondern nur ein schwacher Hilfsstrom geschaltet wird. Die Steuerwalze ist daher leicht zu bedienen, und sie kann auch, da zwischen Walze und dem in der Nähe des Motors aufzustellenden Schützenapparat nur dünne Leitungen notwendig sind, in größerer Entfernung vom Motor aufgestellt werden. Es ist aber darauf Rücksicht zu nehmen, daß der Spannungsabfall in den Zuleitungen zu den Schützen nicht zu groß ausfällt, da sonst das zuverlässige Ansprechen der letzeren in Frage gestellt wird.

Den Schaltplan einer Schützensteuerung für einen Hauptschlußmotor mit zwei Drehrichtungen zeigt Abb. 109 (nach einer Ausführung von F. Klöckner, Köln). Die Schützen S_1 bis S_7 sind nur schematisch angedeutet. Ihre Konstruktion kann sehr verschieden sein. In der Nullstellung der Steuerwalze ist der Motor ausgeschaltet. In Stellung 1 links sind die Schützen S_1 und S_3 erregt, die zugehörigen Kontakte also geschlossen, und der Motor empfängt Strom, wobei ihm sämtliche drei Stufen des Anlaßwiderstandes vorgeschaltet sind. In Stellung 2 wird außerdem die Schütze S_7 erregt und dadurch eine Widerstandsstufe abgeschaltet, in Stellung 3 durch Erregen der Schütze S_6 eine weitere Stufe, und in Stellung 4 schließlich ist der gesamte Anlaßwiderstand kurzgeschlossen. Wird die Walze nach der anderen Seite gedreht, so treten die entsprechenden Anlaßstufen auf, doch bei geänderter Drehrichtung des Motors, da jetzt an Stelle von S_1 und S_3 die Schützen S_2 und S_4 erregt werden, wobei der Anker Strom in entgegengesetzter Richtung erhält.

59. Schützenselbstanlasser.

In manchen Fällen ist es erforderlich, die Motoren mit Selbstanlasser auszustatten. Es wird dann der Anlaßvorgang z. B. durch Betätigung eines Druckknopfes oder durch Einschalten des Stromes mittels eines Hebelschalters eingeleitet, das allmähliche Kurzschließen der Anlaßwiderstände spielt sich aber selbsttätig ab. Es gibt eine große Zahl verschiedener Verfahren des Selbstanlassens.

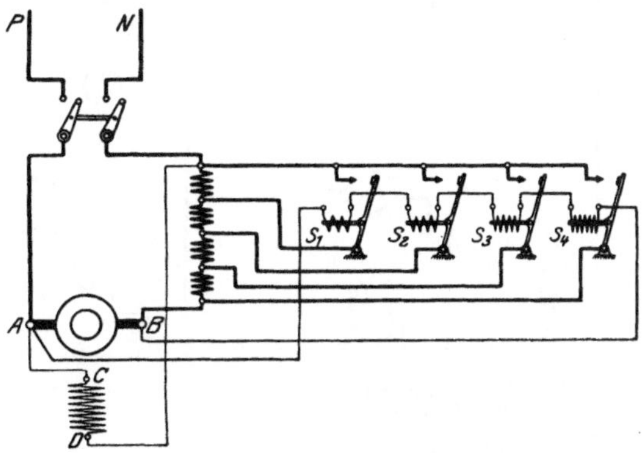

Abb. 110. Schützenselbstanlasser für einen Nebenschlußmotor.

In Abb. 110 ist das grundlegende Schema eines Schützenselbstanlassers für einen Nebenschlußmotor wiedergegeben. Es sind 4 Widerstandsstufen und demgemäß 4 Schützen vorgesehen. Die Schützen sind sämtlich hintereinandergeschaltet und an die Ankerspannung gelegt. Sie sind so eingestellt, das sie der Reihe nach bei verschiedenen Spannungen ansprechen, S_1 bei der kleinsten, S_4 bei der größten Spannung. Wird der zweipolige Hauptschalter des Motors geschlossen, so liegen zunächst sämtliche Stufen des Anlaßwiderstandes vor dem Anker. In dem Maße, wie der Motor in Drehung kommt, die Ankerspannung also zunimmt, schließen die Schützen der Reihe nach die Widerstandsstufen kurz.

60. Maschinen mit Wendepolen.

In den vorstehenden Schaltskizzen sind die Motoren durchweg ohne Wendepole gezeichnet. Doch werden namentlich umsteuerbare Motoren und solche, bei denen durch Feldschwächung eine weitgehende Geschwindigkeitsregelung vorgenommen werden soll (s. § 54), meistens mit Wendepolen ausgeführt. Die Wendepole werden, wie schon für die Stromerzeuger angegeben wurde, vom Ankerstrom erregt (vgl. § 31), doch ist ihre Wicklung bei den Motoren so zu schalten, daß die Ankerdrähte immer erst nach dem Vorbeigang an einem Hauptpol an einem Wendepol der gleichen Polarität vorbeigleiten. Zu beachten ist, daß bei etwaigen Schaltungsänderungen des Motors, z. B. zwecks Umkehr der Drehrichtung, die Verbindung der Wendepolwicklung mit dem Anker unverändert beizubehalten ist.

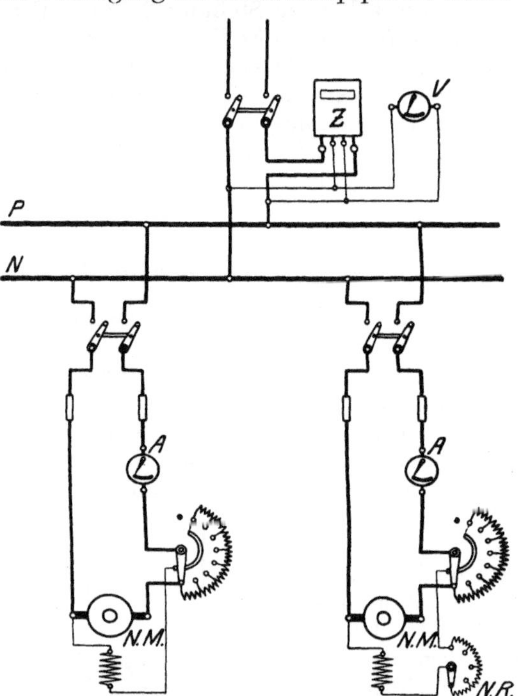

Abb. 111. Nebenschlußmaschine mit Wendepolen.

Abb. 112. Anschluß von Gleichstrommotoren.

Abb. 111 zeigt das Schema eines Nebenschluß-Wendepolmotors mit Nebenschlußregler *N. R.* zur Geschwindigkeitsregelung.

61. Motorenanschlußanlage.

Der in Abb. 112 dargestellte Schaltplan bezieht sich auf eine kleine Gleichstrommotorenanlage, etwa zum Betrieb einer Werkstatt. Er umfaßt zwei Nebenschlußmotoren *N. M.*, kann jedoch auf beliebig viel Motoren ausgedehnt werden. Die Anschlußleitung führt über einen zweipoligen Hauptschalter und einen Wattstundenzähler zu den Verteilungsschienen *P* und *N*. Zur Kontrolle der Netzspannung ist ein Voltmeter vorgesehen. An den Verteilungsschienen werden über zweipolige Schalter und vorschriftsmäßig gesichert die Abzweigungen für die Motoren vorgenommen. Die Belastung der einzelnen Motore kann jederzeit durch Amperemeter festgestellt werden. Einer der Motoren ist mit einem Nebenschlußregler *N. R.* zur Veränderung der Drehzahl versehen.

Verteilungsschienen, Schalter, Sicherungen und Meßinstrumente können auf einer gemeinsamen Motorenschalttafel übersichtlich vereinigt werden. Anlasser und Regler sind möglichst in der Nähe der Motoren aufzustellen.

VI. Elektrizitätswerke mit Wechselstrombetrieb.

A. Wechselstrommaschinen.

62. Der Einphasengenerator.

Das Schema einer einphasigen Wechselstrommaschine ist in Abb. 113 gezeichnet. Im Gegensatz zu den Gleichstrommaschinen wird bei den Wechselstrommaschinen normaler Bauweise der Anker feststehend angeordnet, dagegen das Magnetgestell, im Innern des Ankers, drehbar angebracht. Die Maschine speist über die Ankerklemmen *U* und *V* das Netz. Die Magnetwicklung *JK* wird durch Gleichstrom erregt, der ihr über zwei Schleifringe mittels Bürsten zugeführt wird. Der Erregerstrom und somit die von der Maschine in das Netz gelieferte Spannung wird am Magnetregler *q*, *s*, *t* eingestellt.

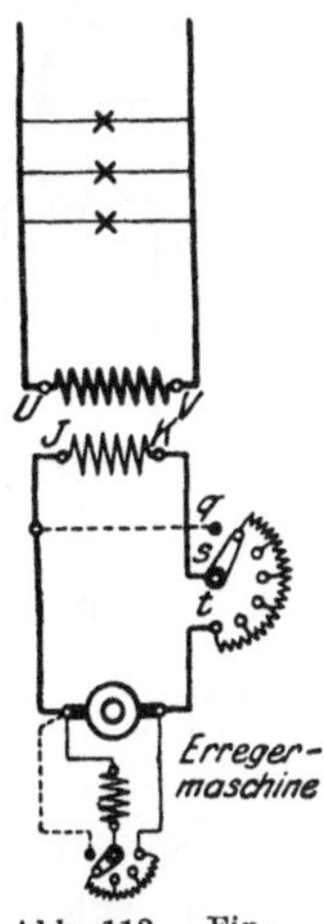

Abb. 113. Einphasengenerator.

Jede Wechselstrommaschine kann eine eigene Erregermaschine erhalten. Im Schema ist eine solche mit Nebenschlußwicklung angenommen; vielfach wird jedoch eine Doppelschlußmaschine vorgezogen. Meistens wird die Erregermaschine mit der Betriebsmaschine unmittelbar gekuppelt. Ist in der Zentrale eine andere Gleichstromquelle, z. B. eine Akkumulatorenbatterie, vorhanden, so kann der Erregerstrom dieser entnommen werden.

63. Der Drehstromgenerator.

Die mehrphasige Wechselstrommaschine unterscheidet sich in ihrer Bauart in keiner Weise von der Einphasenmaschine, nur erhält der Anker mehrere Wicklungen. Die Drehstrommaschine besitzt drei Wicklungen, die gegeneinander um je den dritten Teil des doppelten Polabstandes versetzt sind. Diese Wicklungen können in „Dreieck“ verkettet sein, wie es das Schema Abb. 114 zeigt. Die Stromverbraucher werden an die von den Klemmen *U*, *V* und *W* der Maschine ausgehenden Netzleitungen angeschlossen, wobei nach Möglichkeit auf gleiche Belastung der drei Phasen Rücksicht zu nehmen ist. In Abb. 115 sind die Ankerwicklungen in „Stern“ verkettet. In diesem

Falle kann, Abb. 116, an den gemeinsamen Verkettungspunkt O der drei Phasen noch eine vierte, schwächere Leitung angeschlossen werden, die Nulleitung genannt wird, weil sie bei gleicher Belastung der Phasen stromlos ist. In diesem Sinne wird O als Nullpunkt der Maschine bezeichnet.

Während bei Dreieckschaltung und Sternschaltung ohne Nulleiter nur eine Gebrauchsspannung zur Verfügung steht, können bei Sternschaltung mit Nulleiter dem Netz zwei verschiedene Spannungen entnommen werden, da die Spannung zwischen je zwei Hauptleitungen, die sog. verkettete Spannung, 1,73 mal so groß ist wie die zwischen

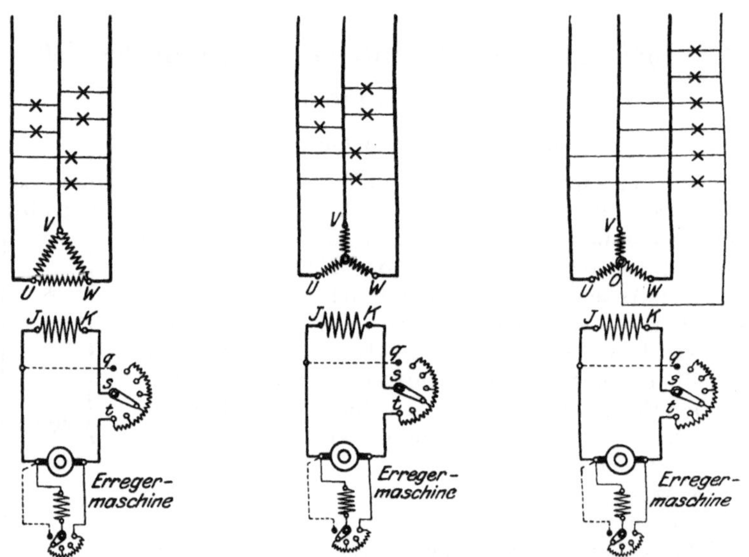

Abb. 114. Drehstromgenerator in Dreieckschaltung.

Abb. 115. Drehstromgenerator in Sternschaltung.

Abb. 116. Drehstromgenerator in Sternschaltung mit Nulleiter.

je einer Haupt- und der Nulleitung herrschende Phasenspannung. Man legt, wie es auch in Abb. 116 angegeben ist, die Lampen in der Regel an die Phasenspannung. Drehstrommotoren werden dagegen an die verkettete Spannung angeschlossen.

64. Selbsttätige Spannungsreglung von Wechselstrommaschinen.

In großen Kraftwerken bedient man sich häufig automatischer Spannungsregler. Eine große Verbreitung hat besonders der zur Klasse der Schnellregler gehörige Tirrillregler gefunden. Durch die in Abb. 117 gegebene schematische Skizze soll lediglich das Prinzip seiner Wirkungsweise sowie besonders die Art seines Anschlusses angedeutet werden.

Es ist die Spannung des Drehstromgenerators *D.G.* konstant zu halten, der eine eigene Erregermaschine *E.M.* besitzt. Als wesentlichsten Teil enthält nun der Tirrillregler eine Kontaktvorrichtung. Die Kontaktstücke C und D, die die Enden je eines um einen Drehpunkt schwingenden Hebels bilden, stehen, wie es aus dem Schema ersichtlich ist, mit dem von Hand zu bedienenden Nebenschlußregler der Erregermaschine in Verbindung. Der am Handregler eingestellte Widerstand ist kurz geschlossen, die Erregermaschine gibt also die höchstmögliche Spannung, wenn die Kontaktstücke sich berühren. Der Widerstand ist dagegen eingeschaltet, und die Erregermaschine gibt eine entsprechend geringere Spannung, wenn die Kontaktstücke auseinander sind. Auf den das Kontaktstück C tragenden Hebel wirkt nun auf der einen Seite des Drehpunktes eine Feder F ein, auf der anderen Seite über einen beweglichen Eisenkern die magnetische Kraft einer an die Erregermaschine angeschlossenen Magnetspule M_1. Unter dem Einfluß dieser beiden Kräfte wird der Hebel in schnellschwingende Bewegung gesetzt und dadurch der Kontakt CD in rascher Aufeinanderfolge geschlossen und geöffnet. Die Erregermaschine stellt sich daher auf eine mittlere Spannung ein, deren Höhe von dem Verhältnis der Schließungszeit zur Öffnungszeit während der einzelnen Schwingungen abhängt. Dieses Verhältnis ist nun je nach der Höhenlage des Kontaktes verschieden. Letztere aber wird beeinflußt durch die Spannung der Betriebsmaschine, indem diese, über einen Spannungswandler $Sp. W.$, einen in seiner Spule beweglichen Magnetkern M_2 erregt, der mit dem das Kontaktstück D tragenden Hebel in Verbindung steht. Sinkt die Betriebsspannung unter den normalen Wert, so sinkt der Magnetkern M_2 infolge seines Eigengewichtes, und es wird das Kontaktstück D gehoben, so daß die Zeitdauer des Kurzschlusses verhältnismäßig größer wird. Es ergibt sich also eine erhöhte mittlere Erregerspannung, und die Spannung der Betriebsmaschine steigt an. Der umgekehrte Vorgang spielt sich ab, wenn die Betriebsspannung über den normalen Betrag ansteigt.

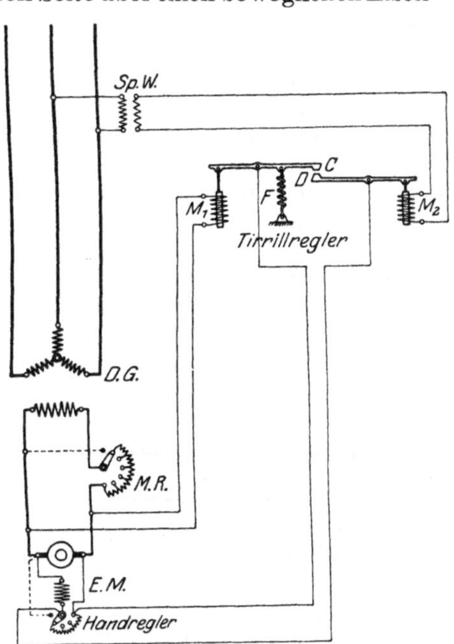

Abb. 117. Drehstromgenerator mit Tirrillregler.

Bei der praktischen Ausführung des Tirrillreglers, der von der A. E. G. gebaut wird, kommt zur Schonung des Kontaktes CD noch ein Zwischenrelais mit einer besonders kräftig ausgebildeten Kontakteinrichtung zur Verwendung. An der grundsätzlichen Wirkungsweise des Reglers wird dadurch aber nichts geändert.

B. Wechselstromzentralen.

65. Zentrale mit einer Einphasenmaschine für Niederspannung.

Der praktisch zwar nur selten vorkommende Fall, daß in einer Wechselstromzentrale nur eine einzige Betriebsmaschine vorhanden ist, ist dem Schema Abb. 118 zugrunde gelegt. Die Maschine dient zur Erzeugung von Einphasenstrom. Die Erregung wird von einer Nebenschlußmaschine besorgt. Die Spannung der Erregermaschine *E. M.* kann mit Hilfe eines Voltmeters eingestellt und die Stärke des Erregerstromes an einem Amperemeter abgelesen werden.

Die Verbindung des Einphasengenerators *E.G.* mit den Sammelschienen *R* und *T* erfolgt über Sicherungen und einen zweipoligen Hauptschalter. Während man sich bei Gleichstrommaschinen zur Kontrolle der Betriebsverhältnisse meistens mit dem Einbau eines Volt- und Amperemeters begnügt, wird in Wechselstromanlagen in der Regel noch ein Wattmeter hinzugenommen, um die Leistung der Maschine feststellen und einen Schluß auf den Leistungsfaktor ziehen zu können. Die Schaltung des Wattmeters *W* entspricht der Abb. 42.

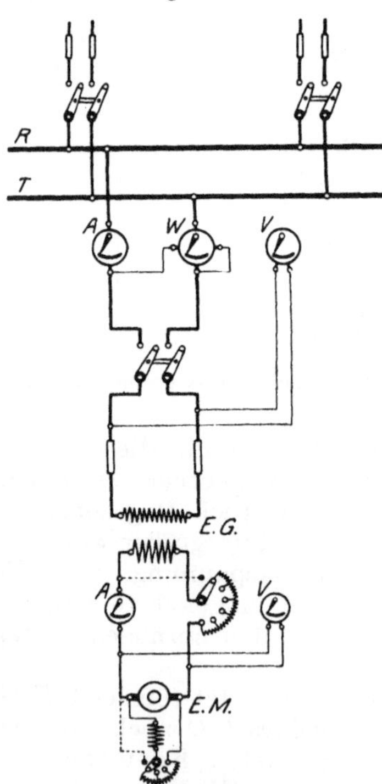

Abb. 118. Einphasenzentrale für Niederspannung.

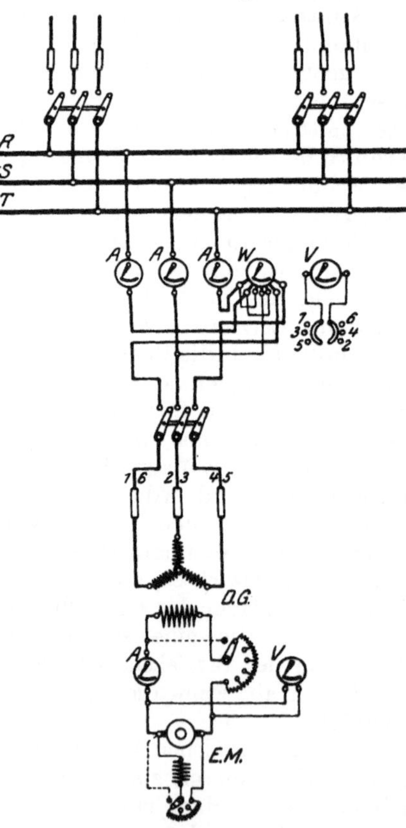

Abb. 119. Drehstromzentrale für Niederspannung.

66. Zentrale mit einer Drehstrommaschine für Niederspannung.

Aus dem Schaltplan der Einphasenanlage läßt sich der einer Drehstromanlage entwickeln, Abb. 119. Für die Erregung ist wiederum eine Nebenschlußmaschine vorgesehen.

Die Schaltungsart des Drehstromgenerators *D.G.* ist für die Aufstellung des Schaltplans gleichgültig, in der Abbildung ist Sternschaltung angenommen. Die Verbindung der Maschine mit den Sammelschienen *R*, *S* und *T* wird mittelst des dreipoligen Schalters bewirkt. Im Schema sind zur Bestimmung der Maschinenstromstärke drei Amperemeter angegeben. Es kann also die Stromstärke in jeder Leitung festgestellt werden. Vielfach wird man sich jedoch — in der Voraussetzung, daß alle Leitungen annähernd die gleiche Stromstärke führen — darauf beschränken, nur in eine Leitung einen Strommesser einzubauen. Ebenso genügt es oft, die Spannung nur einer Phase zu messen, während es nach dem Schema durch Verwendung des Voltmeterumschalters möglich ist, die Spannung jeder Phase am Voltmeter abzulesen. Hinsichtlich der Leistungsmessung sind verschiedene Schaltmöglichkeiten vorhanden, die in § 22b ausführlich erörtert wurden. Das im Schema angegebene Wattmeter ist nach der Zweiwattmetermethode (vgl. Abb. 49) geschaltet, gibt also auch bei ungleicher Belastung der Phasen die Leistung zuverlässig an.

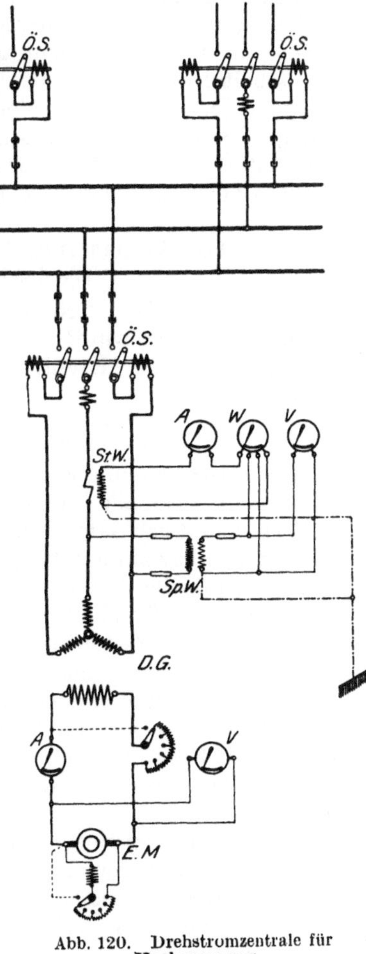

Abb. 120. Drehstromzentrale für Hochspannung.

67. Zentrale mit einer Drehstrommaschine für Hochspannung.

Der Schaltplan eines Hochspannungswerkes zeigt eine Reihe einschneidender Abweichungen vom Plan einer Niederspannungsanlage, worauf bereits in Kapitel I und III hingewiesen wurde: zum Ein- und Ausschalten der Maschinen und aller Stromkreise dienen Ölschalter, die eine selbsttätige Überstromauslösung erhalten; durch den Einbau von Trennschaltern können alle Teile des Netzes spannungslos gemacht werden; schließlich werden, um von der Bedienungsschalttafel Hochspannung fernzuhalten, die Meßinstrumente über Strom- und Spannungswandler angeschlossen.

In Abb. 120 ist nun der allgemeine Plan einer Hochspannungs-Drehstromzentrale dargestellt, bei dem die vorstehend angeführten Gesichtspunkte berücksichtigt sind. Es sind einfachste Verhältnisse angenommen. Für die Stromlieferung ist wieder nur ein einziger Generator *D.G.* vorgesehen, eine Reserve ist also nicht vorhanden. Zur Erregung dient eine Nebenschlußmaschine.

Der Anschluß der Hochspannungsmaschine an die Sammelschienen geschieht über den dreipoligen Ölschalter *Ö.S.* und drei einpolige Trennschalter. Die Überstromauslösung des Ölschalters ist eine unmittelbare primäre, sie ist allpolig vorgesehen. Meßinstrumente sind nur für je eine Phase vorhanden. Das Voltmeter liegt am Spannungswandler *Sp. W.*, das Amperemeter am Stromwandler *St. W.* Das Wattmeter ist sowohl an den Strom- wie auch an den Spannungswandler angeschlossen und nach Abb. 52 geschaltet. Strom- und Spannungswandler sind auf der Niederspannungsseite vorschriftsmäßig geerdet.

Die von den Sammelschienen abgehenden Speiseleitungen erhalten Trennschalter und Ölschalter, diese wiederum mit Überstromauslösung. Je nach den besonderen Verhältnissen können in die Speiseleitungen Strommesser, Leistungsmesser, gegebenenfalls auch Zähler eingebaut werden, stets unter Zwischenschaltung von Wandlern.

Ein Überspannungsschutz ist im Schema nicht angegeben.

68. Allgemeines über den Parallelbetrieb von Wechselstrommaschinen.

Aus den gleichen Gründen, die bereits im § 34 für Gleichstromanlagen angeführt wurden, werden auch in Wechselstromzentralen in der Regel mehrere Maschinen aufgestellt, die auf gemeinsame Sammelschienen arbeiten.

a) Die grundlegenden Schaltungen.

Soweit Hochspannungsmaschinen in Betracht kommen, lassen sich in bezug auf die allgemeine Anordnung namentlich die in Abb. 121 bis 123 schematisch dargestellten Fälle unterscheiden. Die Schaltbilder beziehen sich sowohl auf Einphasenstrom als auch auf Drehstrom. Sie sind, da sie nur den Kraftverlauf im allgemeinen angeben sollen, einpolig gezeichnet. Alle für den Kraftlauf unwesentlichen Teile sind fortgelassen.

In Abb. 121 arbeiten die Wechselstromgeneratoren *G* über Ölschalter *Ö.S.* mit Überstromauslösung und Trennschalter *T.S.* unmittelbar auf die Sammelschienen *S*, von denen die Verteilungsleitungen beliebig abgezweigt werden können. Eine derartige Anordnung kommt nur dann in Betracht, wenn die Verteilungsspannung sich in den Generatoren selbst erreichen läßt. Die Grenze dürfte zurzeit bei ungefähr 15 000 Volt liegen.

Bei höherer Spannung ist eine Transformierung erforderlich, wie in Abb. 122 angenommen ist. Jeder Generator arbeitet auf einen Transformator *T* und die Transformatoren speisen gemeinsam die Sammelschienen. So bildet jeder Generator mit dem zugehörigen Transformator gewissermaßen eine geschlossene Einheit. Wegen der großen Übersichtlichkeit des Systems und auch aus elektrischen Gründen (Herabsetzung des Kurzschlußstromes) findet es eine zunehmende

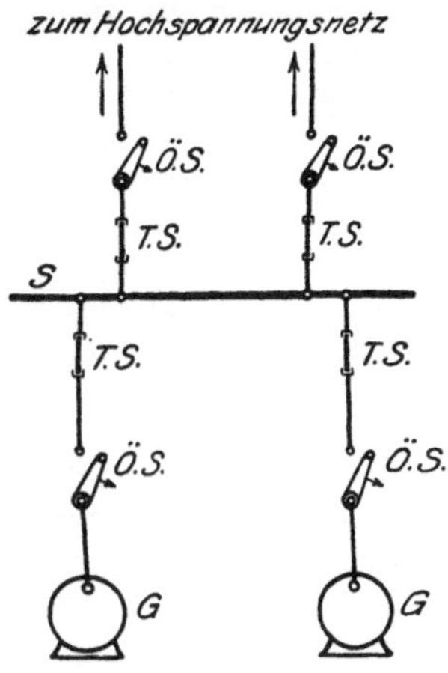

Abb. 121. Kraftlauf einer Hochspannungs-Drehstromzentrale ohne Transformatoren.

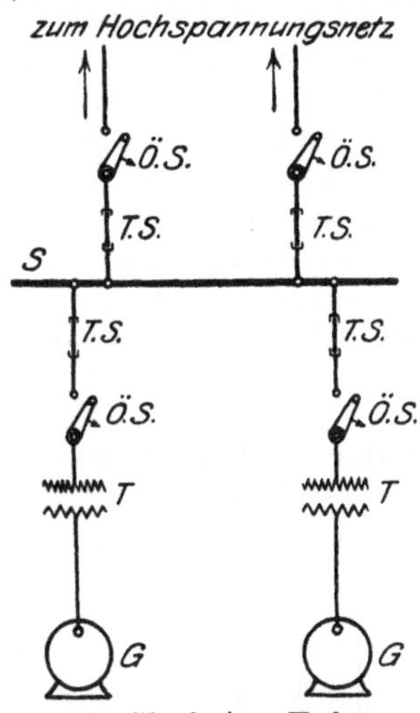

Abb. 122. Kraftlauf einer Hochspannungs-Drehstromzentrale mit Transformatoren.

Verbreitung. Allerdings fällt, wenn ein Transformator infolge einer Beschädigung betriebsunfähig wird, auch der zugehörige Generator aus, und umgekehrt. Hierin liegt eine gewisse Beschränkung.

Diese entfällt bei der in Abb. 123 angegebenen Anordnung. Hier sind Sammelschienen für zwei verschiedene Spannungen vorhanden: die Sammelschienen *S I* für die Generator- oder Unterspannung und die Sammelschienen *S II* für die Transformator- oder Oberspannung. Es können beliebige Generatoren in Betrieb genommen werden und unabhängig davon beliebige Transformatoren. Für die Transformatoren sind Schutzschalter *S.S.* (vgl. § 8) anzuwenden.

Größere Kraftwerke sind aus Gründen der Betriebssicherheit meistens nach dem Doppelsammelschienensystem eingerichtet, bei dem für jede Spannung zwei Sätze von Sammelschienen angewendet werden.

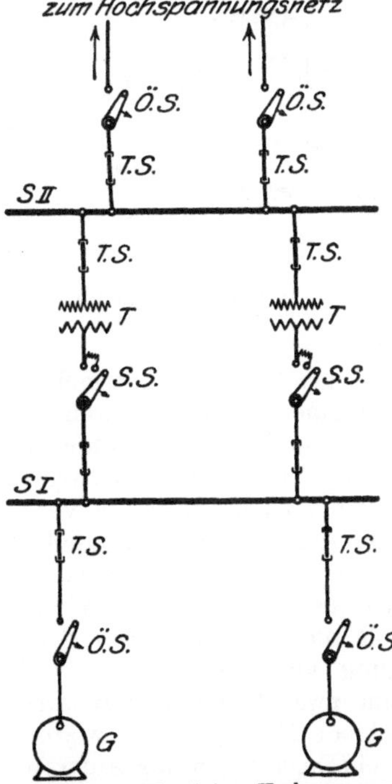

Abb. 123. Kraftlauf einer Hochspannungs-Drehstromzentrale mit Transformatoren und Zwischensammelschienen.

Mittels der Trennschalter lassen sich nun alle Maschinen, Transformatoren, Verteilungsleitungen usw. entweder auf das eine oder das andere System schalten. Es können daher gegebenenfalls an einem der Systeme, nachdem es vorher spannungslos gemacht ist, Arbeiten ausgeführt oder Erweiterungen vorgenommen werden, ohne daß der Betrieb gestört wird. Durch das Doppelschienensystem wird also auch für die Schaltanlage, von deren Betriebsfähigkeit die Versorgung des ganzen Netzes abhängt, die wünschenswerte Reserve geschaffen. Mittels eines Kupplungsschalters können die beiden zusammengehörigen Schienensätze parallel geschaltet werden, wie auch ohne Unterbrechung des Betriebes von einem System auf das andere umgeschaltet werden kann.

b) Schaltungen für die Erregung.

Jeder in einer Wechselstromzentrale aufgestellte Generator kann eine eigene Erregermaschine erhalten. Diese Anordnung wird namentlich bei Dampfturbinenantrieb gewählt. Mit den einzelnen Turbogeneratoren werden die zugehörigen Erregermaschinen unmittelbar gekuppelt. Vorteilhaft ist es, eine Erdung der negativen Pole der Magnetwicklungen der Generatoren vorzunehmen, wie es in Abb. 124 für eine Drehstrommaschine zum Ausdruck gebracht ist. Die durch die Ausschaltleitung (gestrichelt gezeichnet) kurzgeschlossenen Magnetwicklungen der nicht erregten Generatoren können dann, wenn letztere versehentlich auf das Netz geschaltet werden, keine gefährliche Spannung annehmen.

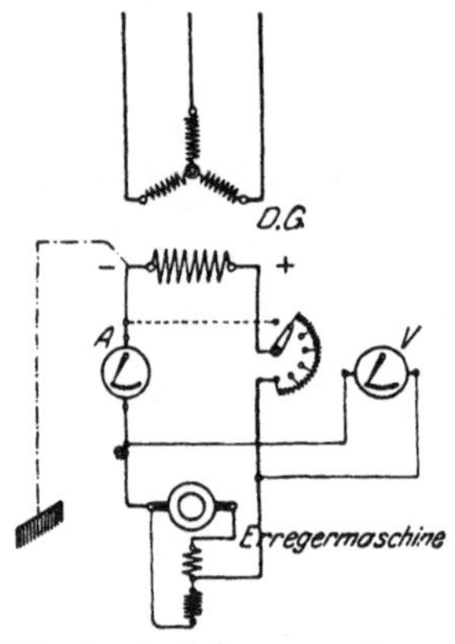

Abb. 124. Drehstromgenerator mit geerdeter Magnetwicklung.

Zieht man eine gemeinsame Erregeranlage für die Zentrale vor, so werden besondere Erregerschienen verlegt, auf die Gleichstrommaschinen entsprechender Leistung, meistens Nebenschlußmaschinen in Verbindung mit einer Akkumulatorenbatterie, arbeiten, und von denen der Magnetstrom für die verschiedenen Wechselstrommaschinen abgenommen wird. Von der Gleichstromanlage können auch die Nebenbetriebe und die Beleuchtung des Werkes gespeist werden, wodurch sie unabhängig von dem Wechselstromnetz werden, was bei Betriebsstörungen eine größere Sicherheit gewährt. Über die verschiedenen Schaltmöglichkeiten der Gleichstromanlage geben die Pläne in Kapitel IV Aufschluß. Hier soll nur eine von den S. S. W. verwendete Schaltung für die Erregung kurz besprochen werden, die in Abb. 125 angegeben ist. Es sind zwei Gleichstromdynamos *G. D.* aufgestellt. Die negative Erregerschiene *N* ist geerdet, wodurch, wie bereits oben dargelegt wurde, eine Sicherheit gegen das Auftreten von zu hoher Spannung in den Magnetwicklungen der Maschinen erzielt wird. Außerdem werden aber auch für die von dieser Sammelschiene abgehenden Leitungen Schalter und

Sicherungen überflüssig. Die positive Sammelschiene ist doppelt ausgeführt, und es können Maschinen und Abzweigungen durch Umschalter beliebig auf die eine oder andere der beiden Schienen, auf P oder P_1, gelegt werden. Das ist nützlich, um einen Drehstromgenerator für Versuchszwecke unabhängig von den übrigen betreiben zu können, etwa um ihn selbst oder einen anderen Teil der Anlage zu prüfen.

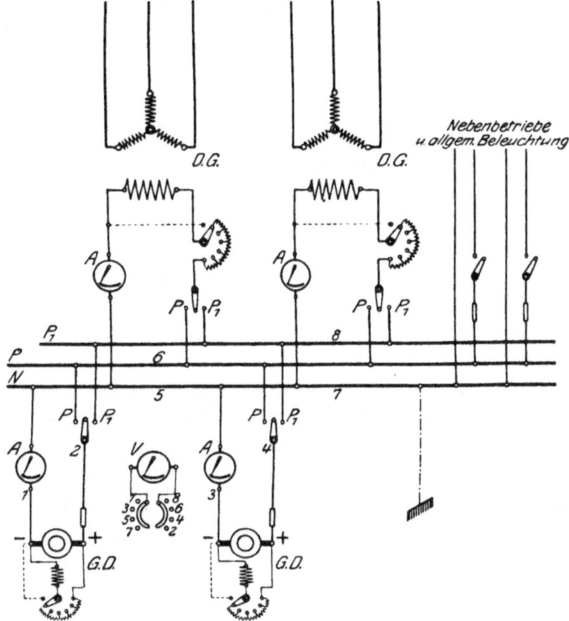

Abb. 125. Erregeranlage für eine Drehstromzentrale.

c) Parallelschalteinrichtungen.

Um eine Wechselstrommaschine mit einer anderen parallel schalten zu können, muß sie zunächst auf die **gleiche Spannung** wie die bereits im Betriebe befindliche und außerdem mit ihr in **Phasengleichheit** oder **Synchronismus** gebracht werden. Der synchrone Zustand ist vorhanden, wenn die periodischen Schwankungen der Spannung beider Maschinen genau gleichzeitig erfolgen, er setzt also die **gleiche Frequenz** der Maschinen voraus. Sind die Maschinen einmal parallel geschaltet, so bleibt im allgemeinen der Synchronismus während des Betriebes infolge einer zwischen den beiden Maschinen auftretenden „synchronisierenden Kraft“ erhalten.

Um die Frequenz beider Maschinen vergleichen zu können, werden häufig **Frequenzmesser** eingebaut. Als einfachsten **Synchronismusanzeiger** kann eine **Phasenlampe**, d. h. eine Glühlampe für die doppelte Betriebsspannung verwendet werden, auf die man sowohl die Spannung der parallel zu schaltenden Maschine als auch die der bereits im Betriebe befindlichen Maschinen oder die Sammelschienenspannung einwirken läßt. Die Lampe kann so geschaltet werden, daß sich an ihr, wenn Phasengleichheit besteht, die beiden Spannungen in jedem Augenblicke aufheben. Das Lampendunkel ist dann das Merkmal für den Synchronismus: **Dunkelschaltung**. Solange der synchrone Zustand noch nicht vorhanden ist, tritt ein abwechselndes Aufflackern und Wiedererlöschen der Lampe ein. An die Stelle der Lampe kann auch ein **Voltmeter** für die doppelte Betriebsspannung treten. Ausschlaggebend für das Parallelschalten ist dann der Ausschlag „Null“ des Voltmeters, der dem Lampendunkel entspricht. Es empfiehlt sich daher die Verwendung eines Nullvoltmeters, eines für kleine Spannungen besonders empfindlichen Instrumentes.

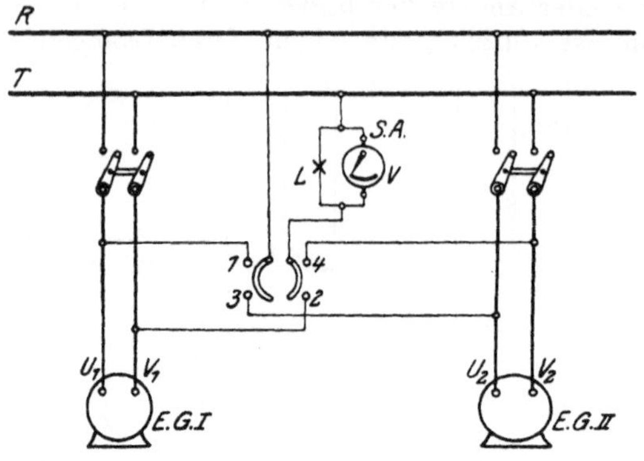

Abb. 126. Synchronismusanzeiger für eine Niederspannungs-Einphasenanlage. (Phasenvergleich mit Sammelschienen.)

Abb. 126 zeigt die Schaltung eines aus Phasenlampe L und Phasenvoltmeter V bestehenden Synchronismusanzeigers $S.A.$ für die beiden Einphasengeneratoren $E.G.I$ und $E.G\,II$. Der Anzeiger ist an die Sammelschienen R und T angeschlossen, und es kann daher unter Anwendung eines Umschalters jede der beiden Maschinen mit den Schienen synchronisiert werden. Der Anschluß des Synchronismusanzeigers ist so vorzunehmen, daß durch ihn zusammengehörige Sammelschienen und Maschinenpole in Verbindung gebracht werden. (Es gehören zusammen R und U_1, U_2; T und V_1, V_2.) Beim Parallelschalten des Generators I ist der Umschalter auf 1—2 zu stellen. Der Stromkreis des Synchronismusanzeigers ist dann über den im Betrieb befindlichen Generator II (dessen Hauptschalter also eingelegt ist) geschlossen: U_1—1—R—U_2—V_2—T—$S.A.$—2—V_1. In diesem Kreise sind die beiden Maschinenspannungen bei Phasengleichheit in jedem Augenblicke entgegengerichtet. Beim Parallelschalten des Generators II ist der Umschalter in die Stellung 3—4 zu bringen. Durch Erweiterung des Umschalters läßt sich die Parallelschalteinrichtung auf beliebig viel Maschinen ausdehnen.

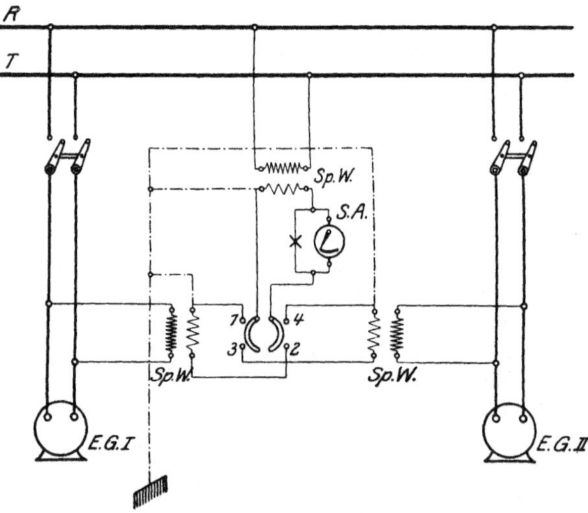

Abb. 127. Synchronismusanzeiger für eine Hochspannungs-Einphasenanlage. (Phasenvergleich mit Sammelschienen.)

Bei einer etwas abgeänderten Schaltung kann die Phasengleichheit auch durch das hellste Aufleuchten der Lampe oder den größten Ausschlag des Voltmeters erkennbar gemacht werden: Hellschaltung. Es sind dann die Anschlüsse des Synchronismusanzeigers an die Sammelschienen einerseits und die Maschinen andererseits kreuzweise herzustellen. In diesem Falle ändert sich Abb. 126 in der Weise, daß die an 1 und 3 liegenden Verbindungen nach 2 und 4 zu führen sind, und umgekehrt. (Es sind alsdann aufeinander geschaltet R und V_1, V_2; T und U_1, U_2.)

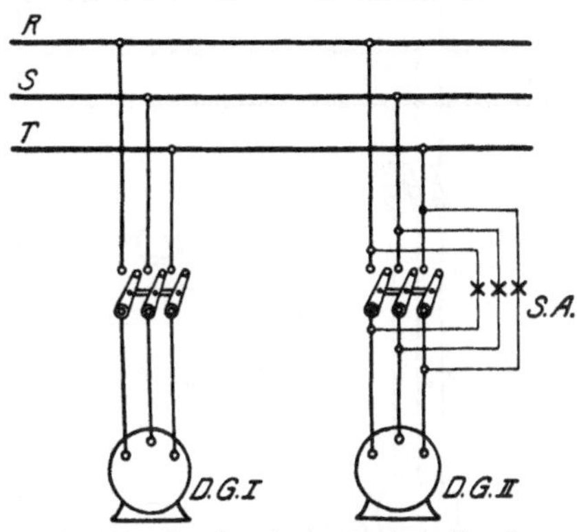

Abb. 128. Synchronismusanzeiger für eine Niederspannungs-Drehstrommaschine.

In Hochspannungsanlagen ist der Synchronismusanzeiger über Spannungswandler anzuschließen. Abb. 127 zeigt die aus Abb. 126 abgeleitete Schaltung. Ein Spannungswandler ist für den Anschluß an die Sammelschienen erforderlich, ein weiterer für jede Maschine. Die Sekundärwicklung der Spannungswandler ist der Vorschrift gemäß geerdet.

Bei Drehstromanlagen ist vor ihrer Inbetriebnahme dafür Sorge zu tragen, daß die Phasen aller Maschinen in der gleichen Reihenfolge an die Sammelschienen angeschlossen werden. Um sich vom richtigen Anschluß der Leitungen zu überzeugen, können an den parallel zu schaltenden Drehstromgenerator drei Lampen nach Art der Abb. 128 gelegt werden. Der Anschluß ist richtig, wenn beim Phasenvergleich alle Lampen gleichzeitig aufleuchten und gleichzeitig dunkel werden. Andernfalls sind die Verbindungen von irgend zwei Leitungen der Maschine mit den Sammelschienen zu vertauschen. Ist der richtige Anschluß der Leitungen sichergestellt, so genügt es auch bei Drehstrommaschinen, nur eine Phase auf Synchronismus zu prüfen, wie die Schaltung Abb. 129 zeigt, welche völlig der Abb. 126 für eine Einphasenanlage entspricht.

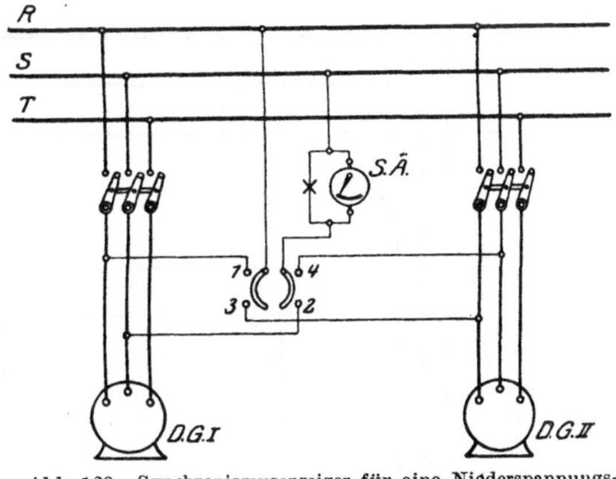

Abb. 129. Synchronismusanzeiger für eine Niederspannungs-Drehstromanlage. (Phasenvergleich mit Sammelschienen.)

In Abb. 130 ist die Schaltung abgeändert für den Fall, daß der Phasenvergleich zwischen den einzelnen Maschinen unmittelbar, statt über die Sammelschienen, vorgenommen werden soll. Es sind in diesem Falle zwei Umschalter nötig, jeder mit so viel Schaltstellungen, als Maschinen vorhanden sind. Die Verbindungsleitungen zwischen Ma-

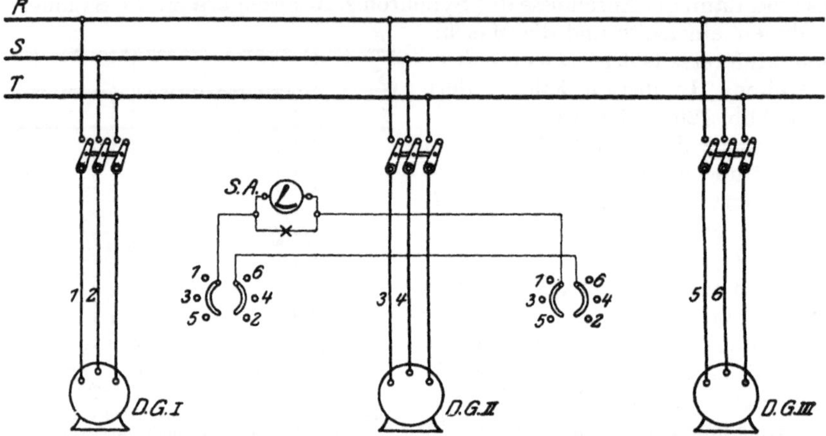

Abb. 130. Synchronismusanzeiger für eine Niederspannungs-Drehstromanlage. (Phasenvergleich zwischen den Maschinen.)

schinen und Umschalter sind durch Zahlen angedeutet. Einer der Umschalter wird auf die parallel zu schaltende, der andere auf die in Betrieb befindliche Maschine geschaltet, mit der synchronisiert werden soll.

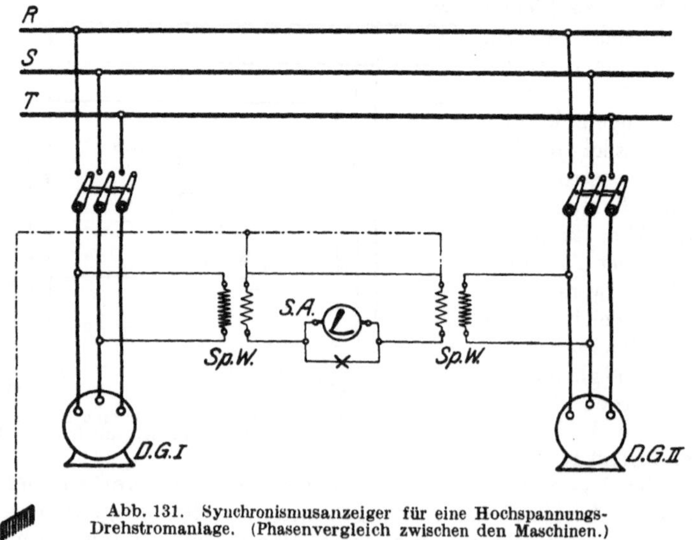

Abb. 131. Synchronismusanzeiger für eine Hochspannungs-Drehstromanlage. (Phasenvergleich zwischen den Maschinen.)

Bei Hochspannungs-Drehstrommaschinen kann die Parallelschalteinrichtung entweder entsprechend Abb. 127 eingerichtet werden, wobei über die Sammelschienen synchronisiert wird, oder es können auch die Phasen der Maschinen unmittelbar miteinander verglichen werden, wie es in Abb. 131 für zwei Maschinen zur Darstellung gebracht ist.

Auf einen Phasenvergleich zwischen Maschine und Maschine gründet sich auch die Parallelschalteinrichtung der S. S. W., die mit allem Zubehör in Abb. 132 wiedergegeben ist. Das Schema läßt sich leicht auf beliebig viele Maschinen ausdehnen. Die Synchronisiervorrichtung besteht aus Phasenlampe *L* und Nullvoltmeter *N. V.* Außerdem ist mit ihr noch ein Doppelfrequenzmesser *D. F.* verbunden, so daß sich durch Vergleich der Frequenzen beider Maschinen feststellen läßt, ob die zu synchronisierende Maschine zu langsam oder zu schnell läuft. Schließlich sind noch zwei Voltmeter *V* für die Spannung der Generatoren vorhanden. Es sind also alle für das Parallelschalten erforderlichen Meßinstrumente vereinigt. Der Anschluß der Vorrichtung an die einzelnen Maschinen geschieht über die Synchronisierschienen *a*, *b* und *c*, von denen letztere geerdet ist, und wird mittels Stöpselschalter *St. S.* vorgenommen. Für die ganze Anlage sind, unabhängig von der Zahl der Maschinen, nur zwei Stöpsel vorhanden, ein kurzer, mit dem zwei benachbarte Kontakte der Schalter überbrückt werden können — die zusammengehörigen Kontakte sind im Schema durch einen Punkt kenntlich gemacht — und ein langer, mit dem sich die beiden äußersten Kontakte überbrücken lassen. Der Stromkreis der Parallelschalteinrichtung kann nur für Maschinen mit eingelegtem Trennschalter geschlossen werden, die zu dem Zwecke mit Hilfskontakten versehen sind. Auf diese Weise wird verhindert, daß abgeschaltete Teile versehentlich durch den Meßtransformator unter Spannung gesetzt werden können.

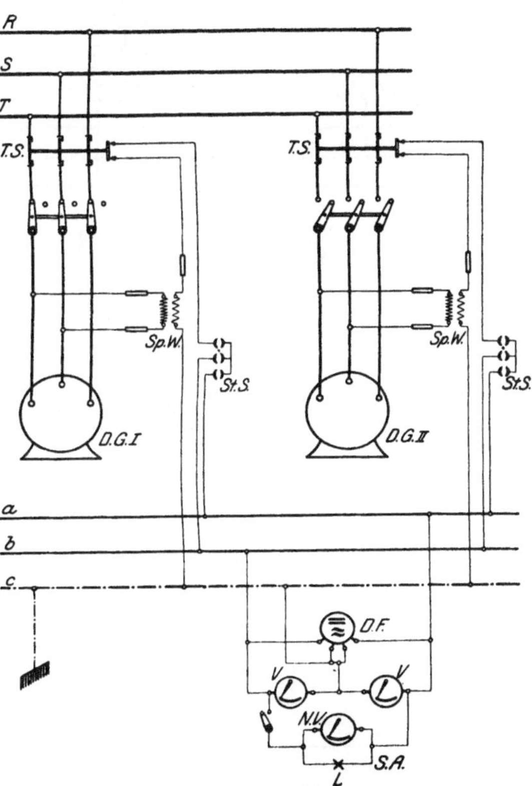

Abb. 132. Synchronismusanzeiger für eine Hochspannungs-Drehstromanlage mit Synchronisierschienen.

d) Überspannungsschutz.

Überspannungssicherungen werden in Hochspannungsanlagen in der Regel für jede abgehende Leitung gesondert eingebaut, während für die Maschinen und Transformatoren ein gemeinsamer Schutz an die Sammelschienen gelegt werden kann. Die Einfügung von Schutzdrosselspulen vor die einzelnen Maschinen wird hierdurch nicht berührt.

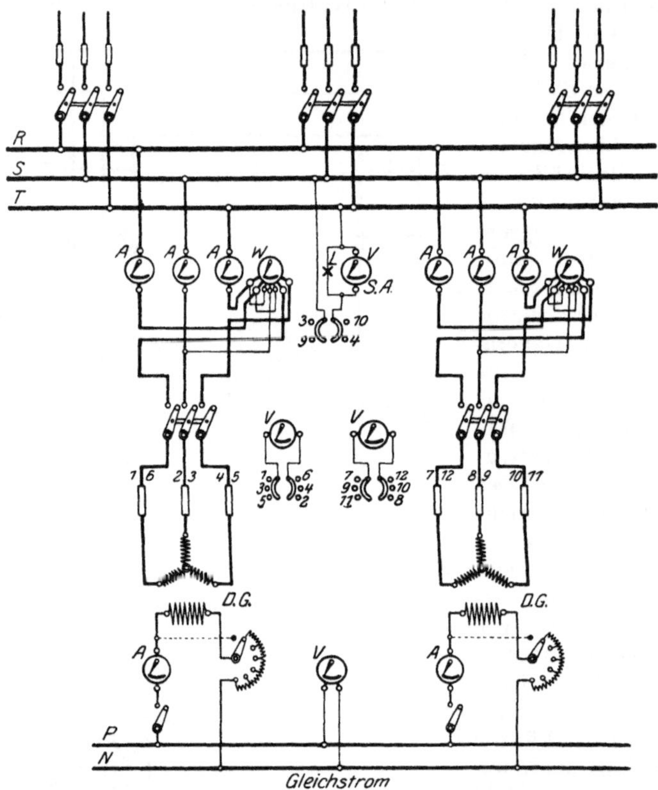

Abb. 133. Drehstromzentrale für Niederspannung.

69. Niederspannungs-Drehstromzentrale.

In dem in Abb. 133 wiedergegebenen Schema einer Drehstromzentrale arbeiten die beiden Niederspannungsgeneratoren auf die Sammelschienen *R*, *S*, *T*. Es ist eine gemeinsame Erregeranlage vorgesehen. Der Magnetstrom für die Drehstromgeneratoren wird den Gleichstromsammelschienen *P* und *N* entnommen.

Bezüglich der erforderlichen Apparate, Meßinstrumente usw. kann auf das Schema Abb. 119 hingewiesen werden. Die Schaltung des Synchronismusanzeigers entspricht der Abb. 129. Sein Umschalter erhält so viel Kontaktpaare als Maschinen vorhanden sind.

70. Hochspannungs-Drehstromzentrale für 6000 Volt mit unmittelbarer Auslösung der Ölschalter.

Abb. 134 zeigt den Schaltplan eines Hochspannungs-Drehstromwerkes für eine Spannung von 6000 Volt unter Zugrundelegung des Kraftlaufschemas Abb. 121. Jeder Generator besitzt eine eigene Erregermaschine mit Doppelschlußwicklung.

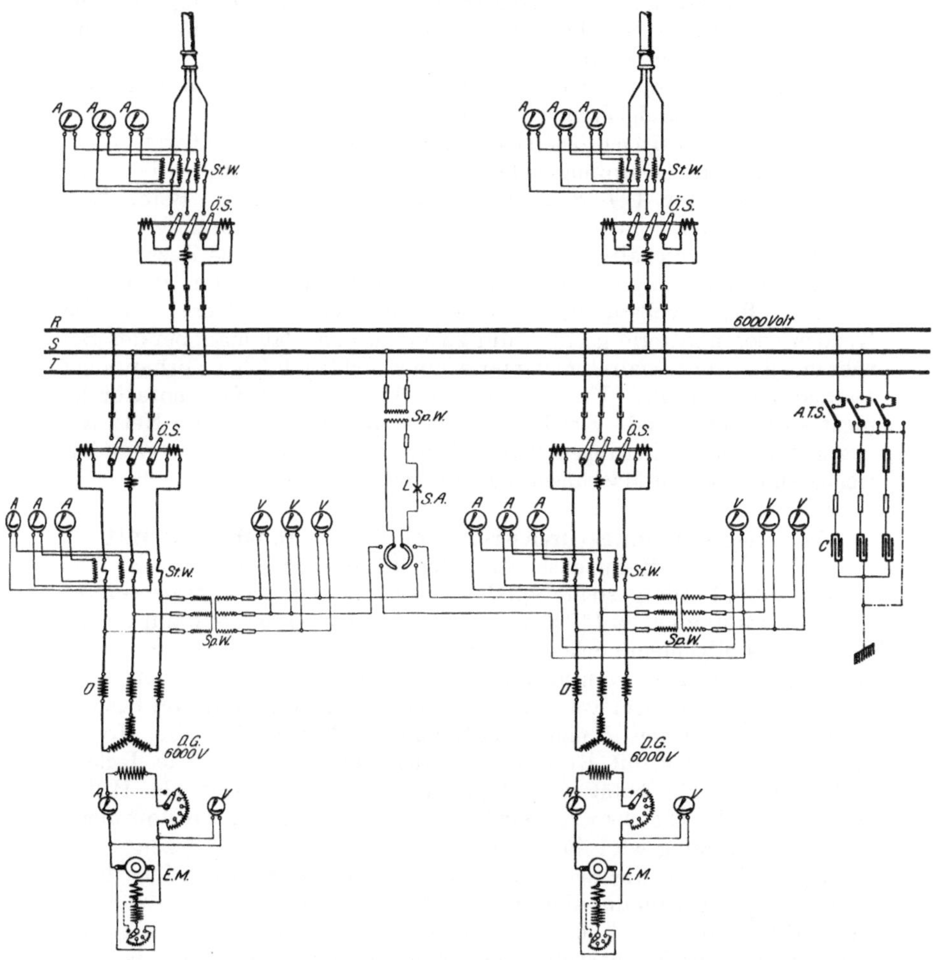

Abb. 134. Hochspannungs-Drehstromzentrale für 6000 Volt.

Die dreipoligen Ölschalter *Ö. S*, durch welche die Verbindung der Generatoren mit den Sammelschienen hergestellt wird, besitzen eine u n m i t t e l b a r w i r k e n d e p r i m ä r e Ü b e r s t r o m a u s l ö s u n g (vgl. Abb. 10), und zwar ist die Auslösung für jede Phase vorgesehen. Zur Feststellung der von den Maschinen gelieferten Stromstärke ist in jede Maschinenleitung ein Stromwandler *St. W.* eingebaut. Auch die Spannung der Maschinen kann durch Vermittlung eines dreiphasigen Spannungswandlers *Sp. W.* allphasig gemessen werden. An eine Phase des Spannungswandlers ist auch die als Synchronismusanzeiger dienende Phasenlampe *L* angeschlossen, die über einen weiteren Wandler mit den Sammelschienen in Verbindung steht (vgl. Abb. 127)[1]).

Von den Sammelschienen führen über dreipolige Ölschalter Kabel zum Verteilungsnetz. Die selbsttätige Überstromauslösung ist die gleiche wie bei den Maschinenschaltern. Die Stromstärke in den einzelnen Kabeln kann wieder allphasig abgelesen werden.

Alle zu den Sammelschienen führenden und von ihnen abgehenden Leitungen sind durch Trennschalter abtrennbar.

Der Überspannungsschutz wird durch Kondensatoren *C* in Verbindung mit Dämpfungswiderständen besorgt, sie sind über den Anlaßtrennschalter *A. T. S.* an die Sammelschienen gelegt. Beim Einschalten des Trennschalters werden zunächst Schutzwiderstände vor die Kondensatoren geschaltet, um Schwingungen, die durch das Zusammenwirken derselben mit den Drosselspulen entstehen könnten, zu unterdrücken. Beim vollständigen Umlegen des Trennschalters wird die Kondensatorenbatterie geerdet, um zu vermeiden, daß man bei der Berührung der abgeschalteten Batterie einen Schlag infolge vorhandener Restladungen erhält. Um beim Durchschlagen eines Kondensatorelementes die betreffende Kondensatorengruppe selbsttätig vom Netz abzuschalten, sind Sicherungen vorgesehen. Zum Schutz gegen Wanderwellen sind vor die Maschinen Drosselspulen *D* gelegt.

71. Hochspannungs-Drehstromzentrale für 15 000 Volt mit Relaisauslösung der Ölschalter.

Der in Abb. 135 dargestellte Schaltplan einer Drehstromzentrale — ihre Betriebsspannung soll zu 15 000 Volt angenommen werden — kann ebenfalls auf das allgemeine Schema Abb. 121 zurückgeführt werden, weist aber gegenüber dem vorigen Plane verschiedene Abweichungen auf. So wird hier der Erregerstrom für die Drehstromgeneratoren von besonderen Erregerschienen *P* und *N* entnommen. Ferner sind die Hochspannungsölschalter mit Relaisauslösung ausgestattet. Die Relais werden sekundär betätigt (entsprechend Abb. 11). Der als Hilfsstrom dienende Gleichstrom wird den Erregerschienen entnommen. Die Schalterstellung wird durch Signallampen L_1 und L_2 angezeigt. In der Regel wird für die Relais die Arbeitsschaltung angewendet, doch kann sie gegebenenfalls durch die Ruheschaltung ersetzt werden, damit die Relais auch dann ansprechen, wenn die Erregung aus irgendeinem Grunde ausbleibt. Die Zahl der Überstromrelais ist für jede Maschine auf zwei beschränkt. Doch ist außerdem ein Richtungsrelais eingebaut, welches bei einem Wechsel der Energierichtung an-

---

[1]) Um das Schaltbild übersichtlicher zu gestalten, sind in Abb. 134 die Erdungsleitungen für die Spannungs- und Stromwandler fortgelassen. Auch in den nachfolgenden Plänen ist die Erdung der Wandler im allgemeinen nicht angegeben. — Zu beachten ist, daß die geerdeten Pole der Niederspannungsseite der Spannungswandler keine Sicherung erhalten (s. § 9).

spricht (vgl. § 9b) und dadurch verhindert, daß der betreffende Generator, vorübergehend als Motor arbeitend, von den Sammelschienen Arbeit aufnimmt. An Meßinstrumenten ist für jede Maschine ein Strom-, ein

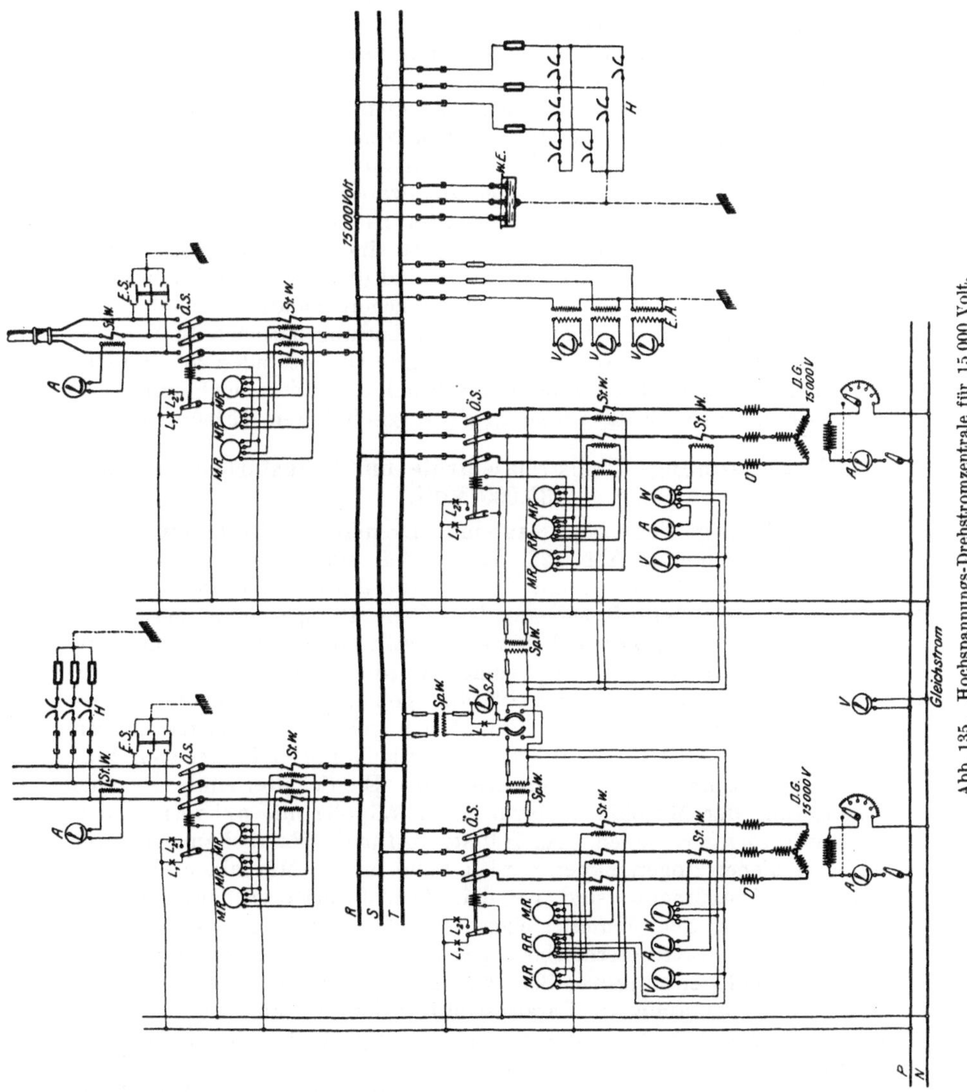

Abb. 135. Hochspannungs-Drehstromzentrale für 15 000 Volt.

Spannungs- und ein Leistungsmesser vorgesehen. Da sämtliche Messungen auf eine Phase beschränkt sind, so ist nur ein Strom- und ein einphasiger Spannungswandler erforderlich. Der gleiche Spannungswandler dient auch zur Betätigung des aus Phasenlampe und Phasenvoltmesser bestehenden Synchronismusanzeigers.

Eine der Fernleitungen ist im Schema als Freileitung, die andere als Kabel angenommen. Die Ölschalter für diese Leitungen sind allpolig mit Überstromauslösung versehen. Dagegen ist die Strommessung auf je einen Pol der Netzleitungen beschränkt. Damit etwa notwendig werdende Arbeiten an den Leitungen gefahrlos vorgenommen werden können, müssen sie, nachdem sie von den Sammelschienen abgetrennt sind, geerdet werden. Dies kann, durch Einlegen der an die Leitungen angeschlossenen Erdungsschalter *E.S.*, unmittelbar im Werk geschehen.

Zur ständigen Kontrolle des Isolationszustandes der Anlage steht ein Erdschlußanzeiger *E.A.* mit den Sammelschienen in Verbindung. Seine Voltmeter sind an Spannungswandler angeschlossen, deren primäre Wicklung über einen Pol geerdet ist (vgl. Abb. 59).

Zum Schutze gegen Überspannungen sind für die Sammelschienen Hörnerableiter *H* vorgesehen, und zwar sind diese in Stern-Dreieck geschaltet, es sind also sowohl die Leitungen gegeneinander als auch gegen Erde gesichert. Zur Ableitung statischer Ladungen dienen die Wasserstrahlerder *W.E.* Wanderwellen werden durch Drosselspulen von den Maschinen abgewehrt. Die Freileitung schließlich besitzt noch einen sog. „Grobschutz" in Gestalt von gegen Erde geschalteten Hörnerableitern.

72. Hochspannungs-Drehstromzentrale mit Transformatoren für 35 000 Volt.

Abb. 136 zeigt den Schaltplan einer Drehstromzentrale auf Grund des Kraftlaufschemas Abb. 122. Es handelt sich also um ein Werk, bei dem jedem Generator ein Transformator zugeordnet ist, um seine Spannung heraufzusetzen. Die Generatorspannung mag, um eine Zahl zu nennen, 6000 Volt betragen, während die Sammelschienenspannung zu 35 000 Volt angenommen werden kann.

Wie im vorigen Schaltplan ist eine gemeinsame Erregung vorgesehen. Die Generatoren stehen mit den zugehörigen Transformatoren in fester Verbindung, die Maschinenhauptschalter befinden sich zwischen Transformator und Sammelschienen. Die Schalter sind, um einer Überlastung der Maschinen vorzubeugen, allpolig mit primärer Relaisauslösung versehen. Der Hilfsstrom für die Relais kann von den Erregerschienen abgenommen werden. Die für die Maschinen erforderlichen Meßinstrumente sind vor den Transformatoren, also auf der 6000 Volt-Seite, über Wandler eingebaut. Die Leistungsmesser *W* sind nach der Zweiwattmetermethode geschaltet, unter Anwendung eines zweiphasigen Spannungswandlers (vgl. Abb. 53 und 54). An eine Phase des letzteren ist auch die Parallelschalteinrichtung angeschlossen. Sie entspricht der Abb. 132, und es sind demgemäß die Maschinentrennschalter mit Hilfskontakten versehen.

Die Ölschalter der von den Sammelschienen abgehenden Freileitungen sind wie die Maschinenschalter eingerichtet. Jede Leitung enthält einen Zähler *Z* in Zweiwattmeterschaltung.

Um Überspannungen unschädlich zu machen, ist an die Sammelschienen ein zusammengebauter Stern-Dreieck-Schutzapparat *H* mit Ölwiderständen *Ö.W.* nach einer Ausführung der S. S. W. gelegt. Die

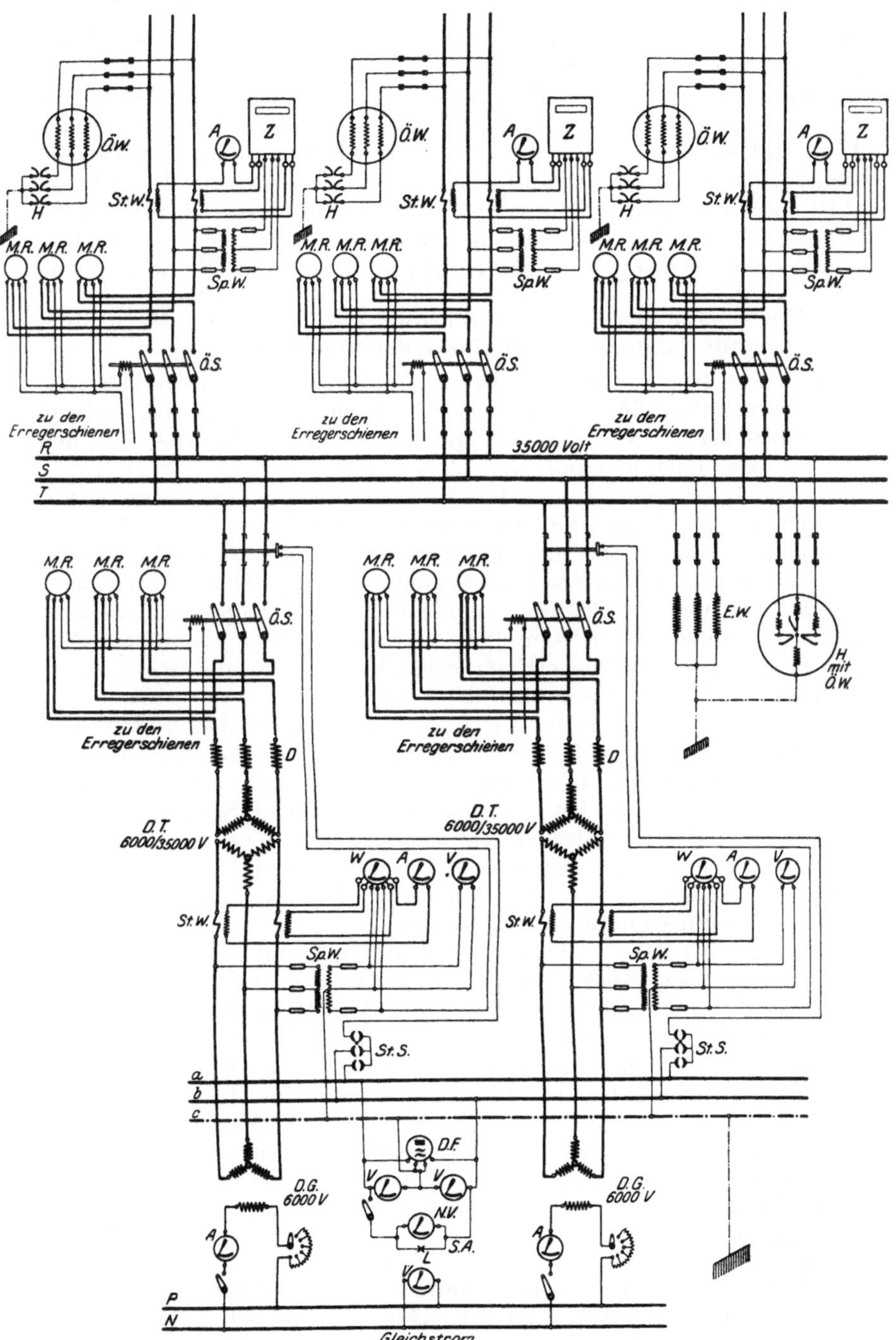

Abb. 136. Hochspannungs-Drehstromzentrale mit Transformatoren für 35 000 Volt.

Hörnerableiter sind auf den Deckel eines zylindrischen Eisengefäßes gesetzt. Von den vier Hörnern sind die drei äußeren mit je einer Sammelschiene verbunden, das mittlere ist dagegen geerdet. Das Gefäß ist mit Öl gefüllt und dient zur Aufnahme der Dämpfungswiderstände. Einer zu hohen Temperatur des Öls wird durch Anwendung von Wärmesicherungen — im Schaltplan nicht angegeben — vorgebeugt. Elektrostatische Überspannungen werden durch die Erdungswiderstände *E. W.* abgeleitet. Den Transformatoren sind Drosselspulen *D* vorgeschaltet. Die Freileitungen erhalten einen Hörnergrobschutz mit Ölwiderständen.

73. Hochspannungs-Drehstromzentrale mit Transformatoren und mit Sammelschienen für 6000 und 35 000 Volt.

Der Schaltplan Abb. 137 gilt für ähnliche Spannungsverhältnisse wie der in Abb. 136 wiedergegebene. Doch sind, dem allgemeinen Kraftlaufschema Abb. 123 entsprechend, Sammelschienen sowohl für die Maschinenspannung von 6000 Volt als auch für die Transformatorenoberspannung von 35 000 Volt vorhanden. Für beide Spannungen ist das Doppelschienensystem zur Anwendung gebracht. Die Vorzüge dieses Systems sind bereits in § 68a erörtert worden.

Die Sammelschienensätze jeder Spannung sind mit *A* und *B* bezeichnet.

Der mit allen Ölschaltern, ausgenommen den Kupplungsschaltern *K. S.*, verbundene Überstromschutz ist in Form einer primären Relaisauslösung zur Anwendung gebracht. Die Relais arbeiten mit Ruhestrom. Als Hilfsstrom dient den Spannungswandlern entnommener Wechselstrom. Die Ölschalter für die Transformatoren sind als Schutzschalter *S. S.* ausgebildet, was namentlich bei großen Transformatorenleistungen zu empfehlen ist (s. § 8). Die Trennschalter sind mit Rücksicht auf leichte Umschaltbarkeit von einem Sammelschienensystem auf das andere dreipolig ausgeführt. Die Anordnung der Meßinstrumente und der Synchronisiervorrichtung bietet gegenüber den vorhergehenden Schaltplänen nichts Neues. Nur ist für jede Maschine noch ein Frequenzmesser *F* angewendet.

Von den 35 000 Volt-Sammelschienen führt eine Anzahl Freileitungen ins Netz. Auch ist für die Versorgung des näheren Umkreises der Zentrale eine Freileitung von den 6000 Volt-Schienen abgenommen.

Der aus Hörnerableitern *H* in Stern-Dreieckschaltung und Erdungsdrosselspulen *E. D.* bestehende, an die Sammelschienen angeschlossene Überspannungsschutz ist für jede Spannung, also für die 6000 Volt- und die 35 000 Volt-Seite, doppelt vorhanden und braucht daher beim Übergang auf ein anderes Sammelschienensystem nicht umgeschaltet zu werden. Drosselspulen vor den Transformatoren und Hörnergrobschutz für die Freileitungen vervollständigen die Überspannungsschutzeinrichtungen.

74. Hochspannungs-Drehstromzentrale mit Transformatoren und mit Sammelschienen für 6000 und 100 000 Volt.

Den Schaltplan für ein Drehstromwerk sehr hoher Spannung nach einem Entwurf der A. E. G. zeigt Abb. 138. Für den Plan, der wie der

Additional material from *Schaltungen von Gleich-und Wechselstomanlagen,*
ISBN 978-3-662-42089-8 (978-3-662-42089-8_OSFO1),
is available at http://extras.springer.com

vorige dem Kraftlaufschema Abb. 123 entspricht, ist die einpolige Darstellungsweise, unter Fortlassung aller Einzelheiten, gewählt. Zwei große Drehstromgeneratoren mit angebauten Erregermaschinen arbeiten bei einer Spannung von 6000 Volt auf ein Doppelsammelschienen-

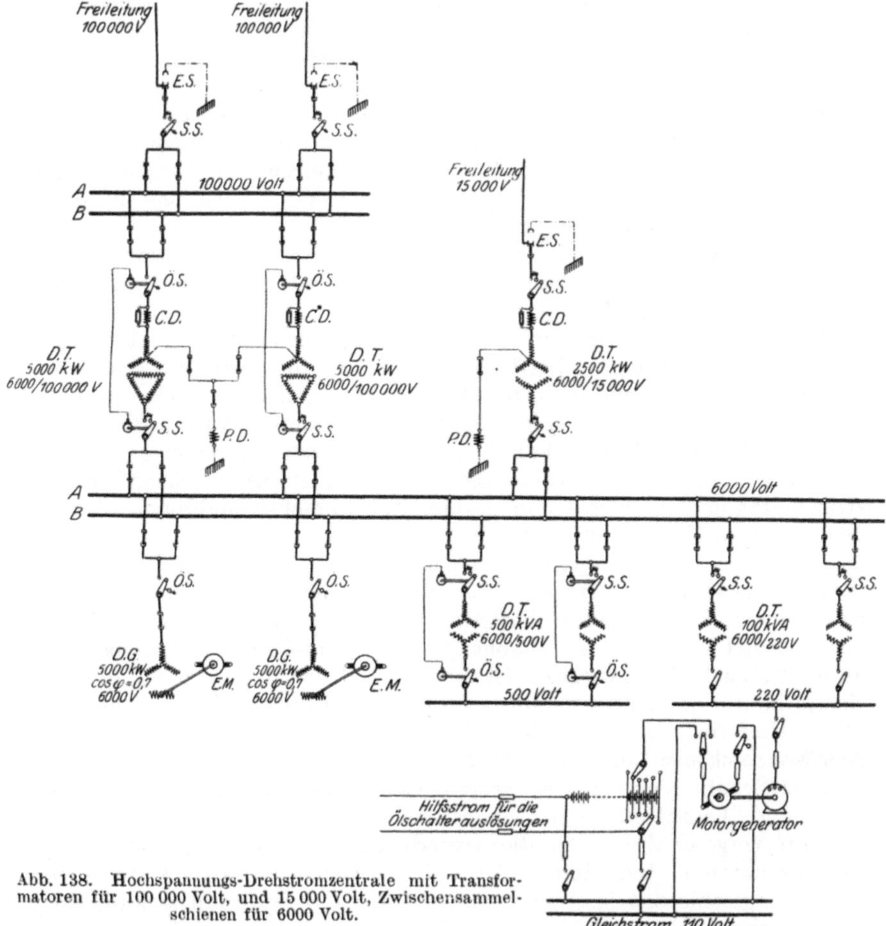

Abb. 138. Hochspannungs-Drehstromzentrale mit Transformatoren für 100 000 Volt, und 15 000 Volt, Zwischensammelschienen für 6000 Volt.

system. Die Maschinenschalter besitzen selbsttätige Überstrom- und Richtungsrelaisauslösung.

Durch zwei Transformatoren von gleicher Leistung wie die Generatoren wird eine Erhöhung der Spannung auf 100 000 Volt vorgenommen. Auch für diese Spannung sind doppelte Sammelschienen vorhanden. Die Transformatoren sind primär in Dreieck, sekundär in Stern geschaltet. Die Ölschalter sind mit Fernsteuerung eingerichtet und mit Überstrom- und, zum Schutz der Transformatoren, Differentialrelais (s. § 79) ausgestattet. Die Schalter auf der 6000 Volt-Seite des Transformators sind mit Schutzwiderständen versehen. Die beiderseits der Transformatoren befindlichen Schalter sind elektrisch miteinander gekuppelt, in der Weise, daß sowohl beim Ansprechen des Differentialschutzes als auch beim Fernausschalten von Hand zuerst der Schalter ohne Schutzwiderstände ausschaltet und erst, wenn dieser Schalter sich in der Ausschaltstellung befindet, der Schutzschalter. Umgekehrt kann der Schalter ohne Schutzwiderstände erst eingeschaltet werden, wenn sich der Schutzschalter in der Einschaltstellung befindet. Das Ein- und Ausschalten des Magnetisierungsstromes des entlasteten Transformators geschieht also stets durch die Schalter mit Schutzwiderständen, wodurch Überspannungen unterdrückt werden.

Auch jede der von den 100 000 Volt-Sammelschienen ausgehenden Freileitungen enthält einen Ölschutzschalter. Ferner sind in die Leitungen Erdungsschalter eingebaut.

An den 6000 Volt-Sammelschienen ist ein weiterer Transformatorenanschluß bemerkenswert, welcher auf 15 000 Volt transformiert und unmittelbar in eine Freileitung übergeht.

Für den örtlichen Bedarf ist eine Transformierung herunter auf 500 Volt vorgenommen. Hierfür dienen zwei an die 6000 Volt-Sammelschienen angeschlossene Transformatoren. Außerdem steht eine Spannung von 220 Volt zur Verfügung, die durch zwei weitere Transformatoren erzielt wird und u. a. zum Betrieb eines Umformers nutzbar gemacht wird. Dieser, ein Motorgenerator, besteht aus einem asynchronen Drehstrommotor und einer mit ihm gekuppelten Gleichstromdynamo. Mit dem von dem Umformer gelieferten Gleichstrom wird die Beleuchtung des Werkes besorgt, wie er auch den Hilfsstrom für die vielen zur Betätigung der Ölschalter erforderlichen Relais liefert. Durch Aufstellung einer kleinen Akkumulatorenbatterie wird eine große Betriebssicherheit gewährleistet, indem sie als unabhängige Stromquelle für die Ölschalterauslösung auch dann wirksam ist, wenn die Drehstromspannung in der Zentrale durch starke Kurzschlüsse derartig beeinflußt wird, daß auch der kleine Umformer unregelmäßig arbeitet. Aus diesem Grunde sind die Auslösestromkreise auch unmittelbar von der Batterie abgenommen.

Zum Schutz gegen das Eindringen von Wanderwellen sind den die Spannung heraufsetzenden Transformatoren Campos-Drosselspulen vorgeschaltet. An die sekundären Nullpunkte der gleichen Transformatoren sind ferner Erdschlußspulen nach Petersen (*P.D.*) angeschlossen (s. § 11). Ein weiterer Überspannungsschutz ist nicht vorhanden, vielmehr ist die Isolation der ganzen Anlage mit einem hohen Sicherheitsgrad ausgeführt.

VII. Transformatoren- und Schaltstationen.

A. Die Transformatoren.

75. Der Einphasentransformator.

Die Transformatoren dienen dazu, die Spannung eines Wechselstromes zu verändern, sie herauf- oder herunterzusetzen. Sie besitzen demgemäß zwei Wicklungen, eine primäre und eine sekundäre. Das Übersetzungsverhältnis eines Transformators hängt von dem Verhältnis der Windungszahlen beider Wicklungen ab. Meistens werden die Transformatoren als Öltransformatoren hergestellt, d. h. in mit Öl gefüllte Kästen eingebaut.

Das Wicklungsschema des Einphasentransformators zeigt Abb. 139. Der hochgespannte Wechselstrom wird der Wicklung UV zugeführt, während der auf die Gebrauchsspannung heruntertransformierte Strom der Wicklung $u\,v$ entnommen wird. Die Stromverbraucher sind durch einige Glühlampen angedeutet. Im vorliegenden Falle ist also UV die primäre, $u\,v$ die sekundäre Wicklung, doch kann auch umgekehrt — zur Herauftransformierung der Spannung — $u\,v$ als primäre, UV als sekundäre Wicklung dienen. In jedem Falle werden durch die großen Buchstaben die Klemmen der Hochspannungsseite, durch die kleinen Buchstaben die der Niederspannungsseite gekennzeichnet.

Abb. 139. Einphasentransformator.

76. Der Drehstromtransformator.

In Drehstromanlagen können zur Transformierung der Spannung drei Einphasentransformatoren zusammengeschaltet werden. Doch zieht man in der Regel einen entsprechend ausgebildeten Drehstromtransformator vor. Dieser besitzt für jede Phase eine primäre und

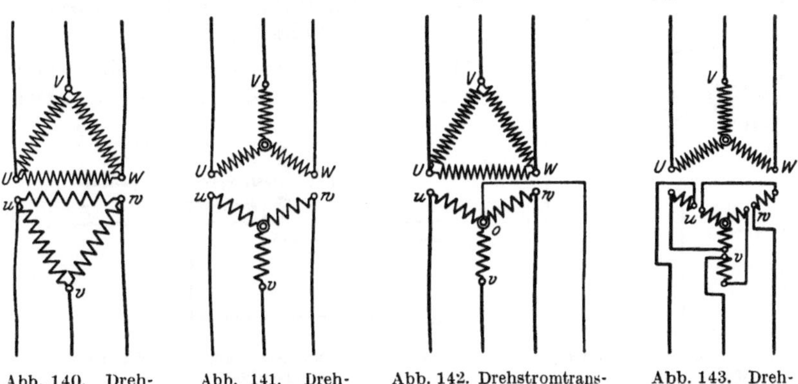

Abb. 140. Drehstromtransformator in Dreieckschaltung.
Abb. 141. Drehstromtransformator in Sternschaltung.
Abb. 142. Drehstromtransformator in Dreieck-Sternschaltung mit sekundärem Nulleiter.
Abb. 143. Drehstromtransformator in Stern-Zickzackschaltung.

eine sekundäre Wicklung. Die Wicklungen der verschiedenen Phasen können in Dreieck oder in Stern verkettet sein. Auch die sog. Doppelstern- oder Zickzackschaltung wird häufig angewendet. Die Verkettungsart kann auf der primären und sekundären Seite verschieden gewählt werden. Als Klemmenbezeichnung ist U, V, W für die Hochspannungsseite und u, v, w für die Niederspannungsseite festgelegt. Ist der Nullpunkt einer Wicklungsseite aus dem Transformator herausgeführt, so wird die betreffende Klemme mit *O* bzw. *o* bezeichnet. In Abb. 140 bis 143 sind einige Schaltungsbeispiele von Transformatoren schematisch dargestellt.

77. Transformatoren in Sparschaltung.

Transformatoren in Sparschaltung besitzen nur eine Wicklung. Wird diese an die primäre Spannung angeschlossen, so kann ihr eine beliebig kleinere als sekundäre Spannung entnommen werden. Abb. 144 zeigt das Schema eines derartigen Transformators, bei dem die sekundäre Spannung die Hälfte der primären beträgt. Transformatoren der gleichen Art können aber auch zur Spannungserhöhung benutzt werden.

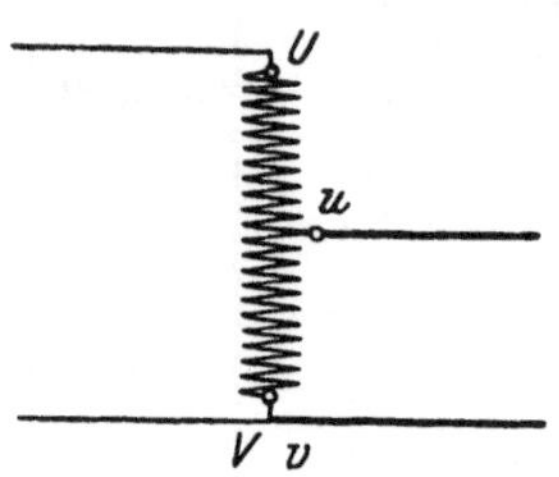

Abb. 144. Einphasentransformator in Sparschaltung.

Allgemeine Verwendung finden Transformatoren in Sparschaltung nicht, da Niederspannungs- und Hochspannungswicklung nicht voneinander isoliert sind. Sie bieten jedoch dort Vorteile, wo die Spannung nur um einen verhältnismäßig kleinen Betrag zu ändern ist. Außerdem wird die Sparschaltung häufig für Reguliertransformatoren benutzt, Abb. 145.

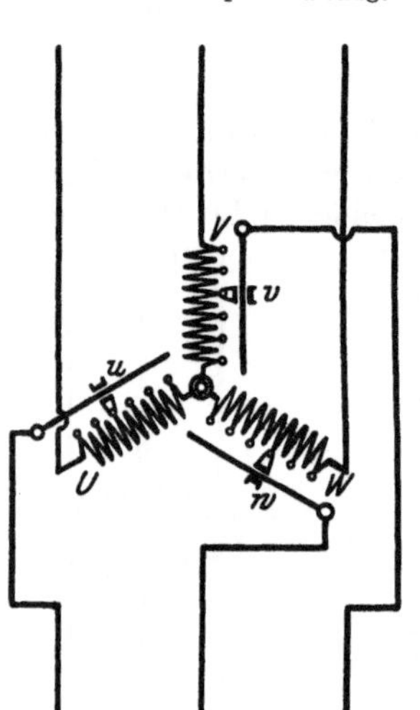

Abb. 145. Drehstrom-Reguliertransformator.

78. Transformatoren in Skottscher Schaltung.

Ältere Wechselstromanlagen sind noch vereinzelt nach dem Zweiphasensystem

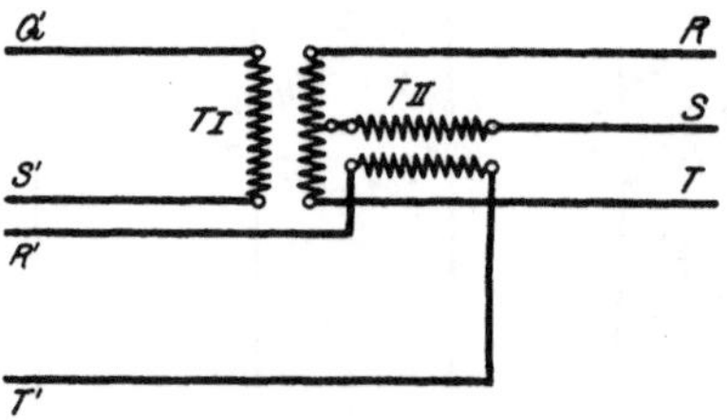

Abb. 146. Transformatoren in Skottscher Schaltung.

ausgeführt. Der Zweiphasenstrom setzt sich aus zwei Wechselströmen zusammen, die um eine Viertelperiode gegeneinander verschoben sind. Um aus einem Zweiphasennetz Drehstrom entnehmen zu können, z. B. zum Anschluß von Drehstrommotoren, kann man sich zweier Einphasentransformatoren in der Skottschen Schaltung bedienen, die in Abb. 146 schematisch dargestellt ist. Es ist unverketteter Zweiphasenstrom angenommen, mit den Leitungen $Q'-S'$ und $R'-T'$. Je eine Phase des Zweiphasensystems arbeitet auf die Primärwicklung eines der beiden Transformatoren, die Sekundärwicklung des Transformators *T II* ist jedoch mit dem Mittelpunkt der Sekundärwicklung des Transformators *T I* verbunden. Die Drehstromleitungen *R*, *S*, *T* werden auf die in der Abbildung angegebene Weise angeschlossen. Damit sich eine gleichmäßige Belastung aller Phasen ergibt, müssen bezüglich der Übersetzung beider Transformatoren bestimmte Verhältnisse eingehalten werden.

Die Skottsche Schaltung kann auch umgekehrt angewendet, d. h. zur Umwandlung von Drehstrom in Zweiphasenstrom benutzt werden.

79. Differentialschutz für Transformatoren.

Das zum Abschalten fehlerhafter Leitungen dienende Differentialschutzsystem wird auch oft zum Schutz größerer Hochspannungstransformatoren angewendet. Die prinzipielle Schaltung gleicht der in § 9d erörterten. Die auf der Primär- und Sekundärseite des Transformators befindlichen Ölschalter erhalten Differentialrelais, die über beiderseits des Transformators eingebaute Stromwandler angeschlossen sind. Die Wicklungen der letzteren werden, dem Übersetzungsverhältnis des Transformators entsprechend, so bemessen, daß, solange der Transformator in Ordnung ist, die sekundären Spannungen beider Wandler gleich groß sind und sich gegenseitig aufheben. Tritt dagegen ein Fehler im Transformator auf, z. B. ein Kurzschluß einer Spule oder auch nur weniger Windungen, so erhalten die Relais, da nunmehr die beiden Spannungen verschieden sind, Strom, und es werden daher die Schalter ausgelöst.

B. Transformatorenstationen.

80. Die allgemeine Schaltung von Transformatorenanlagen.

Transformatoren zum Heraufsetzen der Spannung werden, wo es erforderlich ist, im allgemeinen unmittelbar in den Elektrizitätswerken aufgestellt und bilden dann einen organischen Bestandteil der Stromerzeugungsanlage. Beispiele für Zentralenschaltungen mit Transformatoren finden sich im vorigen Kapitel.

Transformatoren, welche die Übertragungsspannung auf die Gebrauchsspannung herabsetzen, sind in jeder Hochspannungsanlage in mehr oder weniger großer Zahl vorhanden und nach Bedarf auf die verschiedenen mit elektrischer Energie zu versorgenden Stadtteile oder, bei Überlandzentralen, auf die einzelnen Ortschaften verteilt. Für Fabriken oder andere Großabnehmer elektrischer Energie wird in der Regel ein eigener Transformator aufgestellt.

Das Kraftlaufschema einer Transformatorenstation für Einphasen- oder Drehstrom zeigt Abb. 147. Durch ein Kabel oder eine Freileitung wird dem Transformator *T* über Trennschalter und Ölschalter mit Überstromauslösung die Hochspannung zugeführt. Der dem Transformator entnommene Niederspannungsstrom gelangt über die Verteilungsschienen *S* mittels der Verteilungsleitungen an die Verbrauchsstellen.

Häufig ist die Transformatorenanlage gleichzeitig als Schaltstation für das Hochspannungsnetz ausgebildet, indem ein Teil der zugeführten Energie durch Freileitungen weitergeleitet wird und nur der übrigbleibende Teil zum Transformator gelangt. Dieser Fall ist in dem Schema Abb. 148, in der *SI* die Hochspannungs-, *SII* die Niederspannungsschienen bedeuten, zur Darstellung gebracht.

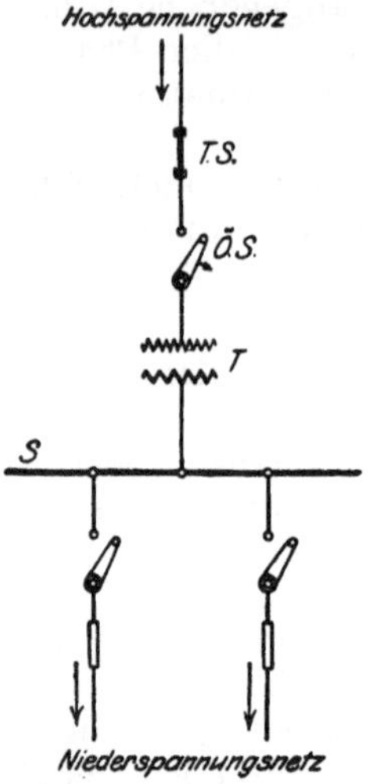

Abb. 147. Kraftlauf einer einfachen Transformatorenstation.

Ein Parallelbetrieb mehrerer Transformatoren auf das Niederspannungsnetz ist in Abb. 149 angenommen. Bei der Herstellung der Transformatorenanschlüsse ist darauf zu achten, daß hinsichtlich der sekundären Spannung beider Transformatoren Phasengleichheit besteht (Anwendung einer Phasenlampe, s. § 68c). Beim Anschluß von Drehstromtransformatoren ist ferner gleiche Reihenfolge der Phasen zu berücksichtigen (vgl. Abb. 128); Phasengleichheit kann nur erzielt werden, wenn die parallel zu schaltenden Transformatoren bestimmten Bedingungen in bezug auf die Verkettungsart der Phasen genügen. Näheres hierüber findet sich in den „Maschinennormalien“ des V. D. E.

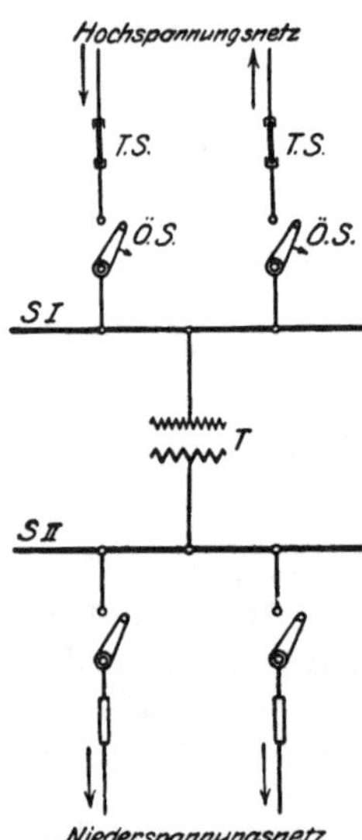

Abb. 148. Kraftlauf einer Transformatorenstation mit durchgehender Leitung.

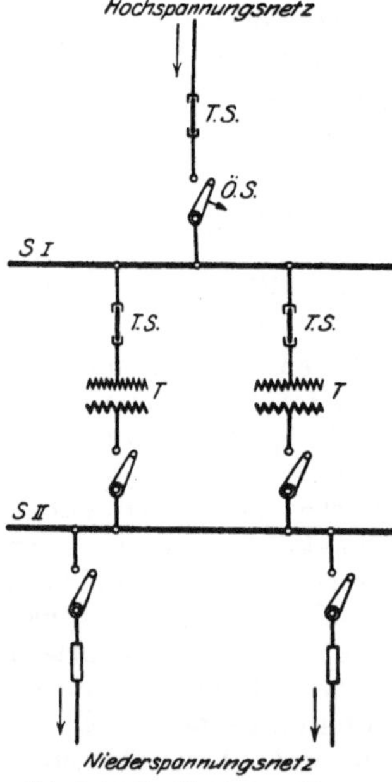

Abb. 149. Kraftlauf einer Transformatorenstation mit parallelgeschalteten Transformatoren.

Sollen mehrere Kraftwerke, deren Spannungen verschieden sind, miteinander gekuppelt werden, d. h. auf dasselbe Hochspannungsnetz arbeiten, so müssen die Spannungen in den für das Zusammenarbeiten in Betracht kommenden Netzteilen auf den gleichen Wert gebracht werden. Die diesem Zwecke dienenden Transformatoren werden in Unterstationen aufgestellt.

Im folgenden sollen Schaltpläne für eine Anzahl typischer Fälle von Drehstrom-Transformatorenstationen wiedergegeben werden.

81. Transformatorenanlage für 6000/220 Volt.

Den Schaltplan einer an ein Kabelnetz angeschlossenen Transformatorenstation, etwa für eine Fabrik oder ein größeres Geschäftshaus, zeigt Abb. 150. Die allgemeine Anordnung entspricht dem Kraftlaufschema Abb. 147. Die Hochspannung von 6000 Volt wird mittels des Speisekabels zugeführt und gelangt über Trennschalter und einen dreipoligen Ölschalter an die Primärklemmen des Drehstromtransformators *D. T.* Der Ölschalter ist mit selbsttätiger, und zwar unmittelbar wirkender primärer Überstromauslösung ausgestattet. Dieselbe ist jedoch nur für zwei Pole vorgesehen. Bei größerer Transformatorenleistung empfiehlt es sich, einen Ölschalter mit Schutzwiderständen zu verwenden. Zur Feststellung der elektrischen Verhältnisse dient das über einen Spannungswandler an eine Phase angeschlossene Voltmeter für die Primärspannung und das über einen Stromwandler in einen Pol des Zuführungskabels gelegte Amperemeter.

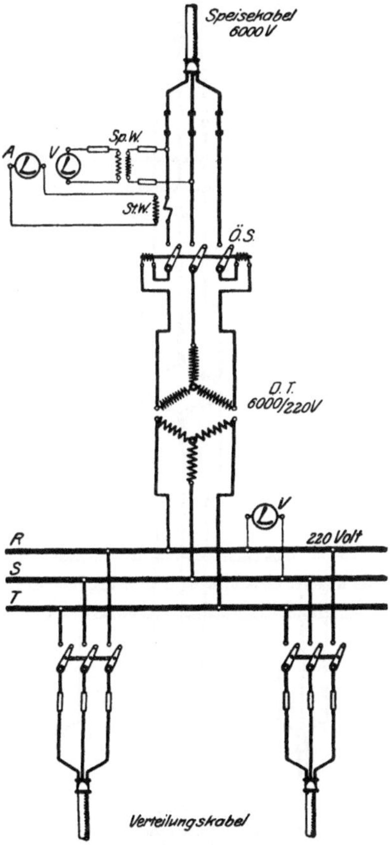

Abb. 150. Transformatorenstation für 6000/220 Volt.

Die Wicklungen des Transformators sind primär und sekundär in Stern geschaltet. Die Sekundärspannung beträgt 220 Volt. Zur Kontrolle der Spannung ist an zwei der Verteilungsschienen *R, S, T* ein Voltmeter gelegt. Das zur Feststellung der Strombelastung des Transformators dienende, hochspannungsseitig angeschlossene Amperemeter kann je nach den Umständen auch durch ein solches auf der Niederspannungsseite ersetzt werden, wodurch der Stromwandler erspart wird.

Durch eine Anzahl Verteilungskabel wird die elektrische Energie dem Niederspannungsnetz zugeführt.

82. Transformatorensäule für 3000/125 Volt.

Die an das Kabelnetz eines Großstadtgebietes angeschlossenen Transformatoren gelangen häufig in eisernen Säulen zur Aufstellung, die an zahlreichen Punkten der Stadt errichtet werden. Derartige Stationen sind, abgesehen von gelegentlichen Revisionen, völlig ohne Aufsicht und müssen daher bei hoher Betriebssicherheit größtmögliche Einfachheit aufweisen.

Das Schema einer solchen Transformatorenstelle, wie sie z. B. im Bereich des Elektrizitätswerks Magdeburg für Leistungen bis 70 kVA in größerer Zahl zu finden ist, ist in Abb. 151 wiedergegeben. Die Hochspannung beträgt 3000 Volt, die Niederspannung 125 Volt. An den Hochspannungsschienen sind außer dem vom Kraftwerk kommenden Speisekabel noch zwei Verteilungskabel angeschlossen, die nach anderen Transformatorenstationen führen. Der Kraftlauf entspricht also dem Schema Abb. 148. Der Forderung nach Einfachheit wird namentlich dadurch Rechnung getragen, daß Schalter gänzlich vermieden sind. Der Überstromschutz, auch auf der Hochspannungsseite, wird durch Schmelzsicherungen erzielt, was bei der verhältnismäßig geringen Leistung und Spannung ohne Bedenken ist.

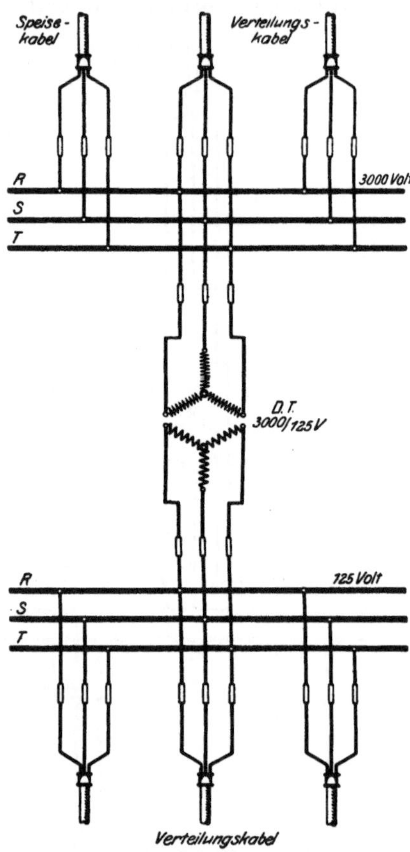

Abb. 151. Transformatorenstation für 3000/125 Volt.

83. Station mit parallelgeschalteten Transformatoren für 15 000/380/220 Volt.

In Abb. 152 ist der Plan einer Transformatorenstation mit zwei parallelgeschalteten Drehstromtransformatoren zur Darstellung gebracht, dem das Kraftlaufschema Abb. 149 zugrunde liegt. Es ist angenommen, daß die Station an das Netz einer Überlandzentrale angeschlossen ist. Die Speiseleitung ist demgemäß als Freileitung ausgeführt. Die Primärspannung betrage 15 000 Volt.

Die Speiseleitung führt über Trenn- und Ölschalter zu den Hochspannungsschienen und enthält an Meßinstrumenten lediglich einen Zähler. Derselbe ist nach der Zweiwattmetermethode geschaltet, zeigt also auch bei ungleicher Belastung der Phasen die an die Transformatorenstation gelieferte Arbeit richtig an. Zum Schutz gegen Überspannungen sind mit der Freileitung unmittelbar nach ihrem Eintritt in die Transformatorenstation drei gegen Erde geschaltete Hörnerableiter verbunden.

Die Transformatoren sind an die Hochspannungsschienen, wiederum über Trenn- und Ölschalter, angeschlossen. Letztere besitzen, wie auch der Ölschalter in der Speiseleitung, eine unmittelbar wirkende primäre Überstromauslösung. Vor jeden Transformator sind, um das Eindringen von Überspannungswanderwellen zu verhindern, Schutzdrosselspulen gelegt. Die Verbindung der Transformatoren mit den Verteilungsschienen für die Niederspannung erfolgt über dreipolige Handschalter und Schmelzsicherungen. Die Verteilung der Belastung auf die beiden Transformatoren kann an den Strommessern niederspannungsseitig kontrolliert werden.

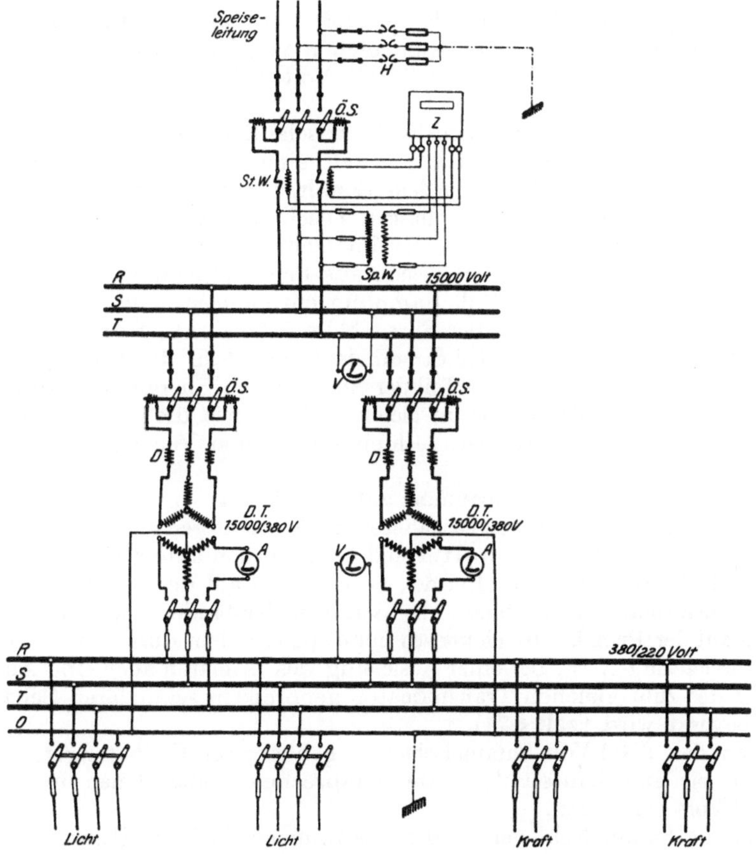

Abb. 152. Transformatorenstation für 15000/380/220 Volt.

Das Niederspannungsnetz ist mit (geerdetem) Nulleiter durchgeführt. Die verkettete Spannung — für den Anschluß von Motoren — beträgt 380 Volt, die Spannung zwischen Haupt- und Nulleiter — für den Anschluß der Beleuchtung — 220 Volt. Einige Anschlußleitungen für Kraft und Licht sind im Schema angegeben.

84. Transformatorenstation für 25 000/6000 Volt.

Als Beispiel einer größeren Anlage ist in Abb. 153 die Schaltung der von der A. E. G. eingerichteten Transformatorenstation Detmold wiedergegeben. Bei dieser handelt es sich nicht um eine Umformung des hochgespannten Drehstromes in solchen von Niederspannung, sondern es soll die Spannung von 25 000 Volt lediglich auf 6000 Volt herabgesetzt werden.

Den 25 000 Volt-Schienen wird die elektrische Energie vom Kraftwerk, dem „Elektrizitätswerk Wesertal", durch eine Freileitung über einen Ölschalter zugeführt. Der mit dem Schalter verbundene Überstromschutz wird, wie auch bei den übrigen Ölschaltern der Station, durch sekundär angeschlossene Relais (Maximalzeitrelais) bewirkt. Der Hilfsstrom für dieselben wird einer kleinen aus Primärelementen gebildeten Batterie von ungefähr 20 Volt Spannung entnommen, und zwar sind die sog. Mammutelemente der Firma Mix & Genest, Berlin, verwendet. Zur Feststellung der Strombelastung ist in die Leitung ein Amperemeter eingebaut. Ein Teil der zugeführten Energie wird durch eine weitere Fernleitung, die in gleicher Weise wie die Speiseleitung mit Apparaten ausgestattet ist, nach einem anderen Versorgungsgebiet weitergeleitet.

Die Herabsetzung der Spannung auf den Betrag von 6000 Volt geschieht durch zwei parallelgeschaltete Transformatoren. Die auf ihrer Primärseite liegenden Ölschalter sind über Vorkontakte mit Schutzwiderständen versehen. Bei den Ölschaltern auf der Sekundärseite der Transformatoren entfallen die Schutzwiderstände. Sie sind mit denen auf der Primärseite elektrisch gekuppelt, indem durch eine Kontaktvorrichtung *K. V.* bei einer Auslösung des primären auch eine Auslösung des zum gleichen Transformator gehörenden sekundären Schalters bewirkt wird (vgl. § 74).

Von den 6000 Volt-Sammelschienen gehen zwei Freileitungen ab. Die in sie eingebauten Apparate entsprechen völlig denen in den 25 000 Volt-Leitungen.

An die Sammelschienen beider Spannungen sind als Überspannungsschutz gegen Erde geschaltete Hörnerableiter *H* mit Dämpfungswiderständen in Form von Tonrohrtrockenwiderständen angeschlossen. Bei der höheren Spannung ist, um eine zu weite Einstellung der Hörner zu vermeiden, zu den drei sterngeschalteten Ableitern ein vierter in Reihe geschaltet. Ferner liegen, um elektrostatische Überspannungen zu beseitigen, an den Sammelschienen Erdungsdrosselspulen *E. D.* Diese bilden gleichzeitig die primäre Wicklung von Transformatoren, an die sekundär als Erdschlußanzeiger *E. A.* dienende Voltmeter angeschlossen sind. Das Eindringen von Wanderwellen in die Transformatoren wird von beiden Seiten durch Campos-Drosselspulen *C. D.* verhindert.

Ein an die 6000 Volt-Schienen angeschlossener kleiner Stationstransformator, der auf 220 Volt transformiert, deckt den Eigenverbrauch der Station an elektrischen Strom für Beleuchtung usw.

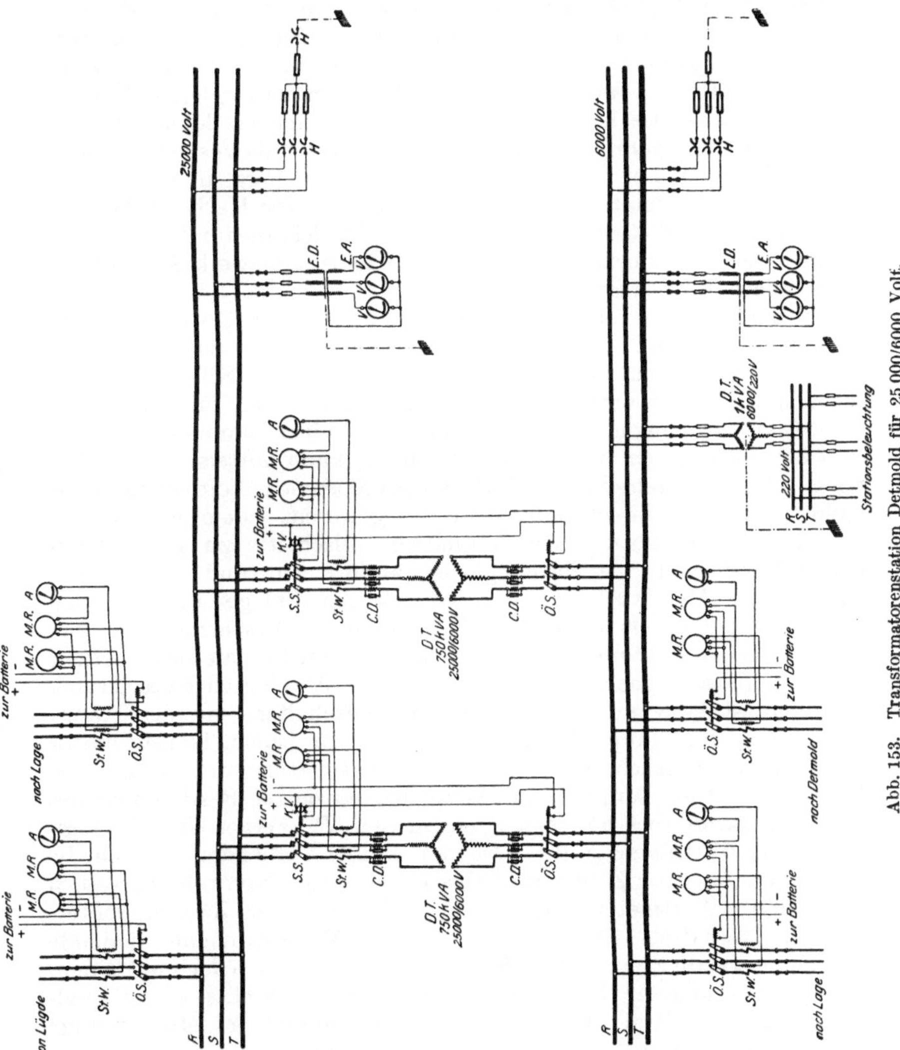

Abb. 153. Transformatorenstation Detmold für 25 000/6000 Volt.

85. Transformatoren-Kupplungsstation für 50 000/10 000 Volt.

Reicht die Betriebskraft eines Elektrizitätswerkes infolge zunehmenden Strombedarfs nicht mehr aus, so empfiehlt sich häufig, anstatt weitere Maschinen aufzustellen, der Anschluß an ein anderes leistungsfähiges Werk. Man erhält auf diese Weise eine größere Betriebssicherheit, indem die Versorgung des betreffenden Gebietes nunmehr nicht auf ein einziges Werk gestellt ist, vielmehr die Möglichkeit besteht, die Stromversorgung im Notfalle durch das andere Werk, wenn auch in beschränktem Umfang, aufrecht zu erhalten.

Das Elektrizitätswerk Magdeburg, ein Drehstromwerk, arbeitet, soweit die ferner gelegenen Stadtteile in Betracht kommen, mit einer Betriebsspannung von 10 000 Volt. Außerdem ist ein Anschluß an das 44 km entfernte, an einem Braunkohlenbergwerk gelegene Überlandwerk Harbke hergestellt, welches über eine Freileitung Strom von 50 000 Volt Spannung liefert. Der in Abb. 154 dargestellte Schaltplan bezieht sich auf die in der Nähe von Magdeburg, in Diesdorf, errichtete Transformatorenstation, in welcher der von Harbke gelieferte Strom auf 10 000 Volt transformiert wird, und welche die für das Parallelschalten der Transformatoren mit dem Elektrizitätswerk Magdeburg notwendigen Einrichtungen besitzt.

Im einzelnen ist folgendes zu bemerken. Die Freileitung führt über einen Ölschalter mit Schutzwiderständen zu den in der Station aufgestellten beiden Transformatoren. Der Schalter besitzt sekundäre Überstromrelaisauslösung. Als Hilfsstrom für die Relais dient Gleichstrom von 20 Volt Spannung, der einer Mammutbatterie *B* (s. § 84) entnommen wird. Ihre Spannung kann mittels eines über einen kleinen Drehschalter *D. S.* angeschlossenen Voltmeters kontrolliert werden. Zweckmäßig wäre es gewesen, jedem der beiden Transformatoren noch einen besonderen Ölschalter zu geben, um einen Transformator unabhängig vom andern ein- und ausschalten zu können. Mit Rücksicht darauf, daß die Anlage während der Kriegszeit hergestellt ist und nach Möglichkeit Ersparnisse an Material eintreten mußten, hat man jedoch von dem Einbau dieser beiden Schalter Abstand genommen. Das Zu- oder Abschalten eines Transformators ist daher nur nach Öffnung des Ölschalters (und der Trennschalter) in der Hauptleitung mittels der vor jedem Transformator befindlichen Trennschalter möglich. An Meßinstrumenten enthält die Zuführungsleitung Ampere- und Voltmeter sowie zur Bestimmung des Leistungsfaktors ($\cos \varphi$) einen Phasenmesser *P*. Ferner sind ein registrierendes Wattmeter *R. W.* sowie zwei Zähler vorhanden. Durch die Anwendung zweier Zähler wird eine gegenseitige Kontrolle derselben ermöglicht. Wattmeter und Zähler sind nach der Zweiwattmetermethode geschaltet. Der zum Anschluß der Meßinstrumente dienende Spannungswandler, ein Ölwandler, ist nicht gesichert, jedoch mit einem Kontaktthermometer *K. T.* ausgestattet, durch welches eine Signalvorrichtung betätigt wird, wenn die Öltemperatur, etwa infolge längerer Überlastung, das zulässige Maß überschreitet.

Gegen Erde geschaltete Hörnerableiter dienen zur Beseitigung von Überspannungen aus der 50 000 Volt-Leitung. Außerdem sind die Transformatoren durch Camposspulen geschützt, die ihnen primär vorgeschaltet sind.

Die Sekundärseite jedes Transformators arbeitet wieder über einen gemeinsamen Ölschalter, jedoch ohne selbsttätige Auslösung, auf die 10 000 Volt-Sammelschienen. Um die für den Parallelbetrieb erforderliche

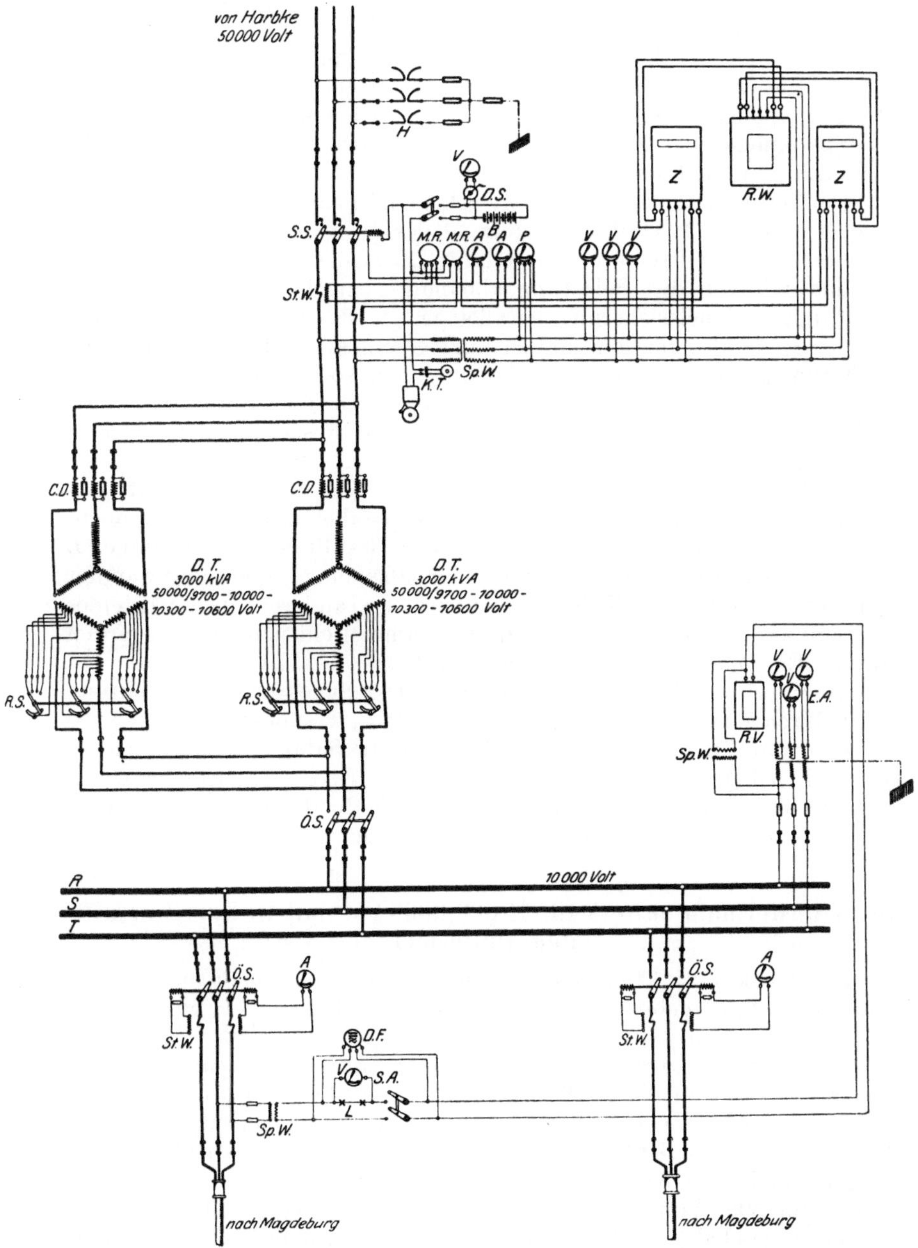

Abb. 154. Transformatoren-Kupplungsstation Diesdorf bei Magdeburg für 50 000/10 000 Volt.

Gleichheit der Spannungen zu erzielen, kann die durch die Transformatoren hergestellte Spannung der vom E.-W. Magdeburg gelieferten angepaßt werden. Die Niederspannungswicklung der Transformatoren ist aus diesem Grunde mit Anzapfungen versehen, und durch Anwendung dreipoliger Regulierschalter *R.S.* ist Vorsorge getroffen, daß die Spannungen der drei Phasen jedes Transformators nur gleichmäßig geändert werden können.

Die Verbindung der 10000 Volt-Schienen mit dem E.-W. Magdeburg wird durch zwei Kabel vermittelt. Jedes derselben enthält einen Ölschalter mit unmittelbarer sekundärer Zeitauslösung. Die Auslösezeit ist dadurch von der Belastung abhängig gemacht, daß zur Auslösespule eine Schmelzsicherung parallel gelegt ist. Durch die Sicherung ist die Spule also für gewöhnlich kurz geschlossen. Erst nachdem die Sicherung geschmolzen ist — und das tritt um so schneller ein, je größer die Überlastung ist — kann der Strom seinen Weg durch die Spule nehmen und die Auslösung herbeiführen. Zur Feststellung der Strombelastung der Kabel dient je ein Amperemeter. Um die Kabel mit den Sammelschienen der Station oder, was auf dasselbe hinausläuft, das Werk Magdeburg mit dem Werk Harbke parallel schalten zu können, ist ein Synchronismusanzeiger *S.A.* in Gestalt von Phasenlampen *L* und Phasenvoltmeter *V* vorhanden, der über einen Spannungswandler einerseits mit einem der Kabel verbunden ist und andererseits mittels eines kleinen zweipoligen Schalters an die Sammelschienen gelegt werden kann. Erst nachdem Phasengleichheit festgestellt ist, dürfen die Ölschalter der Kabel geschlossen werden. Die Synchronisiervorrichtung wird durch einen Doppelfrequenzmesser *D.F.* vervollständigt.

Zu erwähnen ist schließlich noch der an die Sammelschienen gelegte Erdschlußanzeiger *E.A.*, sowie das registrierende Voltmeter *R.V.*, welches die Sammelschienenspannung fortlaufend aufzeichnet und an dessen Meßwandler der Synchronismusanzeiger mit angeschlossen ist.

86. Transformatorenwerk für 15000/3000 Volt mit Reservegenerator und Umformer.

Das Elektrizitätswerk Hartha, dessen Schaltplan in Abb. 155 zur Darstellung gebracht ist, stellt in der Hauptsache eine Transformatorenstation dar. Es ist von der A.E.G. erbaut. Der durch eine Freileitung zugeführte Drehstrom besitzt eine Spannung von 15000 Volt, die in einem Transformator auf 3000 Volt herabgesetzt wird. Für jede der beiden Spannungen ist ein Schienensystem vorhanden. Von den Unterspannungsschienen führt eine Anzahl Verteilungskabel in das Kraftnetz. Zur Reserve ist ein Drehstromgenerator für 3000 Volt Spannung aufgestellt, der aber nur dann auf die Schienen geschaltet werden darf, wenn die Stromlieferung über den Transformator eingestellt ist. Falls auch ein Parallelbetrieb des Generators mit dem Transformator beabsichtigt wäre, müßte noch ein Synchronismusanzeiger eingebaut sein. An die Oberspannungsschienen ist ferner ein Einankerumformer angeschlossen, der Gleichstrom

Additional material from *Schaltungen von Gleich-und Wechselstomanlagen,*
ISBN 978-3-662-42089-8 (978-3-662-42089-8_OSFO2),
is available at http://extras.springer.com

zum Betrieb eines Dreileiter-Lichtnetzes bei einer Spannung von 2×240 Volt liefert.

Die in der Anlage vorhandenen Ölschalter — für den Transformator ist ein Schalter mit Schutzwiderständen gewählt — sind sämtlich allphasig mit Überstrom- und, abgesehen vom Generatorschalter, außerdem mit Nullspannungsauslösung versehen, die durch sekundär angeschlossene und durch Gleichstrom betätigte Relais bewirkt wird. Die für die Relais notwendigen Strom- und Spannungswandler sind für den gleichzeitigen Anschluß der Meßinstrumente ausgenutzt. Von Einzelheiten seien nur die Amperemeterumschalter *A. U.* für die Verteilungskabel angeführt, durch die eine Ersparnis an Strommessern herbeigeführt wird, indem für jedes Kabel zur Feststellung der Stromstärke in allen Phasen nur ein Instrument erforderlich ist (vgl. § 21, letzter Absatz). Zum Schutz gegen Überspannungen ist die Hauptzuführungsleitung mit Hörnerableitern und Drosselspulen ausgerüstet.

Die Schaltung des Umformers ist in § 130 ausführlich erörtert.

C. Schaltstationen.

87. Schaltstation einer Drehstrom-Überlandzentrale für 15 000 Volt.

Die Transformatorenstationen sind im allgemeinen gleichzeitig Schaltstellen für die in Betracht kommenden Teile des Leitungsnetzes. Der Vollständigkeit wegen sollen nachfolgend noch einige Beispiele für Schaltstationen gegeben werden, in denen Transformatoren nicht aufgestellt sind.

Abb. 156 stellt den Schaltplan eines von den S. S. W. im Bereich der Überlandzentrale Börde errichteten Hauptspeisepunktes dar. Die im Dorfe Wellen errichtete Station hat die Aufgabe, die dem betreffenden Versorgungsgebiet vom Elektrizitätswerk Harbke zugeführte Hochspannungsenergie zu messen und nach den verschiedenen Ortschaften weiterzuleiten. Zuführungsleitung und Verteilungsleitungen sind als Freileitungen verlegt.

Die Zuleitung liefert den Drehstrom über einen Ölschalter an die Verteilungsschienen mit einer Spannung von 15000 Volt. Die Meßinstrumente sind in bekannter Weise über Wandler angeschlossen. Strom-, Spannungs- und Leistungsmesser sind registrierende Instrumente. Leistungsmesser und Zähler sind nach der Zweiwattmetermethode geschaltet.

Die Ölschalter der Verteilungsleitungen sind, im Gegensatz zu dem Schalter in der Zuleitung, mit selbsttätig wirkendem Überstromschutz — unmittelbare primäre Auslösung für alle Pole — versehen. An Meßinstrumenten besitzen die Verteilungsleitungen lediglich einen Strommesser in jedem Pol. Eine ohne Ölschalter und Meßinstrumente ausgestattete Verteilungsleitung dient zum Anschluß einer Transformatorenstation für das Ortsnetz.

Als Überspannungsschutz sind an die Zuleitung gegen Erde geschaltete Hörnerableiter mit vorgeschalteten Ölwiderständen gelegt.

Außerdem sind zur Ableitung statischer Ladungen an die Sammelschienen Erdungsdrosselspulen angeschlossen, die gleichzeitig die Primärwicklungen für den zur Erdschlußprüfung dienenden Transformator bilden.

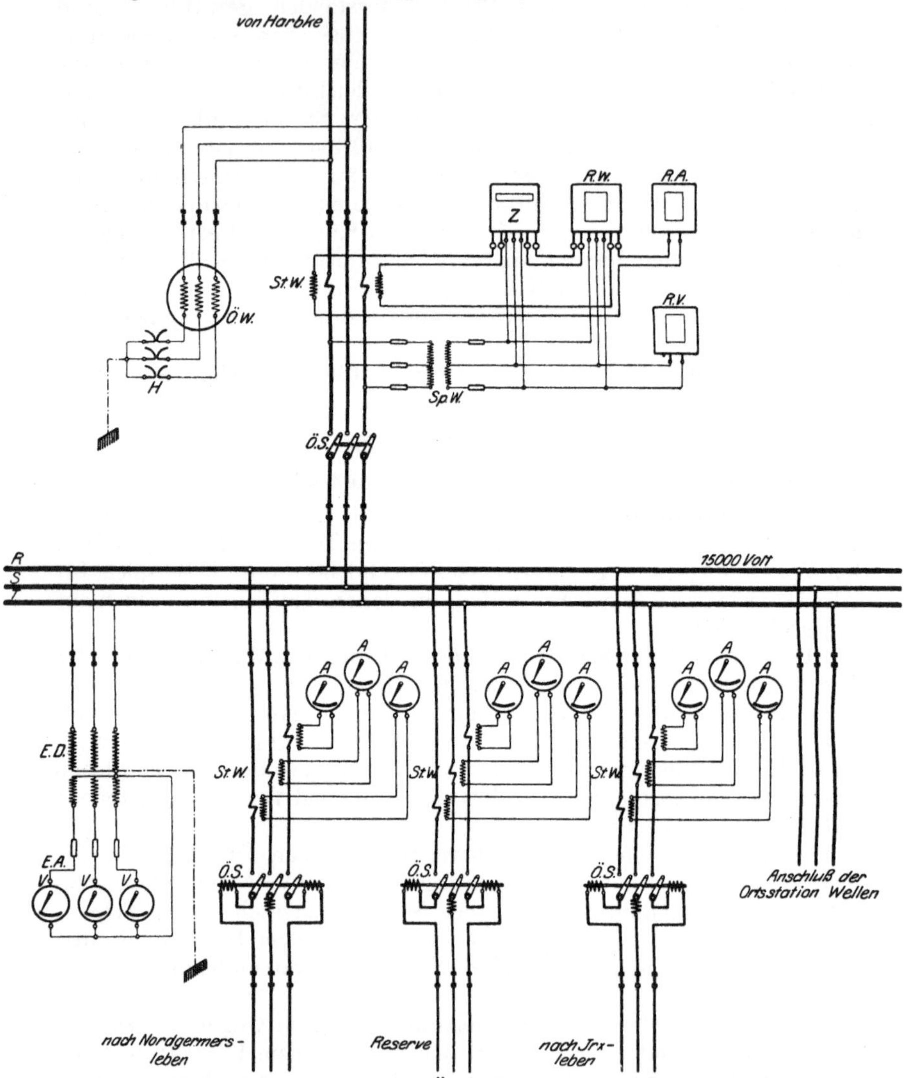

Abb. 156. Schaltstation Wellen (Überlandzentrale Börde) für 15 000 Volt.

88. Kabelschaltstation für 10 000 Volt.

Als weiteres Beispiel einer größeren Schaltanlage für Drehstrom ist in Abb. 157 der Plan einer Kabelschaltstation des Elektrizitätswerkes Magdeburg für 10 000 Volt Spannung gegeben. Die Station liegt an der Peripherie der Stadt und hat die Aufgabe, die Stromversorgung für eine Reihe industrieller Anlagen in einem entfernteren Vorort zu regeln. Die Stromzuführung zur Schaltstation kann von zwei Seiten erfolgen, einmal vom eigenen Kraftwerk der Stadt aus und sodann aus der an das Überlandwerk Harbke angeschlossenen Trans-

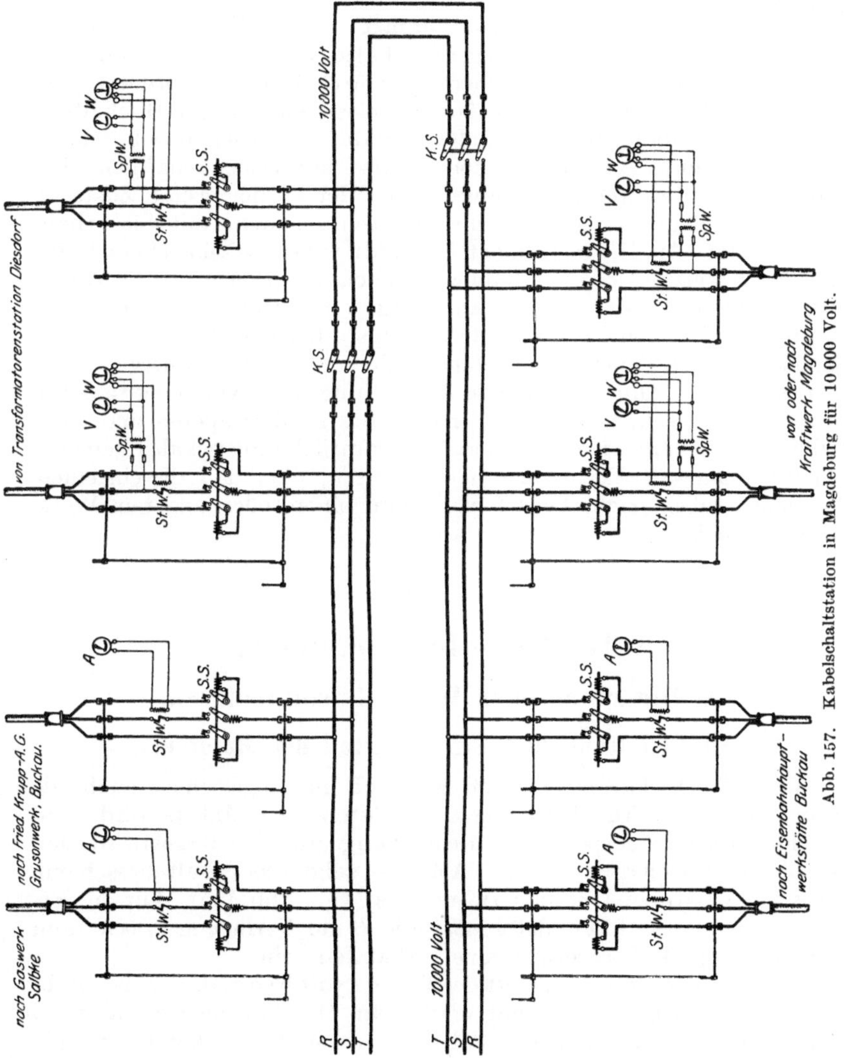

Abb. 157. Kabelschaltstation in Magdeburg für 10 000 Volt.

formatorenstation Diesdorf (vgl. Schaltungsschema Abb. 154). Es sind je zwei Speisekabel vorhanden und im ganzen vier Verteilungskabel. Durch die beiden die Verbindung mit dem Kraftwerk Magdeburg herstellenden Kabel kann diesem auch die von der Station Diesdorf gelieferte Energie zugeführt werden. Sie wirken dann eben als Speisekabel für das Kraftwerk, und es kann in diesem über die Energie verfügt werden. Die Sammelschienen sind in drei Abteilungen eingeteilt, die miteinander gekuppelt werden können. Jedes Kupplungsfeld enthält einen zwischen zwei Trennschaltern angeordneten Ölschalter, einen Kupplungsschalter *K. S.*

Speise- und Verteilungskabel sind in fast gleicher Weise ausgestattet. Jedes Kabel enthält einen dreipoligen Ölschalter mit Schutzwiderständen. Die Schalter sind mit unmittelbarer primärer Überstromauslösung in allen Phasen versehen. Die zu beiden Seiten eines jeden Ölschalters eingebauten dreipoligen Trennschalter sind durch Stangenantrieb zwangläufig miteinander verbunden, können also nur gemeinschaftlich ein- und ausgeschaltet werden. Dadurch wird der spannungslose Zustand jedes Ölschalters bei ausgeschalteten Trennschaltern mit Sicherheit gewährleistet. An Meßinstrumenten enthält jedes Speisekabel ein Volt- und ein Wattmeter, jedes Verteilungskabel ein Amperemeter. Die Wattmeter sind für zweiseitigen Ausschlag eingerichtet, um jederzeit feststellen zu können, ob durch das betreffende Kabel den Sammelschienen Energie zugeführt oder ob ihnen Energie entnommen wird. Durch geeignete Einstellung der Kupplungsschalter in den Sammelschienen sowie der Schalter in den Speise- und Verteilungskabeln läßt sich erreichen, daß sämtliche Speisekabel gemeinschaftlich auf alle Verteilungskabel arbeiten, oder daß die einzelnen Verteilungskabel nach Bedarf von dem einen oder anderen Werk versorgt werden.

VIII. Wechselstrommotoren.

A. Die synchronen Wechselstrommotoren.

89. Schaltung und Eigenschaften der Motoren.

Jeder Wechselstromgenerator läßt sich im allgemeinen auch als Motor betreiben. Die Wicklung des feststehenden Ankers wird vom Wechselstromnetz gespeist, die drehbar angeordneten Magnete werden jedoch mit Gleichstrom erregt. Abb. 158 zeigt das Schaltungsschema eines synchronen Drehstrommotors (vgl. Abb. 115). Für die Erregung steht eine Akkumulatorenbatterie *B* zur Verfügung. Doch kann auch eine eigene Erregermaschine vorhanden sein.

Während des Betriebes läuft der Motor synchron, d. h. seine Drehzahl ist die gleiche wie die, mit welcher die Maschine als Generator bei derselben Frequenz betrieben werden müßte, und ist völlig unabhängig von der Belastung. Bei richtiger Erregung stellt der Synchronmotor eine induktionsfreie Belastung des Netzes dar, es tritt also keine Phasenverschiebung zwischen der Spannung und dem vom Motor aufgenommenen Strom ein. Bei Untererregung bleibt dagegen der Strom gegen die Spannung zurück, während er bei Übererregung der Spannung vorauseilt. Durch Übererregen angeschlossener Synchronmotoren kann daher die im Netz meist vorhandene Phasenverzögerung des Stromes mehr oder weniger aufgehoben, der Leistungsfaktor also verbessert werden.

Synchronmotoren, einerlei ob sie mit Einphasen- oder Mehrphasenstrom betrieben werden, laufen im allgemeinen nicht von selbst an. Sie werden hauptsächlich in Verbindung mit einer Gleichstrommaschine als Umformer verwendet. Die zum Anlassen der Synchronmotoren dienenden Verfahren und die dafür erforderlichen Schaltungen sind daher in Kapitel IX zusammengestellt, in dem die Umformer ausführlich behandelt sind.

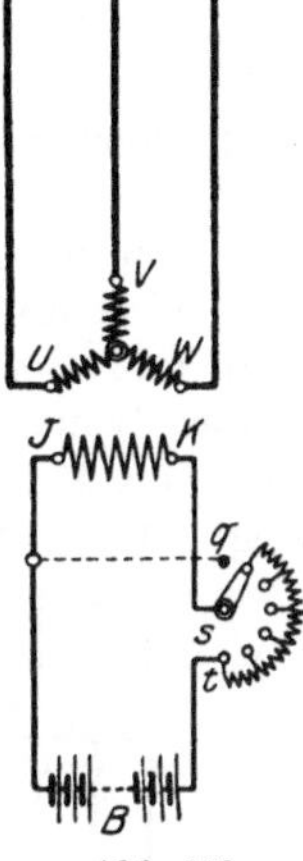

Abb. 158. Synchroner Drehstrommotor.

B. Die Induktionsmotoren für Drehstrom.

(Asynchronmotoren.)

90. Allgemeines.

Auch bei den Induktionsmotoren wird der Netzstrom lediglich dem feststehenden Teil, dem Ständer, zugeführt. In der Wicklung des drehbaren Teiles oder Läufers werden die zur Erzeugung des Drehmomentes erforderlichen Ströme jedoch durch Induktion hervorgerufen. Die Umdrehungszahl der Induktionsmotoren nimmt mit zunehmender Belastung ein wenig ab, sie laufen also nicht synchron und werden daher auch Asynchronmotoren genannt. Sie finden namentlich für den Betrieb mit Drehstrom ausgedehnte Verwendung.

91. Der Drehstrommotor mit Kurzschlußläufer.

Der nach Schaltung und Aufbau einfachste Induktionsmotor besitzt einen Kurzschlußläufer, d. h. einen Läufer, dessen Wicklung in sich kurzgeschlossen ist. Die dreiphasige, in Stern oder Dreieck verkettete Wicklung des Ständers mit den Klemmen U, V, W wird über einen dreipoligen Schalter unmittelbar an das Netz angeschlossen. Die Wicklung des Läufers kann als Käfigwicklung ausgeführt sein: eine Anzahl am Umfange des Läufers untergebrachte Drähte ist auf beiden Stirnseiten durch Kupferringe miteinander verbunden, Abb. 159. Oder der Läufer erhält eine Phasenwicklung, Abb. 160.

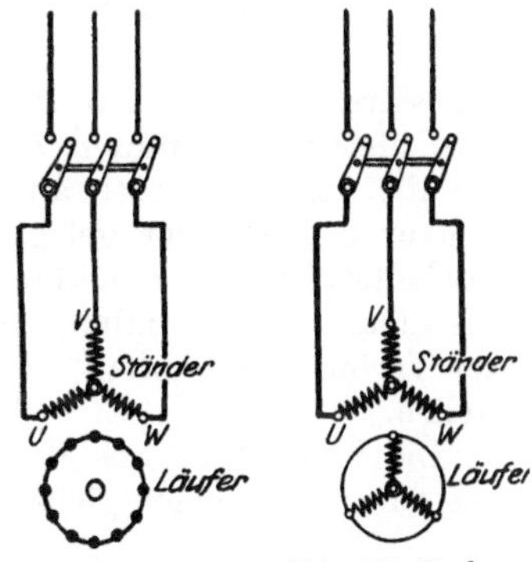

Abb. 159. Drehstrommotor mit Käfigläufer.

Abb. 160. Drehstrommotor mit Phasenläufer.

Im Augenblicke des Anlassens entnehmen die Motoren mit Kurzschlußläufer dem Netz einen Strom, dessen Stärke ein Mehrfaches der normalen Betriebsstromstärke ist. Sie werden daher namentlich für kleinere Leistungen angewendet, für größere Leistungen nur dann, wenn der beim Anlauf auftretende Stromstoß in Kauf genommen werden kann.

92. Der Kurzschlußläufermotor mit Anlasser.

Um den Stromstoß beim Anlauf des Motors herabzusetzen, können vor die einzelnen Phasen des Ständers Anlaßwiderstände gelegt werden. Die Anzugskraft des Motors geht bei diesem Verfahren allerdings erheblich herunter, daher wird es nur für solche Maschinen benutzt, bei denen eine hohe Anzugskraft nicht erforderlich ist, z. B. für Ventilatoren und Zentrifugalpumpen.

Das Schema eines Drehstrommotors mit Ständeranlasser zeigt Abb. 161. Der dreiteilig ausgeführte Anlasser ist vor den Ständer gelegt. Die Zuführungsleitungen werden an die Klemmen *R*, *S*, *T* des

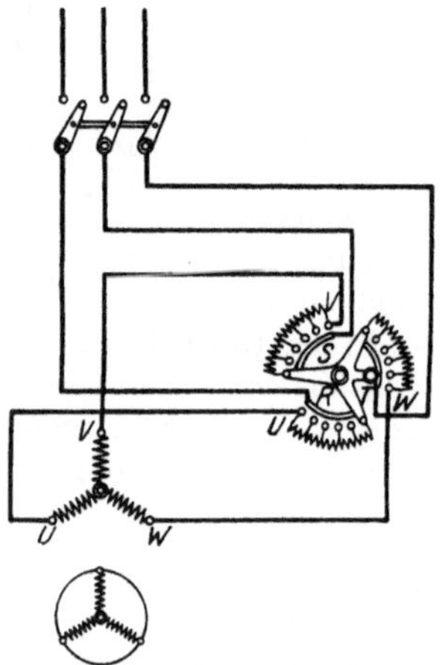

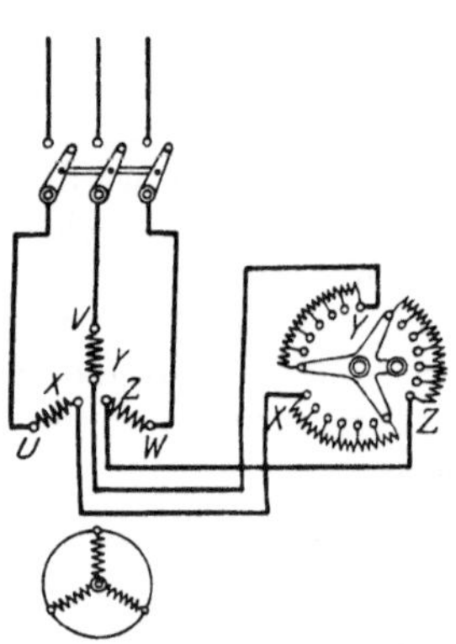

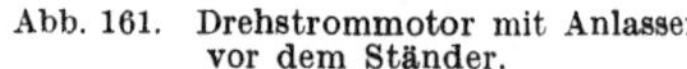

Abb. 161. Drehstrommotor mit Anlasser vor dem Ständer.

Abb. 162. Drehstrommotor mit Anlasser hinter dem Ständer.

Anlassers angeschlossen, die Verbindung des letzteren mit dem Motor wird über die Klemmen *U*, *V*, *W* hergestellt.

Abb. 162 zeigt eine andere Schaltung des Anlassers. Hier ist er hinter den Ständer gelegt. Die Enden *X*, *Y*, *Z* der in offnen Stern geschalteten Ständerwicklung werden mit den gleichlautenden Klemmen des Anlassers verbunden, dessen Kontaktfedern miteinander in leitender Verbindung stehen und somit den Nullpunkt der Wicklung herstellen.

Die Verbindung des Motors mit dem Netz wird in jedem Falle mittels eines dreipoligen Schalters bewirkt.

93. Der Kurzschlußläufermotor mit Anlaßtransformator.

Anstatt die dem Motor zugeführte Spannung durch Anlaßwiderstände herabzusetzen, kann man auch zur Erzielung eines kleinen Anlaufstromes einen Anlaßtransformator anwenden, mit dessen Hilfe dem Motor zunächst nur eine Teilspannung zugeführt wird, während er auf die volle Netzspannung erst geschaltet wird, nachdem er in Gang gekommen ist.

In Abb. 163 ist der Anlaßtransformator in Sparschaltung ausgeführt. Am sechspoligen Umschalter U sind folgende Schaltstellungen vorhanden: Ausschaltstellung (links), Anlaßstellung (Mitte), Betriebsstellung (rechts). Das Anlassen des Motors erfolgt einfach dadurch, daß der Schalter von links nach rechts herübergeführt wird.

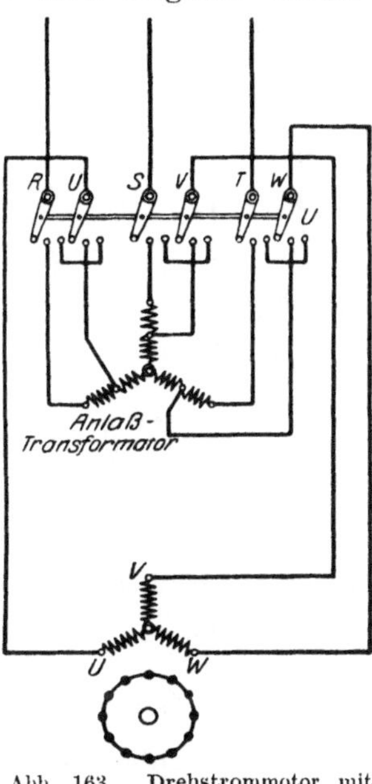

Abb. 163. Drehstrommotor mit Anlaßtransformator.

94. Der Kurzschlußläufermotor mit Stern-Dreieckschaltung.

Der beim Anlassen eines Drehstrommotors mit Kurzschlußläufer auftretende Stromstoß kann auch dadurch herabgesetzt werden, daß die Wicklungen des Ständers zunächst in Stern geschaltet, dann aber, sobald der Motor angelaufen ist, auf Dreieck umgeschaltet werden.

Das Schaltbild eines Motors in Verbindung mit einem Stern-Dreieckschalter zeigt Abb. 164. Der Umschalter U ist beim Anlassen aus Stellung links (Sternschaltung) in Stellung rechts (Dreieckschaltung) zu bringen. Der dreipolige Netzschalter wird bei dieser Anordnung nicht entbehrlich (vgl. § 103).

95. Der Motor mit selbsttätiger Gegenschaltung.

Während bei der Anwendung des Stern-Dreieckschalters die für das Anlassen erforderliche Umschaltung in der Ständerwicklung vorgenommen wird, wird bei dem von Görges angegebenen und von den S. S. W. ausgeführten Motor mit selbsttätiger Gegenschaltung die Verminderung des Stromstoßes beim Anlaufen durch Umschalten der Läuferwicklung bewirkt. Jede Phase der Läuferwicklung besteht aus zwei Teilen, die zunächst gegeneinander geschaltet sind. Sobald jedoch der Läufer eine bestimmte Geschwindigkeit erreicht hat, werden alle Teile seiner Wicklung durch einen auf die Motorachse gesetzten Zentrifugalapparat kurzgeschlossen.

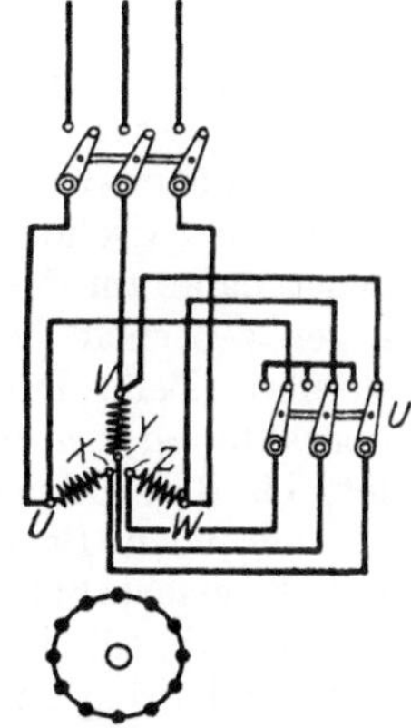

Abb. 164. Drehstrommotor mit Stern-Dreieckschalter.

Abb. 165 stellt eine Ausführung des Motors mit Gegenschaltung schematisch dar. Z ist der Zentrifugalapparat. Das Kurzschließen der

Läuferwicklung tritt ein, wenn bei zunehmender Geschwindigkeit die Kontakte *A* und *B* durch das Zentrifugalpendel *C* überbrückt werden.

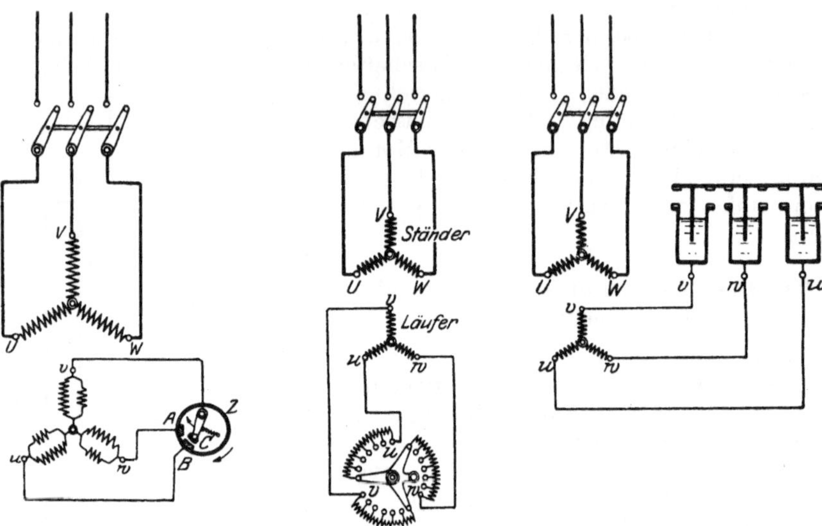

Abb. 165. Drehstrommotor mit selbsttätiger Gegenschaltung.

Abb. 166. Drehstrommotor mit Schleifringläufer und Anlasser.

Abb. 167. Drehstrommotor mit Schleifringläufer und Flüssigkeitsanlasser.

96. Der Drehstrommotor mit Schleifringläufer.

Das gebräuchlichste Anlaßverfahren für Drehstrommotoren besteht in der Einschaltung von Widerständen vor den Läufer.

In Abb. 166 ist angenommen, daß die Läuferwicklung dreiphasig ausgeführt ist. Die freien Enden *u*, *v*, *w* der in Stern verketteten Wicklungsteile sind an Schleifringe angeschlossen, die auf die Welle des Läufers gesetzt und über Bürsten mit den Klemmen des dreiteiligen Anlaßwiderstandes verbunden sind. Um kurze Verbindungsleitungen zwischen Motor und Anlasser zu erhalten, ist letzterer möglichst nahe am Motor aufzustellen. Wie das Schema erkennen läßt, liegen zwischen je zwei Läuferbürsten zwei Teile des Anlaßwiderstandes. Beim Drehen der Kurbel in Richtung nach den Kurzschlußkontakten *u*, *v*, *w* werden die einzelnen Stufen nacheinander abgeschaltet, bis der Anlasser und damit auch der Läufer kurzgeschlossen ist. Im normalen Betriebe verhält sich der Motor daher wie ein solcher mit Kurzschlußläufer.

In Abb. 167 ist das Schaltungsschema für einen Drehstrommotor mit Schleifringläufer und Flüssigkeitsanlasser dargestellt (vgl. Abb. 93).

Häufig wird bei den Motoren eine Vorrichtung angebracht, mittels der die Schleifringe, nachdem der Anlauf bewirkt ist, unter sich kurzgeschlossen werden, so daß alsdann die Bürsten abgehoben werden können: Bürstenabhebevorrichtung.

97. Drehstrommotor mit Anlasser in Kahlenbergschaltung.

Eine von Kahlenberg angegebene Anordnung gibt die Möglichkeit, bei einem Motor mit Schleifringläufer eine große Zahl von Anlaßstufen bei einer verhältnismäßig geringen Zahl von Kontakten am Anlasser zu erhalten. Die Schaltung geht aus Abb. 168 hervor. Die Widerstände der drei Phasen sind gewissermaßen ineinander geschachtelt. Die Schleiffeder der Anlasserkurbel ist so breit, daß sie gleichzeitig drei Kontakte bedecken kann. In der gezeichneten Stellung liegt vor jeder Phase des Läufers der volle Anlaßwiderstand. Beim Drehen der Kurbel wird nacheinander, und zwar abwechselnd aus den verschiedenen Phasen eine Widerstandsstufe abgeschaltet, bis der Anlasser kurzgeschlossen ist. Gegenüber der normalen Ausführung hat die Kahlenbergschaltung den Nachteil, daß in den Widerstandsgrößen der drei Phasen beim Anlassen vorübergehend geringe Verschiedenheiten auftreten. Diese Unsymmetrie drückt sich durch eine etwas geringere Anzugskraft des Motors aus.

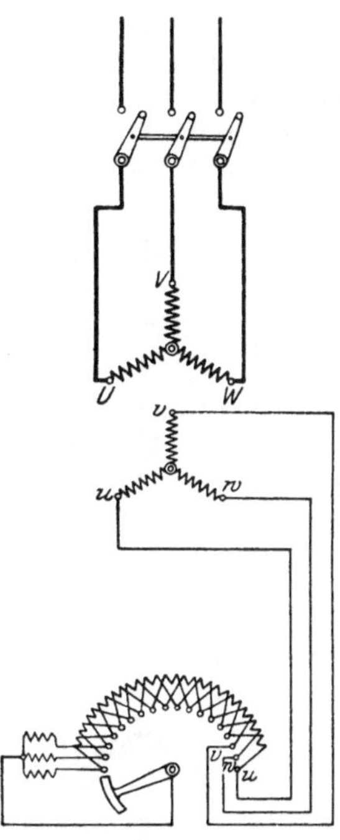

Abb. 168. Drehstrommotor mit Schleifringläufer und Kahlenberganlasser.

98. Der Drehstrommotor mit zweiphasigem Läufer.

Bei einem anderen Verfahren wird die Zahl der Kontakte am Anlaßwiderstand eines Drehstrommotors dadurch eingeschränkt, daß der Läufer zweiphasig gewickelt wird, eine Ausführungsart, die besonders bei Aufzugsmotoren zur Anwendung kommt. Das Schaltungsschema hierfür zeigt Abb. 169. Die beiden freien Enden der Läuferwicklung u und v führen zu gleicherart bezeichneten Klemmen des Anlassers, der Verkettungspunkt x, y der Läuferphasen ist mit dem Kurbeldrehpunkt verbunden.

99. Regulierung der Drehzahl.

Eine gleichmäßige Geschwindigkeitsregelung läßt sich bei den Drehstrommotoren mit Schleifringläufer durch Einschalten von Widerständen vor den Läufer erreichen. Der Anlasser selbst, Abb. 166, kann zum Regulieren benutzt werden, wenn er ganz oder teilweise für Dauerbelastung eingerichtet ist. Andernfalls müssen ihm noch besondere Regelwiderstände vorgeschaltet werden. In den Widerständen

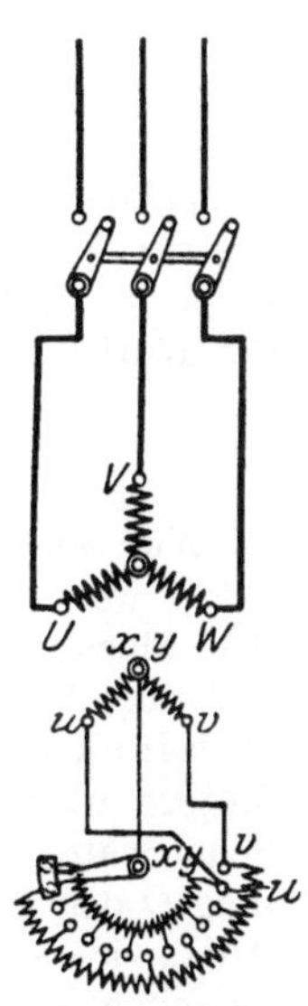

Abb. 169. Drehstrommotor mit zweiphasigem Läufer.

wird ein Teil der Läuferenergie vernichtet, was durch eine entsprechend größere Stromentnahme des Ständers aus dem Netz ausgeglichen wird. Es tritt also ein Energieverlust auf, der um so größer ausfällt, je weiter die Drehzahl herabgesetzt wird. Das Verfahren ist daher im allgemeinen nicht zu empfehlen.

100. Wendeanlasser.

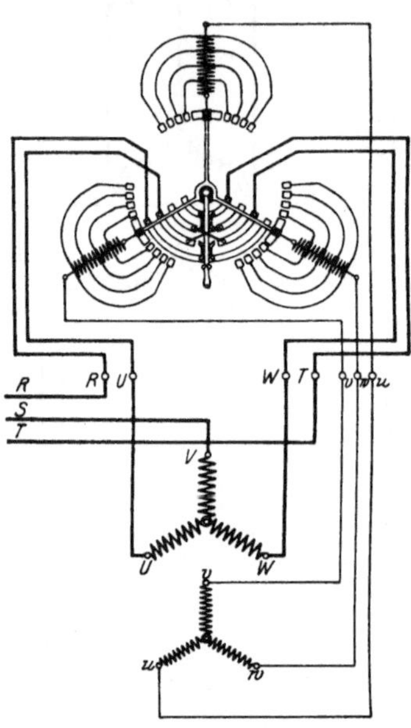

Abb. 170. Drehstrommotor mit Wendeanlasser.

Die Umlaufrichtung eines Drehstrommotors kann durch Vertauschen des Anschlusses von irgend zwei der drei Zuführungsleitungen geändert werden.

Das Schema eines Wendeanlassers für einen Drehstrommotor mit Schleifringläufer ist in Abb. 170 dargestellt. Die mit *S* bezeichnete Netzleitung ist unmittelbar an die Klemme *V* des Motors gelegt, während die Leitungen *R* und *T* zum Anlasser geführt sind. Die Kurbel desselben ist ähnlich wie die eines normalen Anlassers ausgebildet, besitzt aber, von ihr isoliert, noch einen vierten Arm, der zwei ebenfalls voneinander isolierte Schleiffedern trägt. Durch diese wird der Anschluß der Netzleitungen *R* und *T* mit den Motorklemmen *U* und *W* bewirkt, und zwar ist die Verbindung und damit die Drehrichtung des Motors eine andere, je nachdem die Anlasserkurbel nach rechts oder links gedreht wird. Die drei Widerstandsabteilungen des Anlassers werden dabei in jedem Falle vor die betreffenden Phasen des Läufers gelegt und beim Drehen der Kurbel allmählich kurzgeschlossen.

101. Schaltwalzenanlasser.

Wie schon für die Gleichstrommotoren ausgeführt wurde (vgl. § 56), werden auch für Drehstrommotoren vielfach Walzenanlasser den Flachbahnanlassern vorgezogen. Einen Schaltwalzenanlasser einfachster Art für einen Drehstrommotor mit Schleifringläufer (nach F. Klöckner, Köln) zeigt Abb. 171. Das Ein- und Ausschalten des Motors wird durch den dreipoligen Netzschalter vorgenommen, die Schaltwalze vertritt lediglich die Stelle des Läuferanlassers. In Stellung *O* der Anlaßwalze sind zunächst sämtliche Stufen des dreiteiligen Anlaßwiderstandes in den Läuferkreis eingeschaltet, und zwar liegen zwischen je zwei Läuferbürsten zwei volle Widerstandsteile (wie bei Schema Abb. 166). In Stellung 1 der Walze wird aus jedem Widerstandsteil eine Stufe herausgenommen. In Stellung 2 tritt keine

Änderung in den Widerstandsverhältnissen ein; sie soll nur dazu dienen, zur Vermeidung von Stromstößen das Anlassen etwas zu verzögern. In Stellung 3 wird wieder je eine Stufe abgeschaltet, in Stellung 4 eine

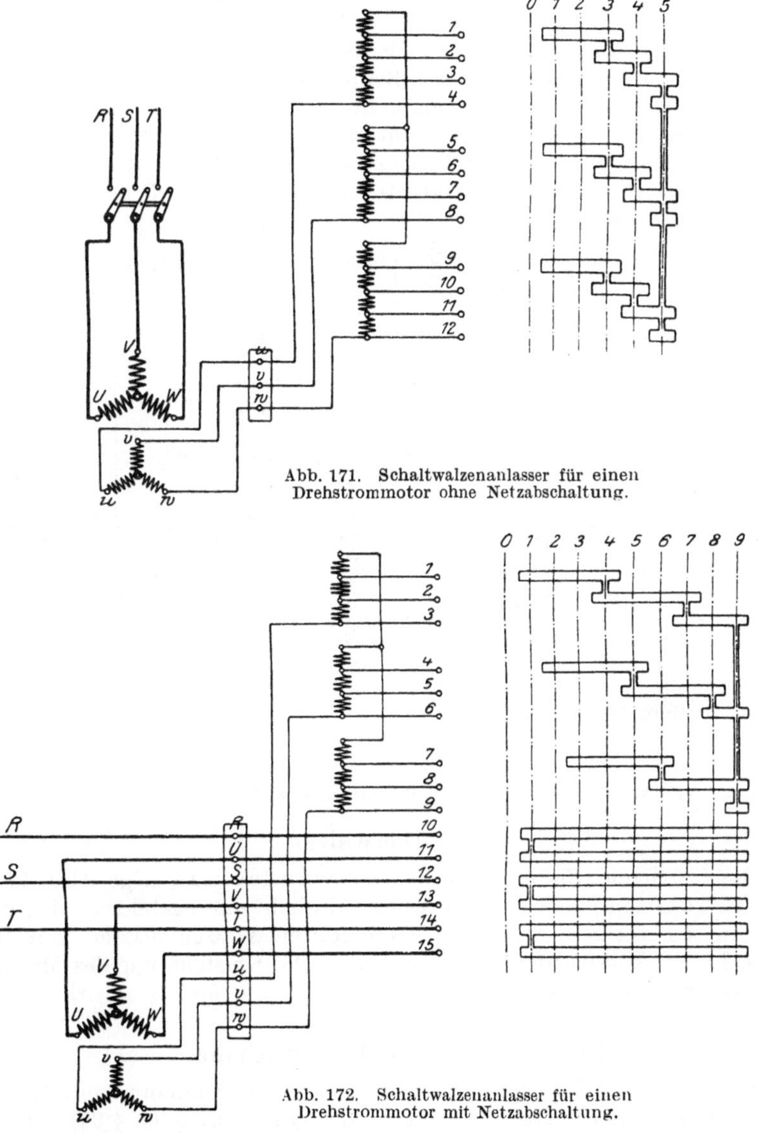

Abb. 171. Schaltwalzenanlasser für einen Drehstrommotor ohne Netzabschaltung.

Abb. 172. Schaltwalzenanlasser für einen Drehstrommotor mit Netzabschaltung.

weitere Stufe, in Stellung 5, der Betriebsstellung, ist schließlich der Läufer kurzgeschlossen.

In Abb. 172 ist das Schema einer Anlaßwalze zur Darstellung gebracht, mit der auch der Anschluß des Motors an das Leitungsnetz bewirkt wird, so daß ein besonderer Schalter in den Zuführungsleitungen nicht erforderlich ist. Um die Verbindung der Ständerwicklung mit dem Netz herzustellen, sind an der Walze die unteren sechs Kontaktschienen vorgesehen, durch welche die Klemme *U* des Motors an die Leitung *R*, *V* an *S* und *W* an *T* gelegt wird. *O* ist die Ausschaltstellung. In dieser wie auch in der ersten Anlaßstellung sind sämtliche Stufen des Anlaßwiderstandes im Läufer wirksam. Beim Weiterdrehen der Walze wird die Abschaltung der Widerstandsstufen vorgenommen, jedoch, im Gegensatz zum vorigen Schema, nicht gleichzeitig in allen drei Phasen, sondern nacheinander. In Stellung 2 wird vom oberen und mittleren Widerstandsteil je eine Stufe abgetrennt, in Stellung 3 eine weitere Stufe vom unteren Widerstandsteil, in 4 eine Stufe von oben, in 5 eine Stufe aus der Mitte, in 6 eine Stufe von unten usw. In Stellung 9 schließlich ist der Läufer kurzgeschlossen.

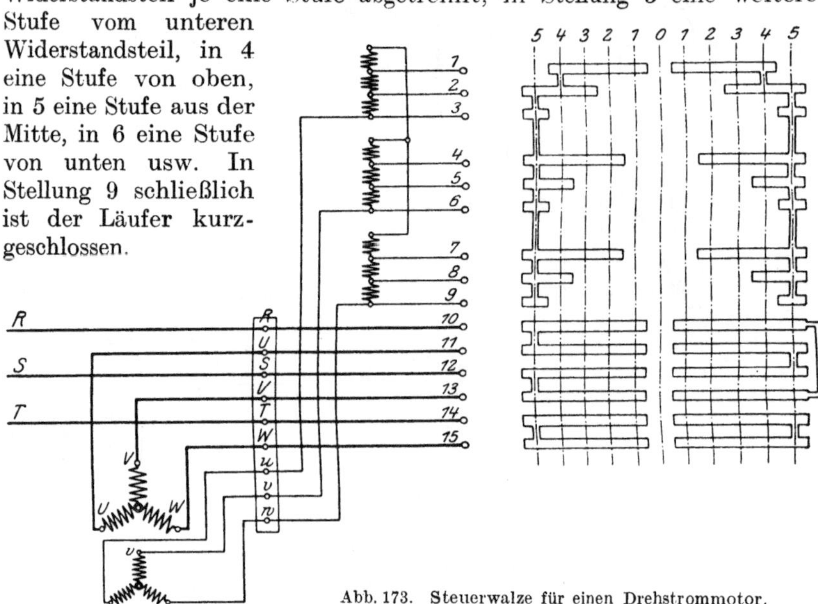

Abb. 173. Steuerwalze für einen Drehstrommotor.

102. Steuerwalzen.

Das Schaltbild für eine Drehstromwendewalze zeigt Abb. 173. Die Walze ist für jede Drehrichtung ähnlich durchgebildet wie bei dem in der vorigen Abbildung dargestellten Walzenanlasser, nur ist die Zahl der Anlaßstufen eingeschränkt. Die Umsteuerung des Motors wird durch Austausch der Leitungsanschlüsse *R* und *S* bewirkt.

103. Stern-Dreieck-Walzenschalter.

Ein Walzenschalter zum Anlassen eines Drehstrommotors mit Kurzschlußläufer mittels Stern-Dreieckumschaltung (s. § 94) ist in Abb. 174 dargestellt. Während bei dem Stern-Dreieckschalter der Abb. 164 noch ein besonderer dreipoliger Schalter notwendig war, um den Anschluß des Motors an das Netz herzustellen, ist bei dem Walzenanlasser ein weiterer Schalter nicht erforderlich. Wie das Schema zeigt, sind mit dem Walzenschalter drei Sätze von Kontaktfingern verbunden. Die Walze kann nun drei verschiedene Stellungen einnehmen: in Stellung O ist der Motor ausgeschaltet, in Stellung 1 wird die Verbindung des Ständers mit dem Netz hergestellt, wobei die Wicklungen in Stern verkettet sind, in Stellung 3, der Betriebsstellung, wird die Umschaltung zum Dreieck vorgenommen.

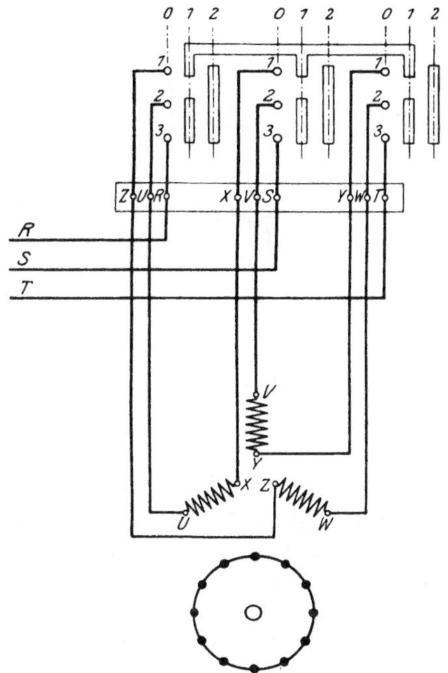

Abb. 174. Stern-Dreieck-Walzenschalter für einen Drehstrommotor.

104. Der Vibrator von Kapp.

Ein Nachteil des Induktionsmotors besteht darin, daß der von ihm aufgenommene Strom in seiner Phase gegenüber der Netzspannung verzögert ist. Durch den Anschluß asynchroner Motoren wird daher, namentlich wenn sie nicht mit voller Belastung laufen, der Leistungsfaktor der Anlage herabgesetzt. Um die Phasenverschiebung aufzuheben, empfiehlt es sich, Drehstrommotoren größerer Leistung mit einem Phasenkompensator auszustatten.

Der zur Phasenkompensation dienende Kappsche Vibrator besteht aus einem festen, durch Gleichstrom erregten Magnetgestell, innerhalb dessen drei Gleichstromanker besonderer Bauart angeordnet sind. Während des Betriebes werden nun die Anker über die auf den Kollektoren befindlichen Bürsten an den Läufer des zu kompensierenden Drehstrommotors geschlossen. Der Einbau des Vibrators setzt also einen Schleifringläufer voraus.

In Abb. 175 ist die Schaltung schematisch dargestellt. Das Anlassen des Drehstrommotors erfolgt in normaler Weise, indem der Läufer mit dem Anlaßwiderstand verbunden wird. Nachdem die Magnetwicklung des Vibrators über einen Regulierwiderstand $R.W.$ an die Erregerbatterie B gelegt ist, wird der Läufer durch Umlegen des dreipoligen Umschalters U mit dem Vibrator in Verbindung gebracht. Die Anker des letzteren nehmen dabei eine schwingende Bewegung an, und durch die in ihnen induzierte Spannung, die dem Läufer des Drehstrommotors aufgedrückt wird, wird die Phasenverschiebung bei entsprechender Erregung des Vibrators aufgehoben.

Ein Antriebsmotor für den Vibrator ist nicht erforderlich, doch muß, falls Gleichstrom sonst nicht vorhanden ist, ein Umformer für die Erregung aufgestellt werden. Die erforderliche Leistung des Umformers ist im Vergleich zur Motorleistung nur gering.

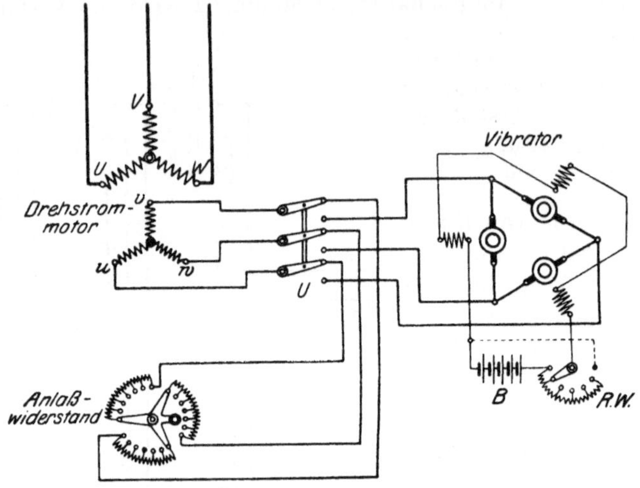

Abb. 175. Drehstrommotor mit Vibrator.

105. Phasenkompensator Bauart Brown, Boveri & Co.

Der von Scherbius erfundene Phasenkompensator der Firma Brown, Boveri & Co. besteht im wesentlichen aus einem kleinen Drehstromkollektormotor, dessen Ständer jedoch in besonders ein-

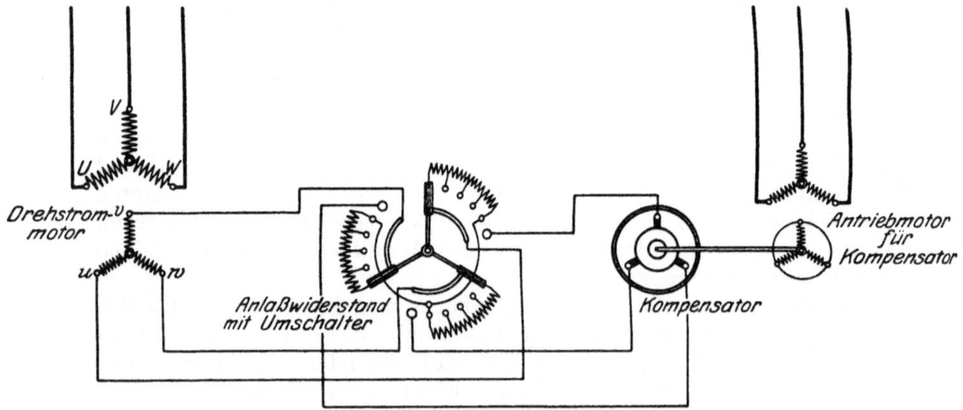

Abb. 176. Drehstrommotor mit Phasenkompensator.

facher Form, ohne Anwendung von Wicklungen, ausgeführt ist. Sein Läufer ist in normaler Weise (vgl. z. B. Abb. 180) mit einem dreiteiligen Bürstensatz versehen. Zu seinem Antrieb ist ein kleiner Motor erforderlich.

Im Schema Abb. 176 ist die Verbindung des Kompensators mit dem Drehstrommotor, dessen Leistungsfaktor verbessert werden soll, dargestellt. Die Einrichtung ist so getroffen, daß, nachdem der Motor angelassen, der Anlasser also kurzgeschlossen ist, durch Weiterdrehen der Anlasserkurbel in die Endstellung sein Läufer von selbst auf den Kompensator geschaltet wird. Unter dem Einfluß der in diesem auftretenden Spannung wird nun die Phasenverschiebung des Drehstrommotors aufgehoben.. Für den Antrieb des Kompensators ist im Schema ein Drehstrommotor mit Kurzschlußläufer angenommen, mit dem er unmittelbar gekuppelt ist.

106. Drehstrom-Induktionsmotoren im Anschluß an ein Niederspannungsnetz.

In Abb. 177 ist der Schaltplan für eine Motorenanschlußanlage gegeben. Die beiden Drehstrommotoren *D. M.* sind an die Verteilungsschienen *R*, *S*, *T* angeschlossen. Die Zuführungsleitung enthält einen dreipoligen Hauptschalter. Zur Spannungskontrolle dient das Voltmeter *V*. Der in die Leitung eingebaute Wattstundenzähler *Z* ist (nach Abb. 46) mit nur zwei Leitungen verbunden, da bei reinem Motorenbetrieb eine einigermaßen gleichmäßige Belastung der Phasen angenommen werden kann. Jeder Motor ist über Schalter und Sicherungen angeschlossen. Einen ungefähren Anhalt für die jeweilige Belastung der einzelnen Motore erhält man durch Beobachtung der in je einem Pol vorgesehenen Strommesser *A*.

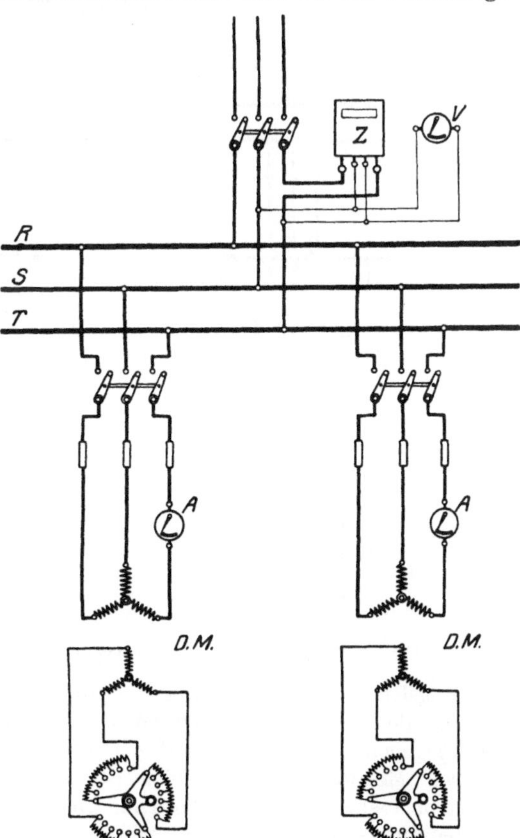

Abb. 177. Anschluß von Drehstrommotoren an ein Niederspannungsnetz.

Es empfiehlt sich, Schalter, Sicherungen und Meßinstrumente mit den Verteilungsschienen auf einer gemeinsamen Motorenschalttafel zu vereinigen, die Anlasser sind in möglichster Nähe der Motoren aufzustellen.

107. Drehstrom-Induktionsmotoren im Anschluß an ein Hochspannungsnetz.

Große Motoren können, um die Zwischenschaltung von Transformatoren zu vermeiden, für Hochspannung gewickelt und unmittelbar an das Hochspannungsnetz angeschlossen werden. Das im vorigen Paragraphen gegebene Schaltbild ändert sich dann entsprechend: die Meßinstrumente werden über Strom- und Spannungswandler angeschlossen; Trennschalter sind anzuordnen, um die einzelnen Teile

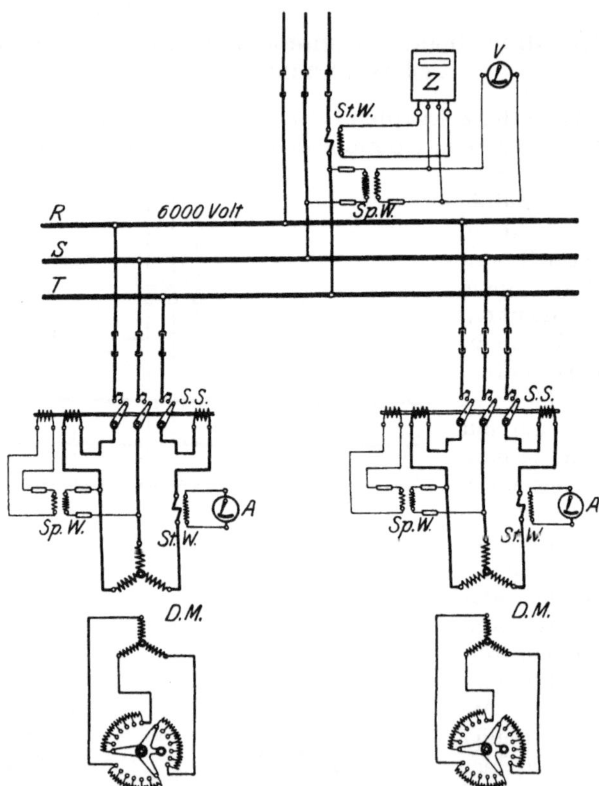

Abb. 178. Anschluß von Drehstrommotoren an ein Hochspannungsnetz.

spannungslos machen zu können; zum Ein- und Ausschalten der Motoren werden Ölschalter verwendet. Bei der in Schaltbild Abb. 178 wiedergegebenen Anlage sind Schutzschalter angewendet, was bei größeren Motoren zu empfehlen ist. Sie besitzen eine selbsttätige Überstromauslösung und außerdem, um die Motoren beim Ausbleiben der Spannung vom Netz zu trennen, eine Nullspannungsauslösung (vgl. § 9c).

Bei höheren Spannungen (über ungefähr 6000 bis 15 000 Volt, je nach der Größe des Motors) zieht man den Anschluß der Motoren über Transformatoren vor.

C. Der Induktionsmotor für Einphasenstrom.

(Asynchronmotor.)

108. Schaltung und Eigenschaften des Motors.

Der Ständer des einphasigen Induktionsmotors ist von der gleichen Bauart wie der des Drehstrommotors, doch besitzt er nach Abb. 179 nur eine einphasige Arbeitswicklung UV sowie außerdem eine gegen diese um den Abstand zweier Pole versetzte Hilfswicklung WZ. Letztere ist nur für den Anlauf erforderlich, und sie wird daher nach dem Anlassen ausgeschaltet. Mittels der Drosselspule D wird dem Strome der Hilfswicklung eine Phasenverschiebung gegenüber dem Hauptstrom, von dem er abgezweigt ist, erteilt. Durch Anwendung eines zweckmäßig ausgebildeten Anlaßschalters $A. S.$ läßt es sich erreichen, daß die Hilfswicklung beim Anlassen zunächst eingeschaltet, dann aber beim Weiterschalten in die Betriebsstellung wieder abgetrennt wird. Der Läufer wird in der Regel dreiphasig ausgeführt. Er kann mit Kurzschlußwicklung versehen sein oder, wie im Schema angenommen, über Schleifringe in bekannter Weise mit einem Anlaßwiderstand in Verbindung stehen. Um den Motor umzusteuern, sind die Enden der Hilfswicklung hinsichtlich ihrer Verbindung mit dem Netz zu vertauschen.

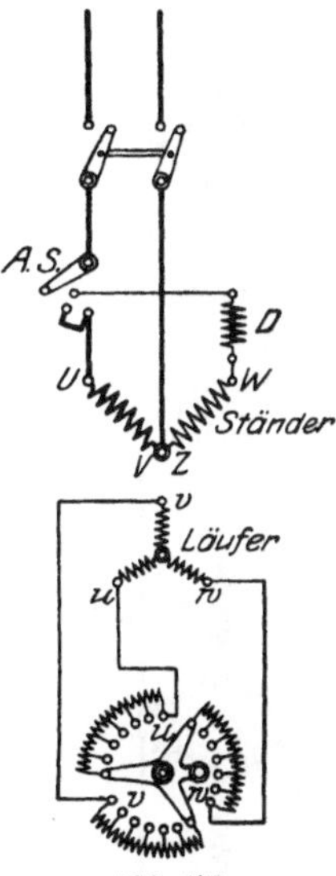

Abb. 179. Einphasenmotor mit Hilfswicklung.

Die Anzugskraft des Einphaseninduktionsmotors ist gering, und er findet daher nur eine beschränkte Verwendung.

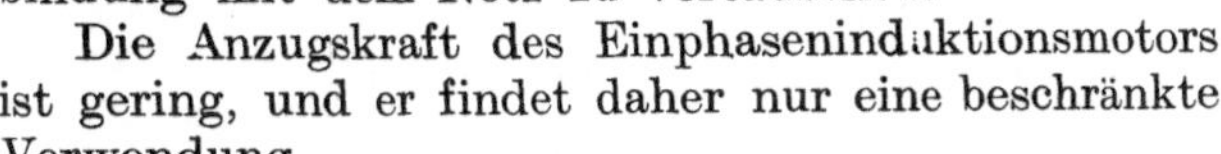

D. Die Kollektormotoren für Drehstrom.

109. Allgemeines.

Daß sich die Umdrehungszahl des Drehstrom-Induktionsmotors nicht in einfacher und wirtschaftlicher Weise regeln läßt, wie es z. B. beim Gleichstrom-Nebenschlußmotor möglich ist, ist seiner Verwendung häufig hinderlich. Für Antriebe, bei denen eine Geschwindigkeitsregelung erforderlich ist, kann nun mit Vorteil der Drehstrom-Kollektormotor angewendet werden. Dieser besteht aus einem Ständer nach Art desjenigen eines Induktionsmotors und einem Läufer nach Art eines Gleichstromankers. Der Ständer besitzt eine normale dreiphasige Wicklung. Auf dem Kollektor des Läufers sind drei Bürstensätze, auf das Polpaar bezogen, angeordnet, die gleichmäßig gegeneinander versetzt sind, bei einer zweipoligen Maschine also um 120°.

110. Der Hauptschlußkollektormotor.

Beim Hauptschlußkollektormotor sind Ständerwicklung und Läufer hintereinander geschaltet. Abb. 180 zeigt das Schema eines derartigen Motors. Die Ständerwicklung ist in der gleichen Weise wie beim Induktionsmotor bezeichnet. Die Läuferbürsten heißen x, y, z. Das Anlassen des Motors sowie die Regelung seiner Geschwindigkeit wird durch Verschieben der Bürsten bewirkt[1]). Die Drehzahl steigt in dem Maße an, wie die Bürsten aus der Nullstellung herausgeschoben werden.

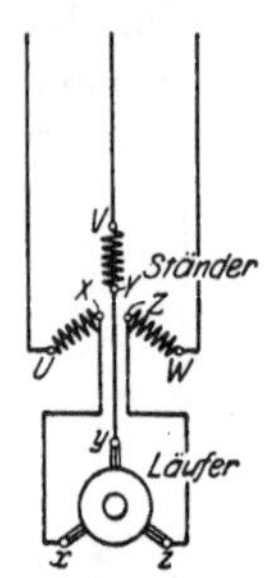

Abb. 180. Drehstrom-Hauptschlußkollektormotor.

Da der Kollektor nur verhältnismäßig niedrige Spannungen verträgt, so ist bei höheren Betriebsspannungen ein Transformator erforderlich. In Abb. 181 ist das Schema des Motors mit einem ihm vorgeschalteten Transformator: Vordertransformator, in Abb. 182 das Schema des Motors mit einem zwischen Ständer und Läufer angeordneten Transformator: Zwischentransformator, wiedergegeben.

Statt durch Bürstenverschiebung kann die Regelung der Umdrehungszahl eines Hauptschlußkollektormotors auch mittels eines Reguliertransformators vorgenommen werden. Dieser ist in Abb. 183 als Zwischentransformator geschaltet und in Sparschaltung ausgeführt.

Bei einer Ausführungsform der S. S. W. wird jeder Bürstensatz des Motors in zwei Hälften geteilt, von denen nur die eine auf dem Bürstenumfang verstell-

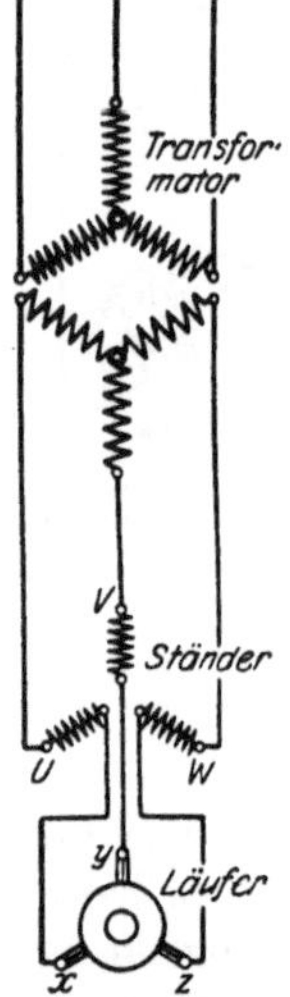

Abb. 181. Hauptschlußkollektormotor mit Vordertransformator.

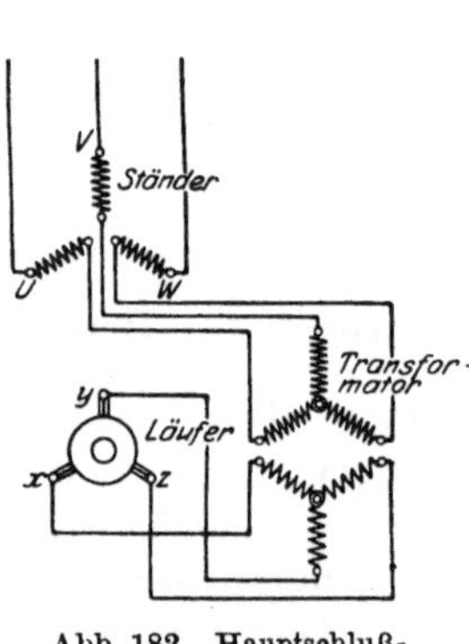

Abb. 182. Hauptschlußkollektormotor mit Zwischentransformator.

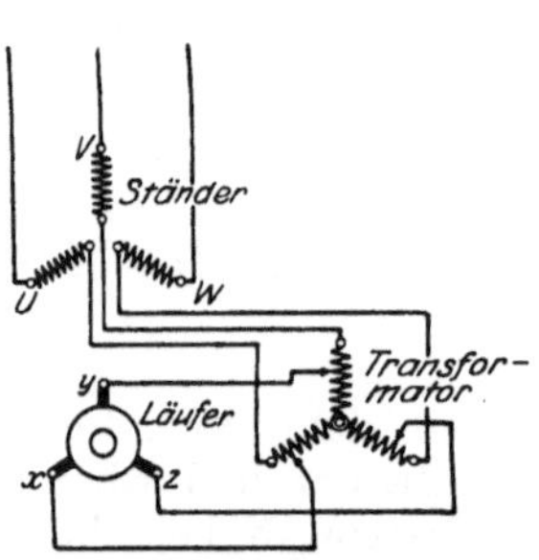

Abb. 183. Hauptschlußkollektormotor mit Reguliertransformator.

bar ist, während die andere feststeht. Bei dieser Anordnung kann durch Verschieben der beweglichen Bürsten eine besonders weitgehende Reglung der Drehzahl erzielt werden. Das Schema eines solchen Motors mit Vordertransformator zeigt Abb. 184. x, y, z sind die festen, x_1, y_1, z_1 die beweglichen Bürsten.

[1]) In den Schaltbildern der Kollektormotoren sind betriebsmäßig verstellbare Bürsten schraffiert, feste Bürsten voll angelegt angegeben.

Der Hauptschlußkollektormotor für Drehstrom zeigt das charakteristische Verhalten des Gleichstrom-Hauptschlußmotors: seine Drehzahl nimmt bei zunehmender Belastung stark ab, bei Leerlauf geht der Motor durch.

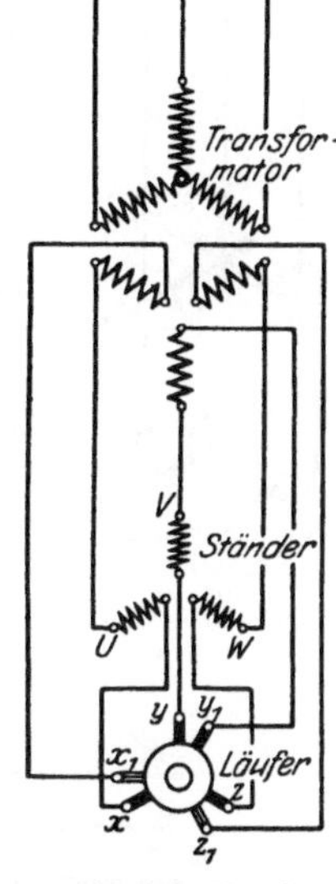

Abb. 184. Hauptschlußkollektormotor mit festen und beweglichen Bürsten.

111. Der Nebenschlußkollektormotor.

In Abb. 185 ist das Schema eines Motors mit Nebenschlußcharakter, d. h. mit einer bei wechselnder Belastung annähernd gleichbleibenden Drehzahl angegeben. Der Netzstrom wird dem Läufer über die Schleifringe R, S, T zugeführt. Der Kollektor ist mit festen und verschiebbaren Bürsten ausgestattet, mit denen die Ständerwicklung in der im Schema angegebenen Weise verbunden ist. Die festen Bürsten sind mit x, y, z, die beweglichen mit u, v, w bezeichnet. Durch Verschieben der letzteren wird der Motor angelassen und seine Geschwindigkeit geregelt. Der Motor wird von den S.S.W. gebaut.

Ein Nebenschlußkollektormotor, der ohne Bürstenverstellung arbeitet, wird von der A. E. G. hergestellt. Seine Schaltung zeigt Abb. 186. Ständer und Läufer sind nebeneinander an das Netz R, S, T gelegt, letzterer über einen Reguliertrans-

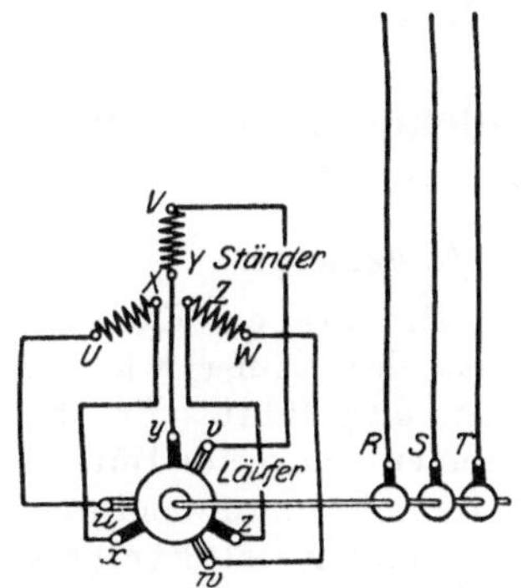

Abb. 185. Nebenschlußkollektormotor mit festen und beweglichen Bürsten.

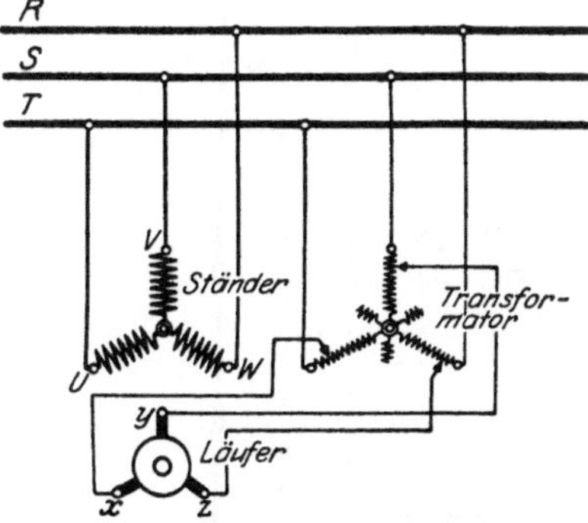

Abb. 186. Nebenschlußkollektormotor mit Reguliertransformator.

formator in Sparschaltung. Je nach der den Läuferbürsten x, y, z zugeführten Spannung ist die Drehzahl des Motors verschieden. Es lassen sich also so viel Geschwindigkeitsstufen einstellen, als der Transformator Regulierstufen hat. Um auch übersynchrone Geschwindigkeiten zu erhalten, sind die Wicklungen des Transformators über den Verkettungspunkt der Phasen hinaus verlängert. Ein besonderer Transformator ist entbehrlich, wenn der Ständerwicklung selbst die

Rolle des Reguliertransformators zugewiesen, sie also mit einer Anzahl Anzapfungen versehen wird, Abb. 187. Zum Anlassen und zum Einstellen der verschiedenen Geschwindigkeiten bedient man sich zweckmäßigerweise einer Schaltwalze.

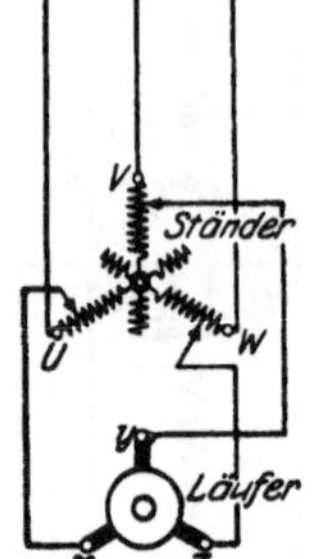

Abb. 187. Nebenschlußkollektormotor mit Ständeranzapfung.

112. Drehstrom-Kollektormotor im Anschluß an ein Hochspannungsnetz.

Die Verbindung eines Hauptschlußkollektormotors mit einem Drehstrom-Hochspannungsnetz zeigt das Schema Abb. 188. Mittels eines (Vorder-) Transformators *D. T.* wird eine für den Kollektor zulässige Niederspannung hergestellt, die über Sicherungen und einen dreipoligen Schalter mit selbsttätiger Nullspannungsauslösung dem Drehstrommotor *D. M.* zugeführt wird. Voltmeter, Wattmeter und Zähler geben über die elektrischen Verhältnisse Aufschluß. Um ein Durchgehen des Motors bei zu geringer Belastung auszuschließen, ist mit ihm ein Zentrifugalschalter *Z. S.* verbunden, der mit der Spannungsauslösung des Hauptschalters hintereinandergeschaltet ist, so daß beim Überschreiten einer bestimmten Geschwindigkeit der Strom des Auslösemagneten unterbrochen und somit der der Motor vom Netz getrennt wird.

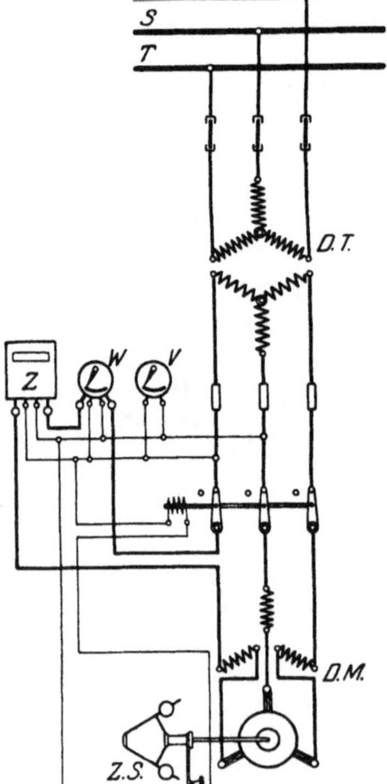

Abb. 188. Drehstrom-Kollektormotor im Anschluß an ein Hochspannungsnetz.

E. Die Kollektormotoren für Einphasenstrom.

113. Allgemeines.

Auch bei den Einphasen-Kollektormotoren ist der Läufer wie ein Gleichstromanker ausgeführt. Er besitzt im allgemeinen nur zwei Bürsten je Polpaar. Das Hauptanwendungsgebiet der Motoren ist der elektrische Vollbahnbetrieb, doch bieten sie auch in manchen anderen Fällen Nutzen. Für ihre wichtigsten Ausführungsarten ist nachfolgend die Schaltung angegeben.

114. Der Hauptschlußkollektormotor.

Die Schaltung des Hauptschlußkollektormotors für Einphasenstrom, Abb. 189, entspricht der des Hauptschlußmotors für Gleichstrom. In der Ausführung unterscheidet er sich von diesem dadurch, daß er in der Regel keine ausgeprägten Polansätze besitzt; die Magnetwicklung EF wird vielmehr in Nuten des hohlzylindrisch ausgeführten Ständers eingelegt. Ferner gibt man dem Motor eine Kompensationswicklung GH, welche ebenfalls in Nuten des Ständers untergebracht wird und den Zweck hat, das Magnetfeld des Ankers AB aufzuheben, in ähnlicher Weise wie bei den kompensierten Gleichstrommaschinen (vgl. § 31). Das Anlassen des Motors und die Regelung seiner Drehzahl geschieht mittels eines vor den Motor gelegten Reguliertransformators. Über die Abhängigkeit der Drehzahl von der Belastung gilt dasselbe wie für den Gleichstrom-Hauptschlußmotor.

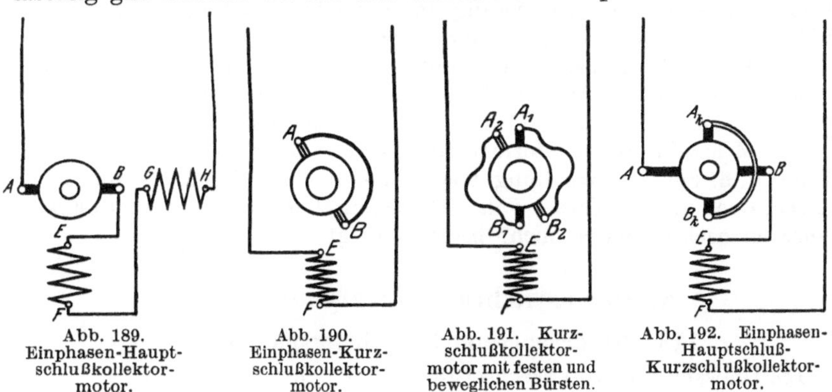

Abb. 189. Einphasen-Hauptschlußkollektormotor.

Abb. 190. Einphasen-Kurzschlußkollektormotor.

Abb. 191. Kurzschlußkollektormotor mit festen und beweglichen Bürsten.

Abb. 192. Einphasen-Hauptschluß-Kurzschlußkollektormotor.

115. Der Kurzschlußkollektormotor.

Bei einem anderen Kollektormotor für Einphasenstrom, dem Kurzschlußkollektormotor, wird der Wechselstrom lediglich der Ständerwicklung EF, Abb. 190, zugeführt. In der Läuferwicklung wird dagegen ein Strom induziert. Die Bürsten A und B des Läufers sind kurzgeschlossen. Sie befinden sich beim Einschalten des Stromes zunächst in einer bestimmten Lage, der Nullstellung. Erst wenn sie aus dieser herausgeschoben werden, läuft der Motor, je nach der Verschiebungsrichtung im einen oder anderen Sinne, an. Das Anlassen geschieht daher, wie auch das Umsteuern und das Regulieren der Geschwindigkeit, lediglich durch Verschieben der Bürsten. Der Kurzschlußkollektormotor besitzt ebenfalls Hauptschlußcharakter: seine Drehzahl geht bei abnehmender Belastung stark in die Höhe.

Die Firma Brown, Boveri & Co. verwendet für ihren Kurzschlußmotor ein festes Bürstenpaar A_1, B_1 und ein bewegliches Bürstenpaar A_2, B_2, Abb. 191, eine Anordnung, die zuerst von Déri angegeben wurde und eine sehr feine Regulierung der Drehzahl ermöglicht.

116. Der Hauptschluß-Kurzschlußkollektormotor.

In ihrem von der A. E. G. gebauten Motor haben Winter und Eichberg gewissermaßen den Hauptschluß- und Kurzschlußkollektormotor vereinigt, Abb. 192. Der Läufer erhält, wieder einen zweipoligen Motor vorausgesetzt, zwei feststehende Bürstenpaare, die Bürsten des einen Paares, A_k und B_k, sind kurzgeschlossen. Das Anlassen und Regeln des Motors erfolgt durch einen Reguliertransformator, durch den die dem Läufer über die Bürsten A und B zugeführte Spannung eingestellt werden kann.

IX. Umformeranlagen.

117. Allgemeines.

Um die dem Wechselstrom eigenen Vorteile mit denen des Gleichstromes zu verbinden, wird häufig ein gemischtes System angewendet, indem im Hauptwerk Wechselstrom erzeugt, ein Teil desselben aber — gegebenenfalls in besonderen Unterstationen — in Gleichstrom umgewandelt wird. Für diese Umwandlung können Umformer verschiedener Art oder auch Gleichrichter verwendet werden.

Die Mehrzahl der Umformer läßt sich auch in der umgekehrten Weise, d. h. zur Umwandlung von Gleichstrom in Wechselstrom benutzen, doch kommt dieser Fall verhältnismäßig selten vor, und er ist daher im nachfolgenden nicht berücksichtigt.

A. Der asynchrone Motorgenerator.

118. Motorgenerator für Niederspannung.

Die Umwandlung von Wechselstrom in Gleichstrom kann in Motorgeneratoren vorgenommen werden, die aus einem Wechselstrommotor und einem mit ihm gekuppelten Gleichstromgenerator zusammengesetzt sind. Handelt es sich im besonderen um dieUmformung von Drehstrom, so wird man häufig, namentlich mit Rücksicht auf die bequeme Anlaßmöglichkeit, zum asynchronen Induktionsmotor greifen.

Das Schaltbild einer Anlage mit einem asynchronen Motorgenerator gibt Abb. 193 wieder. Der an die Schienen R, S, T über einen dreipoligen Überstromschalter angeschlossene Drehstrommotor $D. M.$ besitzt einen Schleifringläufer und wird über Flüssigkeitswiderstände angelassen. Die Gleichstromdynamo arbeitet auf die Schienen P und N und ist als Nebenschlußmaschine ($N. D.$) gebaut. Zur Feststellung der drehstromseitig aufgenommenen Leistung ist ein Wattmeter eingebaut (Schaltung nach § 22b, erster Absatz). Ampere- und Voltmeter geben über die Strom- und Spannungsverhältnisse Auskunft, letzteres kann mittels eines Umschalters an die verschiedenen Phasen gelegt werden. Die Gleichstromseite enthält an Meßinstrumenten lediglich ein Amperemeter (mit Nebenwiderstand) und ein Voltmeter.

119. Motorgenerator für Hochspannung.

Der Induktionsmotor des Umformers kann, wenigstens bei größeren Leistungen, auch unmittelbar für Hochspannung eingerichtet sein (vgl. § 107). Im Schaltschema Abb. 194 wird der hochgespannte Drehstrom dem Motorgenerator durch ein Kabel, in bekannter Weise über Trenn- und Ölschalter, zugeführt. Der für die Relaisauslösung des letzteren benötigte Hilfsstrom wird den Sammelschienen der Gleichstromseite entnommen. Die Relais sowohl als auch alle Meßinstrumente (Leistungsmesser und Zähler in Zweiwattmeterschaltung) sind über Wandler angeschlossen.

Die mit dem Drehstrommotor gekuppelte Nebenschlußdynamo liefert Niederspannungsgleichstrom, der durch eine Anzahl Verteilungsleitungen dem Gleichstromnetz zugeführt wird. Durch eine Akkumulatorenbatterie findet die Anlage eine wünschenswerte Vervollständigung.

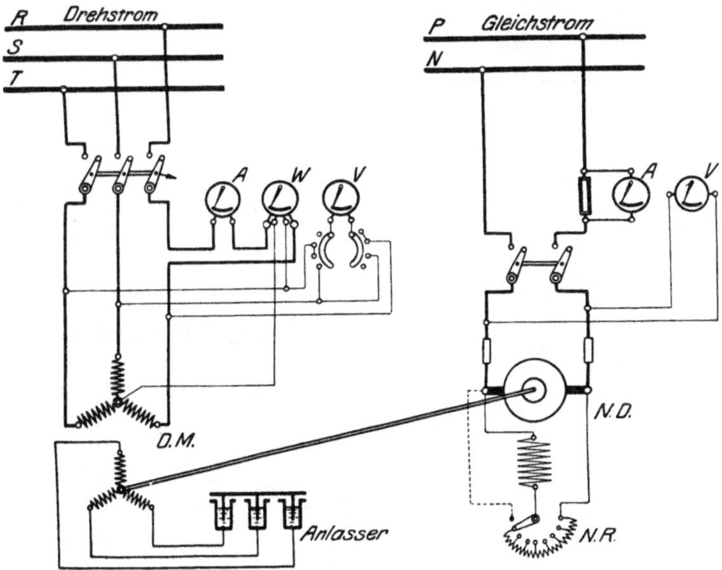

Abb. 193. Asynchroner Motorgenerator für Niederspannung.

120. Umformeranlage zum Betrieb einer Grubenbahn.

Abb. 195 zeigt den Schaltplan einer kleineren Umformeranlage zum Betrieb einer Grubenbahn nach einer Ausführung der S. S.W. Derartige Bahnen werden zweckmäßig mit Gleichstrom betrieben. Es muß daher, da in dem betreffenden Bergwerk sonst nur Drehstrom zur Verfügung steht, eine Umformung vorgenommen werden.

Es sind zwei asynchrone Motorgeneratoren aufgestellt. Die Drehstromspannung beträgt 500 Volt. Für die Ölschalter ist eine zweiphasige Überstromauslösung vorgesehen.

Die Gleichstrommaschinen für 230 Volt Spannung besitzen Doppelschlußwicklung, und es ist daher, um einen sicheren Parallelbetrieb zu gewährleisten, eine Ausgleichsleitung *A. L.* (vgl. § 36) verlegt worden. Die zweipoligen Hauptschalter sind nur im positiven Pole mit Überstromauslösung versehen. Im gleichen Pole befinden sich überdies Schmelzsicherungen (vgl. § 7a, letzter Absatz). Der negative Pol ist

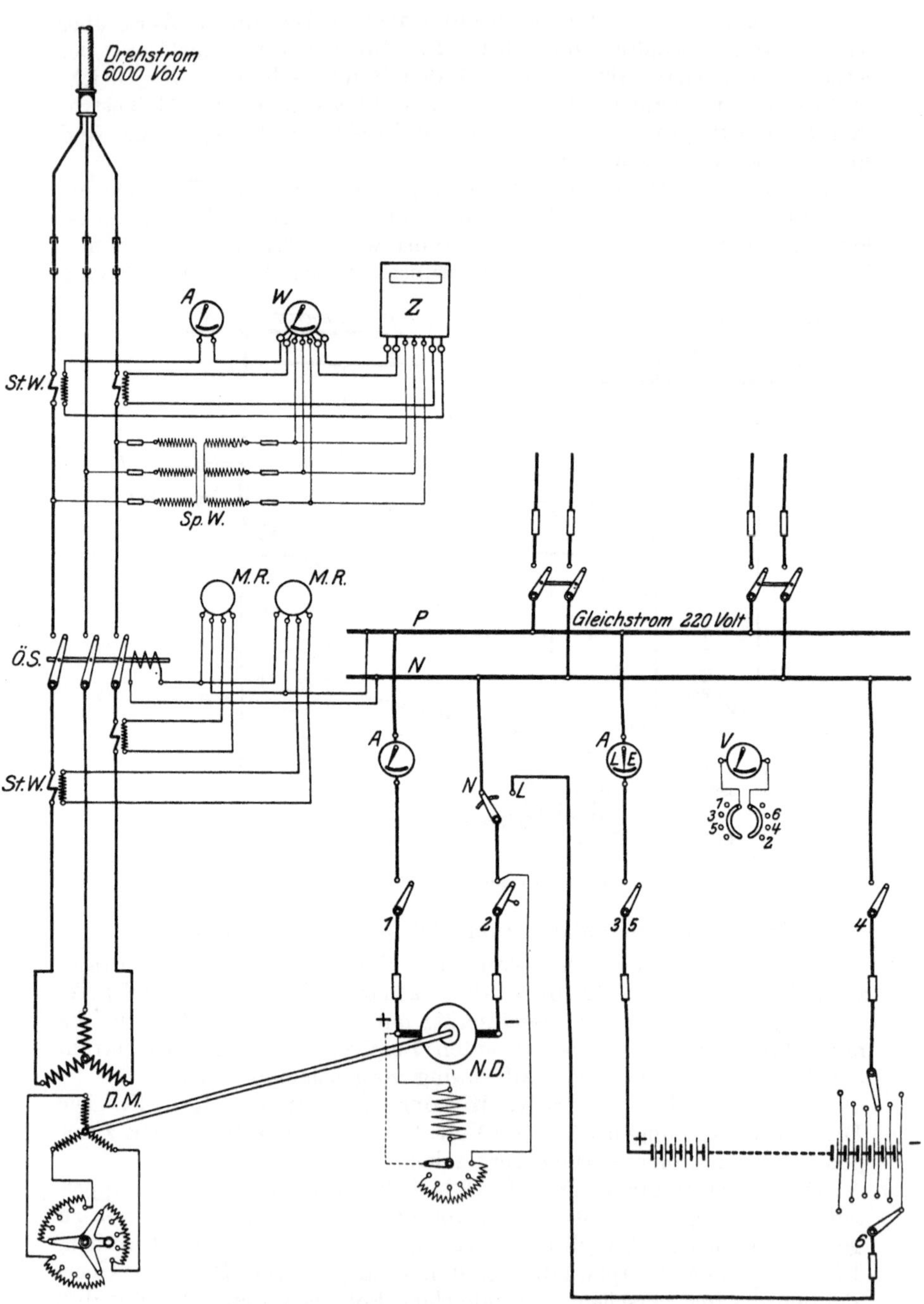

Abb. 194. Asynchroner Motorgenerator für Hochspannung.

nicht gesichert, da er mit den Schienen verbunden, also geerdet ist. Der positive Pol ist auf die Fahrleitung geschaltet. Der Einbau von Meßinstrumenten ist auf das unbedingt notwendige Maß beschränkt worden.

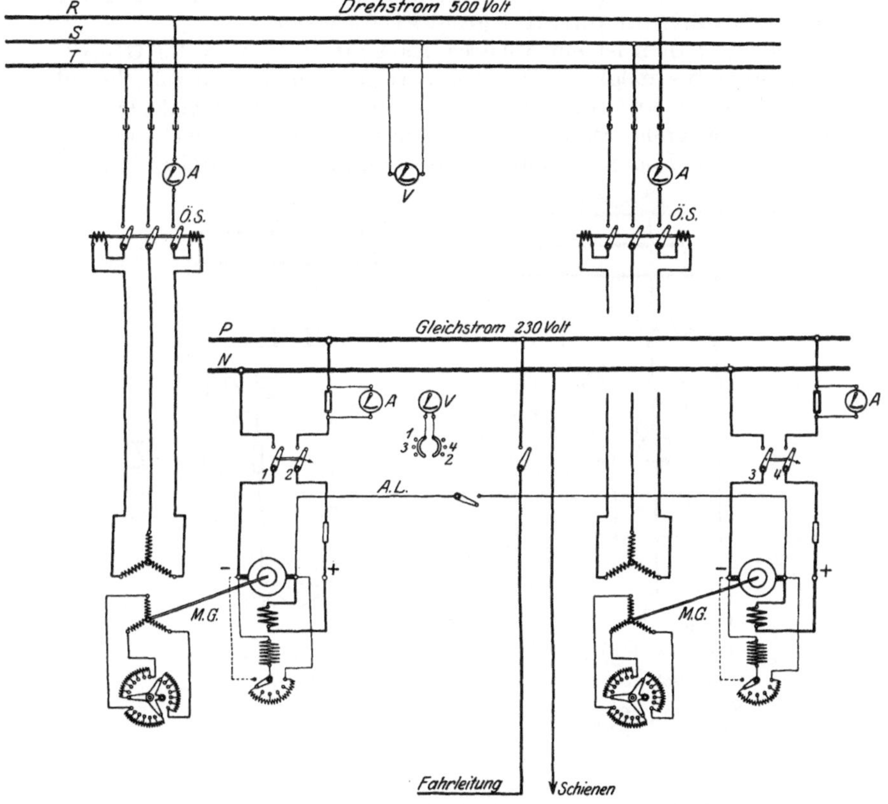

Abb. 195. Umformeranlage zum Betrieb einer Grubenbahn.

B. Der synchrone Motorgenerator.

121. Gleichstromseitiges Anlassen des Motorgenerators.

In vielen Fällen zieht man bei Motorgeneratoren die Anwendung eines synchronen Wechselstrommotors vor. Er ist für Einphasen- und Drehstrom gleich gut geeignet und hat gegenüber dem asynchronen Motor den Vorteil durchaus gleicher Umdrehungszahl bei allen Belastungen. Vor allem aber kommt in Betracht, daß durch ihn der Leistungsfaktor des Netzes nicht verschlechtert wird, sondern sogar, durch Übererregen, verbessert werden kann, ein Umstand, der namentlich bei größeren Umformerleistungen häufig ausschlaggebend ist (vgl. § 89). Den angeführten Vorzügen des Synchronmotors steht als Nachteil gegenüber, daß das Anlaßverfahren weniger einfach als beim Asynchronmotor ist. Der Motor muß erst auf die synchrone Drehzahl gebracht werden, ehe er an das Netz gelegt wird. Er ist daher im allgemeinen in derselben Weise anzulassen, wie ein Wechselstromgenerator zu bereits im Betriebe befindlichen Maschinen parallel geschaltet wird.

In vielen Fällen ist ein Anlassen des Umformers von der Gleichstromseite aus möglich. Die Gleichstrommaschine wird zunächst als Motor betrieben, und ihre Umdrehungszahl wird solange verändert, bis der Synchronismus erreicht ist. Hierauf wird der Synchronmotor, nachdem seine Spannung auf die Netzspannung einreguliert ist, ein-

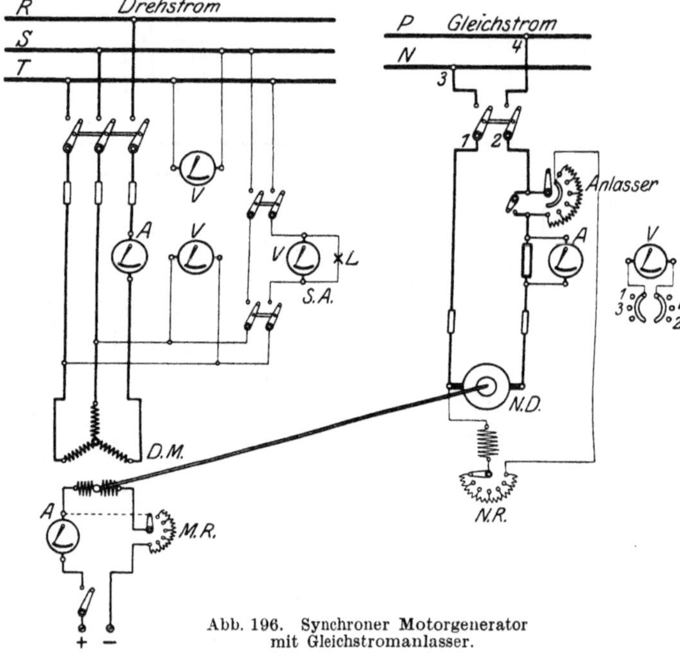

Abb. 196. Synchroner Motorgenerator mit Gleichstromanlasser.

geschaltet, worauf schließlich der normale Betrieb hergestellt, d. h. die Gleichstrommaschine durch entsprechende Erregung zur Stromlieferung herangezogen wird.

Die anzuwendende Schaltung ist in Abb. 196 für eine Niederspannungsanlage angegeben. Der aus Phasenlampe und Phasenvoltmeter bestehende Synchronismusanzeiger kann mittels kleiner Schalter einerseits an eine Phase des Drehstrommotors und andererseits an die entsprechende Phase der Sammelschienen gelegt werden. Der Erregerstrom des Synchronmotors, dessen Stärke mittels des Magnetreglers *M. R.* eingestellt werden kann, wird von den Gleichstromsammelschienen entnommen, falls nicht eine eigene Erregermaschine vorhanden ist. Der für die Gleichstrom-Nebenschlußmaschine vorgesehene Anlasser wird im normalen Betriebe durch einen Schalter überbrückt. Doch ist die

Kurbel des Anlassers während des Betriebes auf dem letzten Kontakt zu belassen, damit die Erregung der Maschine nicht verloren geht. Der Nebenschlußregler dient zum Einstellen der Gleichstromspannung, doch fällt ihm auch während der Anlaßperiode die Aufgabe des Drehzahlreglers zu. Es empfiehlt sich daher (vgl. § 54) den Ausschaltkontakt fortzulassen.

Voraussetzung für die Anwendung des geschilderten Anlaßverfahrens ist, daß Gleichstrom jederzeit zur Verfügung steht, daß also neben dem Umformer noch eine weitere, von einer Dampfmaschine, einem Gasmotor od. dgl. angetriebene Gleichstromdynamo aufgestellt ist. Das gilt auch für den Fall, daß eine Akkumulatorenbatterie vorhanden ist, da die Möglichkeit gegeben sein muß, diese vor der ersten Inbetriebnahme des Umformers aufzuladen.

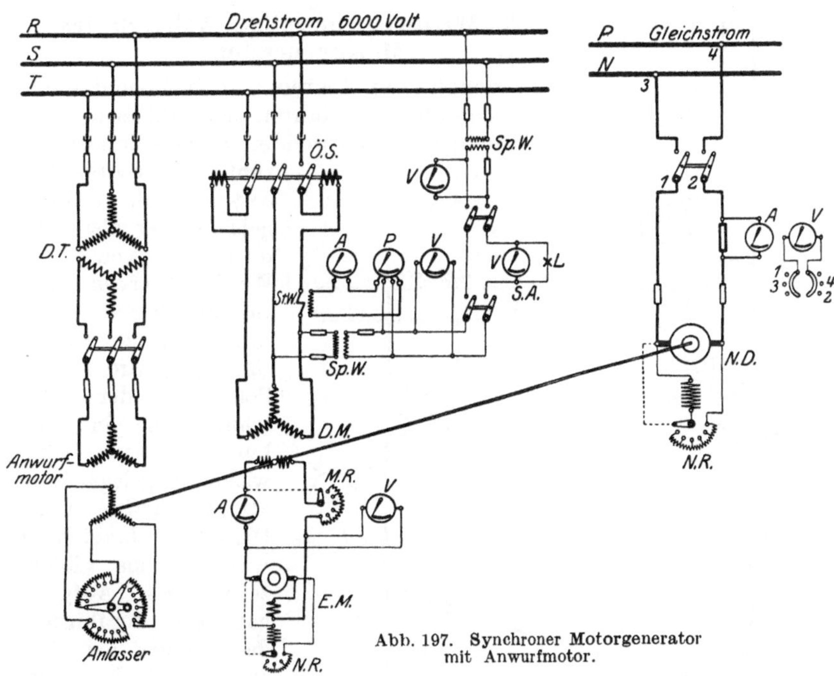

Abb. 197. Synchroner Motorgenerator mit Anwurfmotor.

122. Motorgenerator mit Anwurfmotor.

Häufig wird zum Anlassen des Synchronmotors ein Hilfsmotor angewendet, wie Schaltplan Abb. 197 für eine Hochspannungsanlage zeigt. Der synchrone Drehstrommotor ist unmittelbar an das Hochspannungsnetz angeschlossen. Die Auswahl der Meßinstrumente entspricht im wesentlichen dem vorigen Schema, doch ist, um den Einfluß der Erregerstromstärke auf den Leistungsfaktor erkennbar zu machen, noch der Phasenmesser *P* eingebaut. Die im Schema angenommene besondere Erregermaschine, im vorliegenden Falle mit Doppelschlußwicklung, kann mit dem Maschinensatz unmittelbar gekuppelt sein.

Als **Anwurfmotor** dient ein Drehstrom-Induktionsmotor, der mit Rücksicht auf seine verhältnismäßig kleine Leistung über einen Transformator angeschlossen ist, bei größeren Leistungen aber auch hochspannungsseitig betrieben werden kann. Er ist für die im Vergleich zum Synchronmotor nächst niedrige Polzahl zu bauen, damit seine Umdrehungszahl etwas höher ausfällt. Mittels des für Dauerbelastung bemessenen Anlaßwiderstandes wird sie alsdann soweit herunterreguliert, daß der Synchronismus erreicht wird und der Hauptmotor eingeschaltet werden kann. Nachdem dies geschehen ist, wird der Anwurfmotor vom Netz abgestellt und, falls er durch eine ausrückbare Kuppelung mit dem Maschinensatz verbunden ist, stillgelegt.

123. Wechselstromseitiges Anlassen des Motorgenerators.

In den letzten Jahren wird mehr und mehr ein vereinfachtes Verfahren zum Anlassen eines Synchronmotors angewendet, welches darauf beruht, daß er zunächst **asynchron** in Gang gebracht, er also unmittelbar von der **Wechselstromseite** aus angelassen wird. Um den Anlauf zu begünstigen, wird in die Polschuhe der Maschine eine in sich kurzgeschlossene Hilfswicklung gelegt, die als „**Dämpferwicklung**“ bezeichnet wird, da sie gleichzeitig die Aufgabe hat, zur Beruhigung des Ganges der Maschine, z. B. bei Belastungsschwankungen, beizutragen. Das Anlassen des Synchronmotors soll möglichst bei Leerlauf vorgenommen werden. Auch ist, um einen größeren Stromstoß zu vermeiden, ein **Anlaßtransformator** erforderlich, der gegebenen-

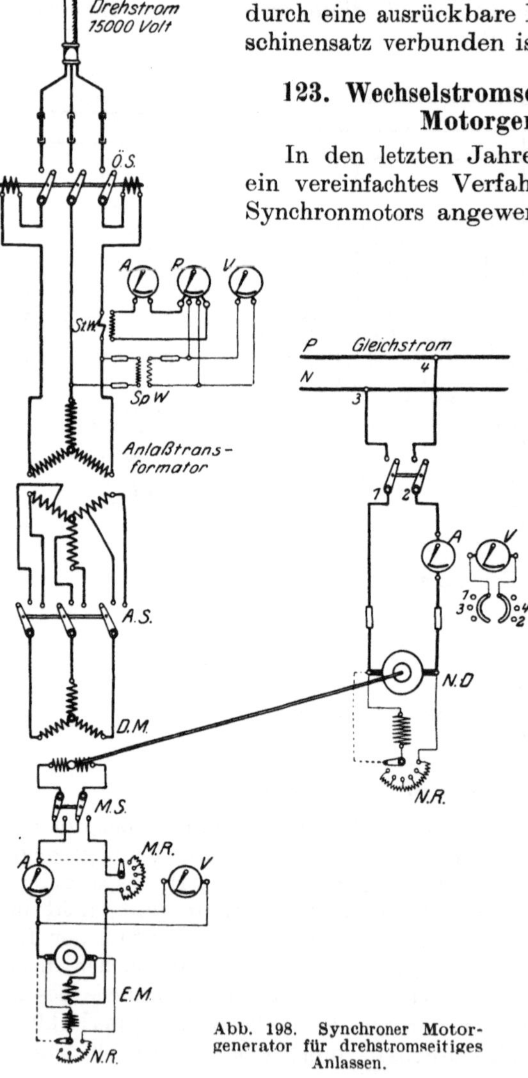

Abb. 198. Synchroner Motorgenerator für drehstromseitiges Anlassen.

falls in Sparschaltung ausgeführt sein kann. Beim Anlauf werden, solange der Synchronismus noch nicht erreicht ist, in der Magnetwicklung hohe Spannungen induziert. Um die damit verknüpfte Gefahr abzuwenden, ist sie während des Anlassens im ganzen oder in Gruppen unterteilt kurz zu schließen.

Die allgemeine Schaltung eines nach vorstehenden Gesichtspunkten anzulassenden Motorgenerators für die Umformung von Drehstrom in Gleichstrom zeigt Abb. 198. Die Dämpferwicklung ist im Schema nicht angegeben. Ein Synchronismusanzeiger ist nicht erforderlich. Beim Anlassen wird, nachdem der Ölschalter geschlossen ist, dem Motor zunächst bei kurzgeschlossener Magnetwicklung (Magnetschalter *M.S.* nach links) nur ein Teil der Netzspannung zugeführt (Anlaßschalter *A.S.* in Mittelstellung). Der Motor läuft dann wie ein asynchroner Induktionsmotor an, da die Dämpferwicklung wie die Wicklung eines Kurzschlußläufers wirkt. Es wird also nahezu die synchrone Drehzahl erreicht, worauf der Motor infolge der in ihm wirksamen synchronisierenden Kraft (vgl. § 68c, erster Absatz), spätestens nachdem er durch Anschließen der Magnetwicklung an die Erregermaschine erregt wird (*M. S.* nach rechts), in den Synchronismus hineinschnappt. Nunmehr wird der Motor sofort auf die volle Betriebsspannung umgeschaltet (*A. S.* nach rechts).

C. Der Einankerumformer.

124. Bauart und Schaltung des Umformers.

Der Einankerumformer entspricht in seiner Bauweise völlig einer Gleichstrommaschine, nur besitzt der Anker außer dem Kollektor noch Schleifringe — zwei bei Einphasen-, drei oder sechs bei Drehstrom —, die mit seiner Wicklung in bestimmter Weise verbunden sind.

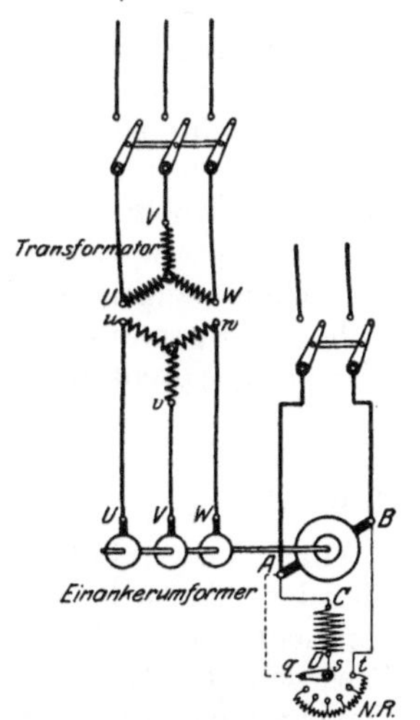

Abb. 199. Einankerumformer mit drei Schleifringen.

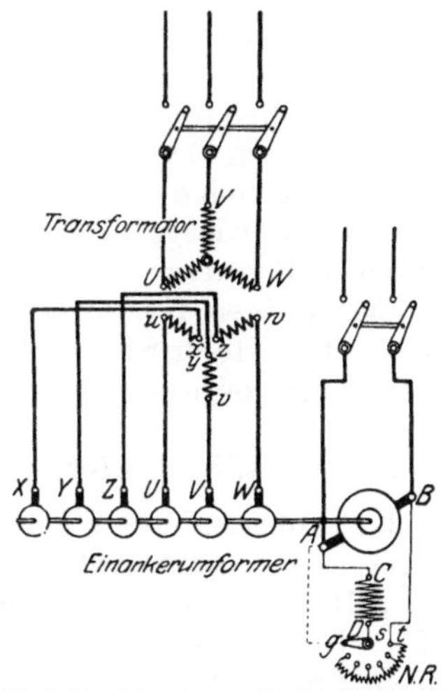

Abb. 200. Einankerumformer mit sechs Schleifringen.

Kollektor und Schleifringe werden auf entgegengesetzten Seiten des Ankers angeordnet. Über die Schleifringe wird der umzuformende Wechselstrom dem Anker zugeführt, am Kollektor wird der Gleichstrom entnommen. Meistens werden die Umformer mit Wendepolen ausgestattet. Da das zwischen Wechselstrom- und Gleichstromspannung bestehende Übersetzungsverhältnis nicht beliebig gewählt werden kann, vielmehr einen bestimmten, hauptsächlich von der Phasenzahl des Wechselstromes abhängigen Wert hat, so muß in der Regel noch ein Transformator mit dem Umformer verbunden werden.

Das allgemeine Schaltungsschema mit der üblichen Klemmenbezeichnung ist für einen Drehstrom-Gleichstrom-Umformer mit drei Schleifringen in Abb. 199, für einen ebensolchen Umformer mit sechs Schleifringen in Abb. 200 gegeben.

125. Gleichstromseitiges Anlassen des Umformers.

Ein an ein Wechselstromnetz angeschlossener Einankerumformer verhält sich wie ein Synchronmotor. Die für den synchronen Motorgenerator angegebenen Anlaßverfahren lassen sich daher sinngemäß auch auf den Einankerumformer anwenden.

So zeigt Abb. 201, unter Fortlassung der Meßinstrumente, die Schaltung eines Drehstrom-Gleichstrom-Umformers für den Fall, daß er von der Gleichstromseite angelassen werden soll (vgl. § 121 und Abb. 196). Der Umformer wird wie ein Gleichstrommotor mit Hilfe des Anlaßwiderstandes in Gang gebracht und, nachdem die Drehzahl mittels des Nebenschlußreglers auf Synchronismus einreguliert ist, an das Drehstromnetz angeschlossen, worauf zum normalen Betrieb übergegangen, der Umformer also gleichstromseitig belastet werden kann.

Die Verbindung des Einankerumformers *E. U.* mit dem Drehstromnetz erfolgt nach dem Schema auf der Niederspannungsseite des Transformators, dessen Sekundärspannung der gewünschten Gleichstromspannung — unter Berücksichtigung der Übersetzung des Umformers — entsprechen muß. Ehe der Schalter geschlossen wird, ist alsdann die bei der normalen Drehzahl des Umformers von ihm gelieferte Wechselstromspannung gleich der Transformatorspannung. Der Synchronismusanzeiger wird in der Regel niederspannungsseitig angeschlossen. Schmelzsicherungen als Schutz gegen Überlastung, wie im Schema angenommen, sind nur bei kleinen Leistungen und nicht zu hohen Spannungen zu empfehlen. Bei Hochspannung werden, wie bekannt, Ölschalter mit Selbstauslösung vorgezogen.

126. Umformer mit Anwurfmotor.

Soll das Anlassen des Umformers mittels eines Anwurfmotors erfolgen, so kann nach Abb. 202 geschaltet werden, die sich wieder auf einen Drehstrom-Gleichstrom-Umformer bezieht (vgl. § 122 und Abb. 197). Bei kleineren Leistungen empfiehlt es sich, den Hilfsmotor, einen asynchronen Induktionsmotor, mit Niederspannung zu betreiben, ihn also an die Sekundärseite des Transformators anzuschließen. Bei

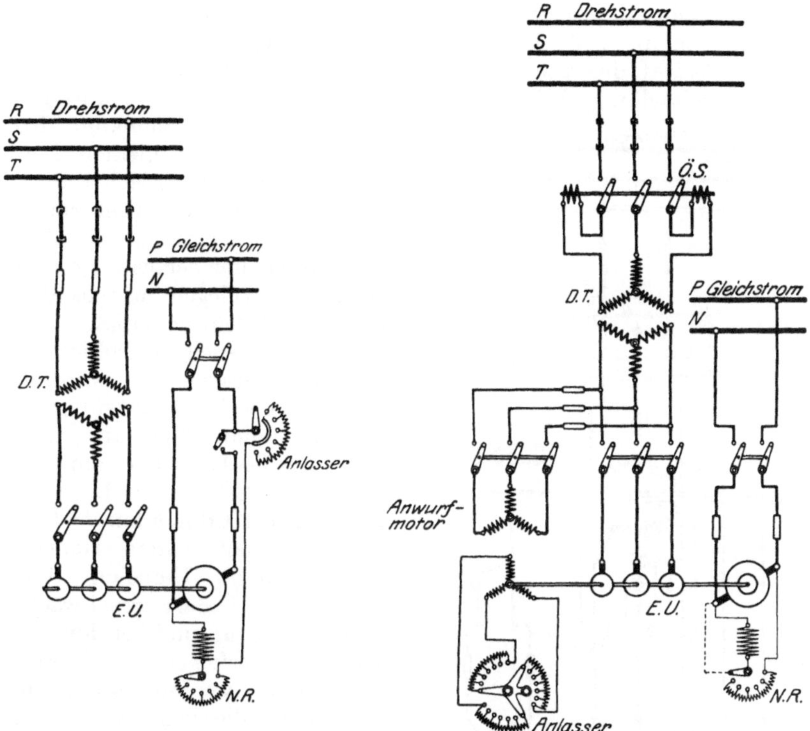

Abb. 201. Einankerumformer mit Gleichstromanlasser.

Abb. 202. Einankerumformer mit Anwurfmotor.

größeren Leistungen kann er gegebenenfalls auch unmittelbar an Hochspannung gelegt werden. Im Schema sind sowohl auf der Hochspannungs- als auch auf der Niederspannungsseite des Transformators Schalter vorgesehen. Der hochspannungsseitige Ölschalter besitzt selbsttätige Überstromauslösung.

127. Wechselstromseitiges Anlassen des Umformers.

Einankerumformer, die von der Wechselstromseite angelassen werden sollen, werden mit einer Dämpferwicklung versehen. In Abb. 203 ist die Schaltung für einen Drehstrom-Gleichstrom-Umformer mit sechs Schleifringen angegeben (vgl. § 123 und Abb. 198). Sind nur drei Schleifringe vorhanden, so vereinfacht sich das Schema entsprechend. Die Sekundärwicklung des Transformators ist, um die für das Anlassen erforderliche Teilspannung zu erhalten, mit einer Anzapfung versehen. Die Spannung wird dem Umformer über den Anlaßschalter *A.S.* zugeführt. Die Magnetwicklung ist mit Rücksicht auf die in ihr induzierte hohe Spannung während der Anlaßperiode durch einen besonderen Schalter in mehrere Teile zu trennen oder in sich kurzzuschließen. Ist der Synchronismus erreicht, so wird der Umformer erregt und an die volle Drehstromspannung gelegt.

Die Polarität des vom Umformer gelieferten Gleichstromes ist, je nach der Polstellung, bei welcher die Maschine in Synchronismus gelangt, verschieden. Sie hängt also vom Zufall ab. Bei kleinen Leistungen empfiehlt es sich daher, die Verbindung des Umformers mit dem Gleichstromnetz über einen Umschalter herzustellen und diesen so einzulegen, wie es den erhaltenen Polen entspricht. Es sind jedoch auch verschiedene Verfahren ausgebildet worden, nach denen sich die gewünschte Polarität unmittelbar am Umformer erzielen läßt. Bei dem Verfahren der S. S. W. z. B. wird falsche Polarität durch kurzes Öffnen des Anlaßschalters richtiggestellt. Dieses Umpolen darf jedoch nur bei stark geschwächtem Magnetstrom und bei der Anlaßspannung erfolgen, muß also vorgenommen werden, bevor die Maschine an die volle Spannung gelegt wird. Sobald nach Feststellung der richtigen Polarität der Umformer voll erregt ist, ist der Anlaßschalter sofort auf die Betriebsspannung umzulegen.

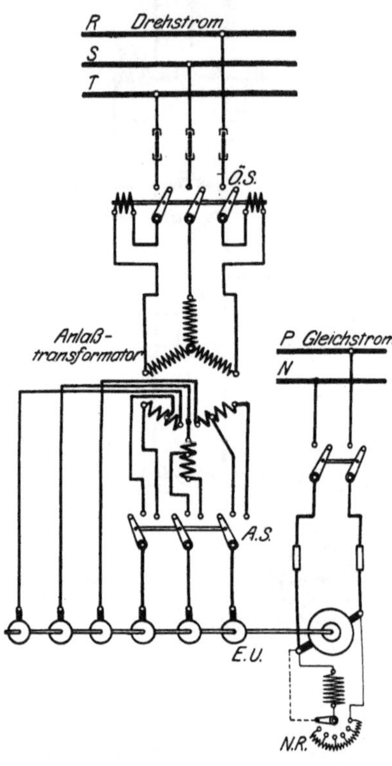

Abb. 203. Einankerumformer für drehstromseitiges Anlassen.

128. Spannungsregelung des Einankerumformers.

Im Gegensatz zum Motorgenerator, bei dem sich die erzeugte Gleichstromspannung mittels des Nebenschlußreglers beliebig einstellen läßt, wird beim Einankerumformer durch Regulieren des Erregerstroms die Spannung kaum beeinflußt. Die Größe des Erregerstromes bestimmt vielmehr, ebenso wie beim Synchronmotor (vgl. § 89), lediglich die Phasenverschiebung zwischen Stromstärke und Spannung, so daß auch beim Einankerumformer die Möglichkeit besteht, den Leistungsfaktor des Wechselstromnetzes durch Übererregen der Maschine zu verbessern.

Um eine Spannungsreglung herbeizuführen, müssen besondere Hilfsmittel angewendet werden. Von den in der Praxis eingeführten Regelungsverfahren sollen nachfolgend einige kurz behandelt und die Schaltung für den Fall der Umformung von Drehstrom in Gleichstrom angegeben werden.

a) Regelung durch Drosselspulen.

Es werden nach Abb. 204 vor den Umformer Drosselspulen gelegt. Die in ihnen auftretende Spannung setzt sich nun mit der Sekundärspannung des Transformators zusammen, so daß die Gesamtspannung größer oder kleiner ausfällt: kleiner wird sie, wenn der vom Umformer aufgenommene Strom gegen die Spannung verzögert ist, sie wird größer, wenn der Strom voraus-eilt. Unter der Wirkung der Drosselspulen kann daher durch Einstellen des Erregerstromes, da von ihm die Art und Größe der Phasenverschiebung zwischen Strom und Spannung abhängt (Über- oder Untererregen!), die dem Umformer zugeführte Wechselspannung und mithin auch die von ihm gelieferte Gleichstromspannung beeinflußt werden. Die auf diese Weise erzielbare Spannungsregelung ist zwar nur verhältnismäßig klein, aber ausreichend, um z. B. die Gleichstromspannung bei wechselnder Belastung konstant zu halten.

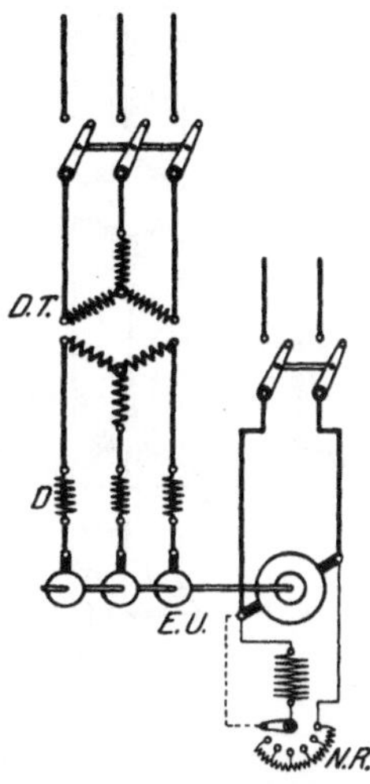

Abb. 204. Spannungsregelung eines Einankerumformers durch Drosselspulen.

b) Regelung mittels Drehtransformators.

Ein sehr brauchbares Verfahren der Spannungsregelung, auch innerhalb weiterer Grenzen, ergibt sich durch Verwendung eines Drehtransformators. Ein solcher gleicht in seinem Aufbau einem Drehstrom-Induktionsmotor, unterscheidet sich aber von ihm dadurch, daß der Läufer nicht in Drehung kommt, sondern in beliebiger Lage fest eingestellt werden kann. Ständer- und Läuferwicklung entsprechen nun den beiden Wicklungen eines Transformators. Der Läufer wird an die Sekundärspannung des vor dem Umformer liegenden Transformators — er soll zum Unterschied vom Drehtransformator als Leistungstransformator bezeichnet werden — angeschlossen, während die Ständerwicklungen dem Umformer vorgeschaltet werden. Die in den Ständerwicklungen induzierte Spannung setzt sich daher mit der Sekundärspannung des Leistungstransformators zusammen, und zwar ist die Gesamtspannung, d. i. die den Schleifringen des Umformers zugeführte Spannung, je nach der Einstellung des Läufers verschieden groß. Es läßt sich somit die vom Umformer gelieferte Gleichstromspannung, da ihre Höhe von der Schleifringspannung abhängt, auf den gewünschten Wert einregulieren. Bemerkt sei noch, daß die Rollen, welche dem Ständer und dem Läufer des Drehtransformators zugewiesen sind, auch vertauscht werden können.

In Abb. 205 ist die Schaltung eines Dreischleifringumformers und in Abb. 206 die eines Sechsschleifringumformers in Verbindung mit einem Drehtransformator angegeben. Die Ständerwicklungen des Drehtransformators sind mit $u_1\, u_2$, $v_1\, v_2$, $w_1\, w_2$, die Läuferwicklungen mit $x_1\, x_2$ usw. bezeichnet.

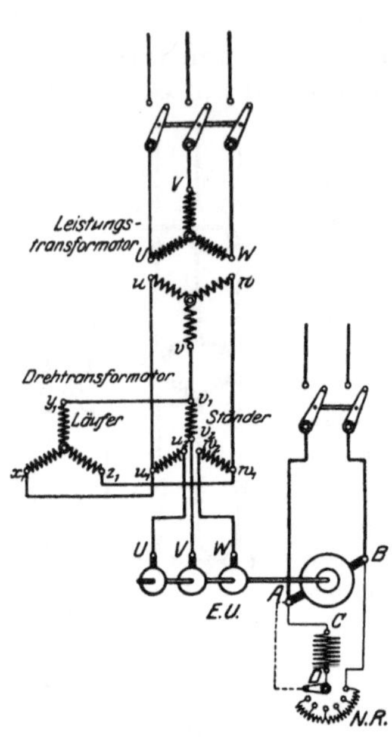

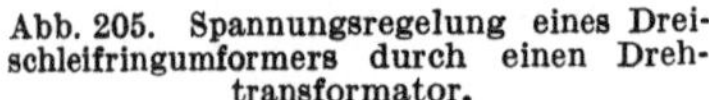
Abb. 205. Spannungsregelung eines Dreischleifringumformers durch einen Drehtransformator.

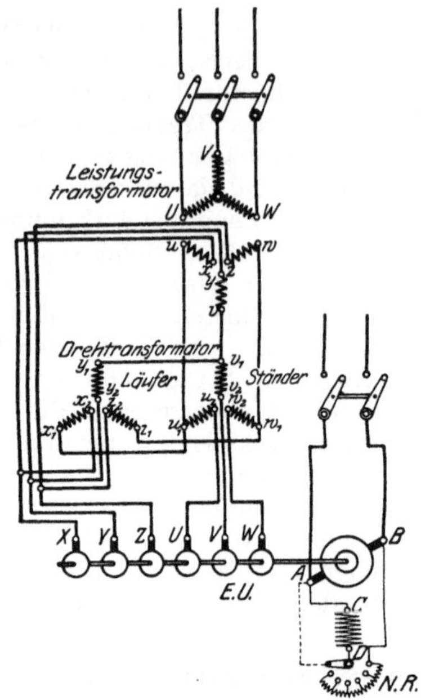

Abb. 206. Spannungsregelung eines Sechsschleifringumformers durch einen Drehtransformator.

129. Umformeranlage mit umschaltbarem Lichtnetz.

Der in Abb. 207 wiedergegebene Schaltplan (Entwurf der Firma G. Fleischhauer, Magdeburg) bezieht sich auf eine Fabrik, die eine eigene Gleichstromanlage besitzt, aber nachträglich an ein Drehstrom-Überlandnetz angeschlossen werden soll. Um im Falle einer Störung im Drehstromnetz den Lichtbetrieb mittels einer Akkumulatorenbatterie aufrecht erhalten zu können, soll die Beleuchtung jedoch auf das Gleichstromnetz umschaltbar sein.

Durch eine Speiseleitung wird der Drehstrom von 15 000 Volt Spannung über einen Ölschalter mit selbsttätiger Überstromauslösung den Verteilungsschienen zugeführt. In Stern-Dreieck geschaltete Hörnerableiter und Drosselspulen bilden den Überspannungsschutz. An die Verteilungsschienen ist zunächst ein Einankerumformer mit sechs Schleifringen angeschlossen, und zwar, da er drehstromseitig angelassen wird, über den Anlaßtransformator *A. T.* Dieser besitzt auf seiner sekundären Seite mehrere Regulierstufen, so daß mittelst des dreipoligen Anlaßschalters *A. S.* ein stoßfreier Anlauf ermöglicht ist. Um im Gleichstromnetz die gewünschten Pole zu erhalten, ist, bevor der Umschalter U_1 eingelegt wird, das zwischen den Gleichstromleitungen befindliche Voltmeter mit doppelseitigem Ausschlag zu beobachten und aus der Richtung des Ausschlages die Polarität des Umformers festzustellen (vgl. § 127). Je nachdem sich die Pole zufällig gebildet haben,

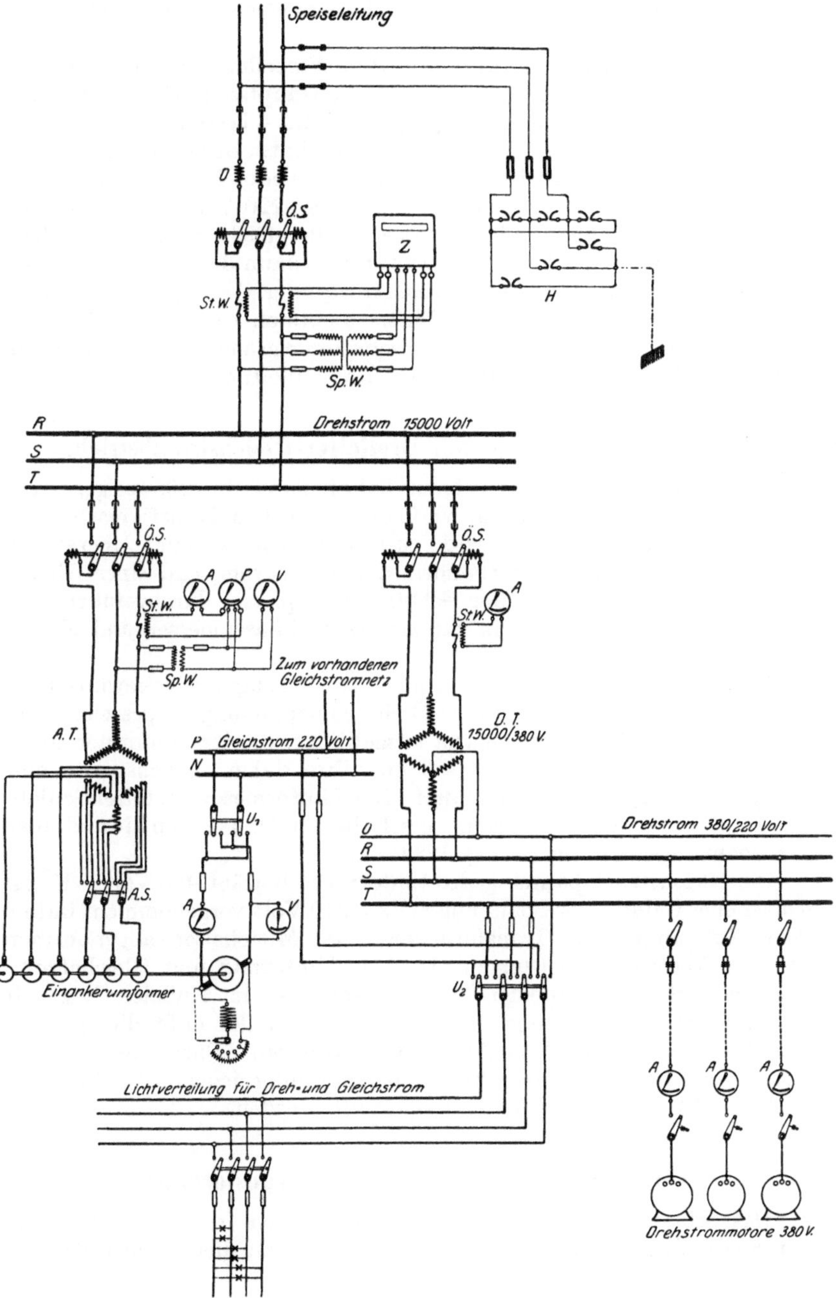

Abb. 207. Umformer- und Transformatorenanlagen mit umschaltbarem Lichtnetz.

ist der Umschalter nach rechts oder links einzulegen. Die Gleichstromspannung beträgt 220 Volt.

Ein zweiter Anschluß führt von den Verteilungsschienen zu dem Drehstromtransformator *D. T.*, der in der Hauptsache für den Betrieb der Motore — im Schema einpolig[1]) dargestellt — bestimmt ist und eine verkettete Sekundärspannung von 380 Volt hat. Doch ist vom Transformator auch der Nulleiter abgenommen, wodurch man eine zweite Drehstromniederspannung erhält, nämlich 220 Volt zwischen den Hauptleitern und dem Nulleiter. Das ist die gleiche Spannung, welche die Gleichstromanlage hat. Die Lichtanlage kann daher über den Umschalter U_2 nach Belieben mit Gleichstrom oder Wechselstrom gespeist werden. Beim Betrieb mit Gleichstrom bilden die drei Drehstromhauptleitungen, die durch den Umschalter zusammengefaßt werden, den einen Pol, als zweiter Pol dient die Nulleitung.

130. Umformeranlage mit Dreileiter-Gleichstrombetrieb.

In der Umformeranlage, deren Schaltplan Abb. 208 zeigt, steht Drehstrom von 15 000 Volt zur Verfügung, der dem Transformator über einen Ölschalter zugeführt wird. Mit dem Schalter sind Überstrom- und Nullspannungsrelais verbunden, der Hilfsstrom wird einer Gleichstromquelle entnommen. Der Schutz ist allphasig durchgeführt. An Meßinstrumenten sind je ein Strommesser, Phasenmesser und Zähler vorhanden.

Der Transformator *A. T.*, in dem die zur Erzeugung der gewünschten Gleichstromspannung notwendige Drehstromspannung hergestellt wird, ist wieder als Anlaßtransformator ausgebildet, da der Umformer drehstromseitig angelassen werden soll und ihm daher zunächst nur eine Teilspannung zugeführt werden darf. Der Umformer besitzt drei Schleifringe. Die vor die Schleifringe geschalteten Drosselspulen dienen zur Spannungsregelung (vgl. § 128a).

Die Gleichstromspannung des Umformers beträgt 480 Volt. Es ist jedoch eine Teilung der Spannung auf 2 × 240 Volt vorgenommen, indem vom Nullpunkt des Transformators ein Mittelleiter abgenommen ist. Die Verbindungsleitungen zwischen Umformer und Gleichstromschienen enthalten einpolige Überstromschalter, im Nulleiter liegt ein gewöhnlicher Handschalter. Der Gleichstromzähler mißt die gesamte vom Umformer abgegebene Arbeit (vgl. Abb. 56). Durch weitere Meßinstrumente können Stromstärke und Spannung jeder Netzhälfte wie auch die Außenleiterspannung festgestellt werden.

131. Umformeranlage mit Drehtransformator.

Das Schaltbild eines großen Umformers, der im Elektrizitätswerk der Stadt Magdeburg aufgestellt ist und dazu dient, einen Teil des

---

[1]) Die Phasenzahl ist bei den Sicherungen und Schalterauslösungen durch eine entsprechende Zahl kleiner Querstriche angedeutet.

im Werk erzeugten Hochspannungsdrehstroms in Gleichstrom für den Betrieb der elektrischen Straßenbahn umzuwandeln, zeigt Abb. 209.

Der Umformer besitzt sechs Schleifringe. Der Drehstrom hat eine Spannung von 3000 Volt, wird aber im vorgeschalteten Transformator,

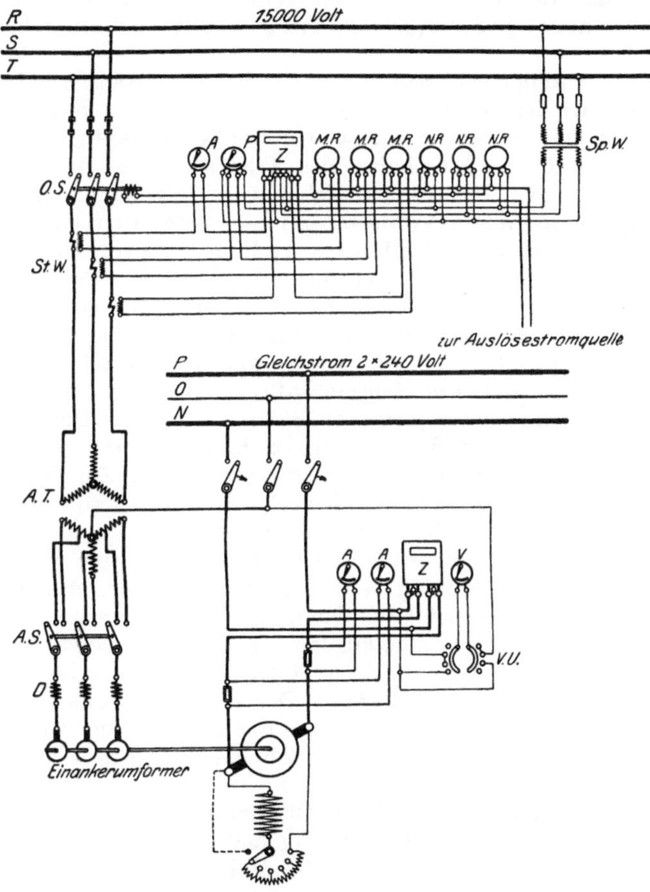

Abb. 208. Umformeranlage mit Dreileiter-Gleichstrombetrieb.

dem Leistungstransformator, so weit herabgesetzt (auf 367 Volt), daß der vom Umformer gelieferte Gleichstrom die für den Betrieb der Bahn erforderliche Spannung von 550 Volt hat. Die Regelung der Gleichstromspannung geschieht mittelst eines Drehtransformators. Zum Anlassen des Umformers dient ein Anwurfmotor. Zuführungsleitung und Hauptverbindungsleitungen sind mit Rücksicht auf die verhältnismäßig großen Entfernungen zwischen Drehstrom- und Umformerwerk als Kabel verlegt, im Schema jedoch, abgesehen von der

Verbindung zwischen Transformator und Umformer, als Einzelleitung gezeichnet.

Im einzelnen ist folgendes zu bemerken. Der vom Drehstromwerk gelieferte Strom wird den Schienen *R*, *S*, *T* der Umformeranlage über den Hauptölschalter zugeführt, mit dem zwei über Stromwandler angeschlossene Überstromrelais in Verbindung stehen. An Meßinstrumenten sind lediglich ein Amperemeter und ein Zähler vorhanden.

An die Sammelschienen ist der Leistungstransformator angeschlossen, wiederum über einen Ölschalter. Dieser besitzt jedoch keine selbsttätige Ausschaltung, ist aber für Fernsteuerung eingerichtet (s. § 10), so daß das Einschalten des Transformators und damit des Umformers von der Hauptschalttafel aus erfolgen kann. Zum Spannungsvergleich kann ein Voltmeter mittels eines Umschalters einerseits an die Spannung des Umformers, andererseits an die von den Drehstromgeneratoren gelieferte Spannung gelegt werden. Der Phasenvergleich erfolgt durch einen Synchronismusanzeiger, der an die gleichen Spannungen angeschlossen ist. Ein Phasenmesser gibt über den Leistungsfaktor Aufschluß, dessen Größe von der Einstellung der Erregung des Umformers am Nebenschlußregler abhängt.

Der Transformator ist primär in Stern geschaltet. Die offene Sekundärwicklung ist mit dem Umformer bzw. dem schon erwähnten Drehtransformator nach Art der Abb. 206 verbunden. Zur Bewältigung der großen Stromstärke, die durch die verhältnismäßig geringe Spannung bedingt ist, sind je drei Kabel parallel geschaltet.

Der zum Anwerfen dienende Drehstrom-Induktionsmotor wird unmittelbar mit Hochspannung betrieben und ist daher, ebenfalls über einen Ölschalter, an die 3000 Volt-Sammelschienen angeschlossen. Auch dieser Schalter besitzt Fernbetätigung. Ein Amperemeter gibt einen Anhaltspunkt für die Belastung des Motors. Gegen Überlastung ist er durch Schmelzsicherungen geschützt. Der Flüssigkeitsanlasser des Motors dient gleichzeitig zum Einregulieren der Drehzahl und wird mittels eines kleinen Gleichstrommotors (im Schema nicht eingezeichnet) von der Schalttafel aus gesteuert.

Alle in der Anlage vorhandenen Ölschalter sind mit Signallampen ausgestattet, durch welche das ordnungsmäßige Ein- und Ausschalten gemeldet wird. Als Hilfsstrom für die Relais und die Fernschaltung steht Gleichstrom mit einer Spannung von 80 Volt aus einer Akkumulatorenbatterie an den Schienen *P* und *N* zur Verfügung. Auch der Motor zur Bedienung des Flüssigkeitsanlassers sowie ein motorischer Antrieb des Nebenschlußreglers für den Umformer (im Schema ebenfalls nicht angegeben) werden von diesen Schienen gespeist.

Auf der Gleichstromseite des Umformers ist der negative Pol der Anlage geerdet. (Schienen der Bahnanlage.) Die Hauptschalter beider Pole besitzen Überstrom- und Rückstromauslösung. Auch enthält der positive Pol einen Trennschalter. Spannungs- und Strommesser vervollständigen die Gleichstromausrüstung.

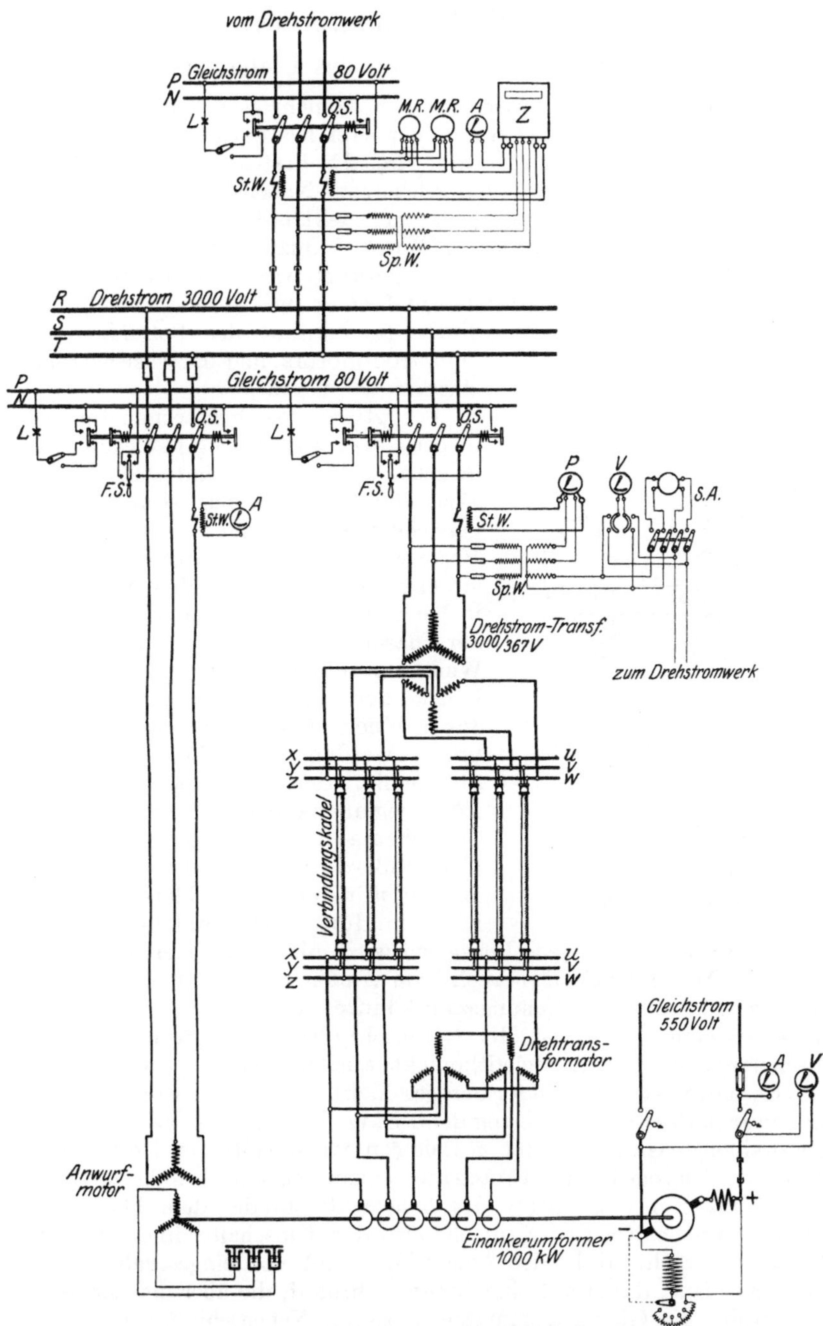

Abb. 209. Drehstrom-Gleichstrom-Umformer im Elektrizitätswerk Magdeburg.

D. Der Kaskadenumformer.

132. Bauart und Schaltung des Umformers.

Eine Mittelstellung zwischen dem synchronen Motorgenerator und dem Einankerumformer nimmt der von Bragstad und La Cour angegebene Kaskadenumformer ein. Er besteht aus einem Drehstrom-Induktionsmotor und einer Gleichstrom-Nebenschlußmaschine, die mechanisch miteinander gekuppelt und elektrisch in der Weise verbunden sind, daß der im Läufer des Motors induzierte Strom der Ankerwicklung der Gleichstrommaschine zugeführt wird. Die Umdrehungszahl, auf welche sich der Kaskadenumformer im Betriebe einstellt, ist durch die Summe der Polzahlen des Drehstrommotors und der Gleichstrommaschine bestimmt.

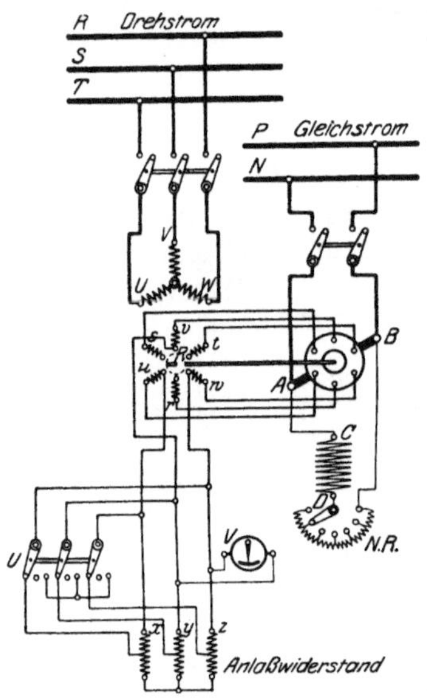

Abb. 210. Kaskadenumformer.

Der Läufer des Drehstrommotors ist in der Regel zwölfphasig gewickelt. Im Schema, Abb. 210, sind jedoch der Deutlichkeit wegen nur sechs Phasen gezeichnet. Ein Ende r, u, s . . jeder Phase ist mit der Wicklung des Gleichstromankers fest verbunden, und zwar in Punkten, die um einen der Versetzung der Phasen des Läufers entsprechenden Winkel auseinanderliegen. Die freien Enden der Phasen können sämtlich durch einen Kurzschlußring R überbrückt werden und bilden dann den Sternpunkt der Wicklung. Drei um 120° gegeneinander versetzte Phasen (im Schema die Phasen u, v, w) stehen aber außerdem über Schleifringe und Bürsten mit dem Anlaßwiderstand x, y, z in Verbindung. Der Anlaßwiderstand hat nur zwei Stufen für jede Phase und wird mittels des Umschalters U bedient. Da der Umformer auch beim Anlassen nicht ohne Erregung laufen darf — seine Umdrehungszahl könnte sich sonst in unzulässiger Weise steigern —, so ist der Nebenschlußregler $N. R.$ der Gleichstrommaschine ohne Ausschaltkontakt auszuführen.

Das Anlassen des Umformers geschieht von der Drehstromseite aus, und zwar nach einer Anweisung der S. S. W. in folgender Weise. Sobald der dreipolige Hauptschalter geschlossen wird, läuft der Motor asynchron an. Hierbei ist der Umschalter U zunächst nach links zu legen, so daß also nur eine Stufe des Anlaßwiderstandes dem Läufer des Motors vorgeschaltet ist. Nunmehr wird der Umschalter in die mittlere Stellung gebracht, d. h. der Anlaßwiderstand voll eingeschaltet. Der Umformer läuft dabei auf eine Drehzahl hinauf, die über der normalen liegt, wobei die Gleichstrommaschine, deren Nebenschlußregler vorher auf eine an ihm kenntlich gemachte „Synchronisiermarke“ einzustellen ist, sich erregt. Mit Eintritt der Selbsterregung fällt die Drehzahl wieder, und sie nähert sich dem Synchronismus. Der Zeiger des an zwei der Schleifringe des Drehstrommotors gelegten, zweiseitig ausschlagenden Spannungsmessers V, der zunächst starke Schwingungen ausführte, verlangsamt seine Pendelungen mehr und mehr. Schwingt er nur noch ganz langsam, so wird in dem Augenblicke, in welchem er durch den Nullpunkt der Skala geht, der Anlaßwiderstand kurzgeschlossen, indem der Umschalter nach rechts gelegt wird. Nunmehr läuft der Umformer synchron weiter. Mittels eines Hebels werden sodann durch den schon erwähnten Kurzschlußring die freien Enden sämtlicher Phasen des Läufers miteinander verbunden und gleichzeitig die Bürsten abgehoben. Nachdem noch die Gleichstromspannung am Nebenschlußregler auf den richtigen Wert eingestellt ist, wird schließlich der Umformer auf das Gleichstromnetz geschaltet und zur Stromlieferung an dieses herangezogen.

Eine Regelung der Gleichstromspannung in engen Grenzen ist beim Kaskadenumformer durch Einstellung des Nebenschlußreglers in derselben Weise möglich wie beim Einankerumformer, dem Drosselspulen vorgeschaltet sind (s. § 128a). Der Induktionsmotor vertritt gewissermaßen die Stelle der Drosselspulen.

In dem Kaskadenumformer wird nur ein Teil der dem Wechselstrommotor zugeführten Leistung zum mechanischen Antrieb der Gleichstrommaschine, nach Art eines Motorgenerators, benutzt, der übrige Teil tritt unmittelbar als Wechselstrom in die Gleichstrommaschine über und wird in dieser wie in einem Einankerumformer in Gleichstrom verwandelt. Der Kaskadenumformer zeichnet sich daher dem Motorgenerator gegenüber durch geringeren Raumbedarf und höheren Wirkungsgrad aus. Er kann unmittelbar an Hochspannung angeschlossen werden, ein Transformator, wie beim Einankerumformer, ist also im allgemeinen nicht erforderlich. Wegen der in einer Anlage mit Kaskadenumformer notwendigen Apparate und Meßinstrumente kann auf Abb. 193 und 194 verwiesen werden.

E. Der Quecksilberdampfgleichrichter.

133. Gleichrichter für Einphasenstrom.

An Stelle von Maschinen zur Umwandlung von Wechselstrom in Gleichstrom können auch Gleichrichter verwendet werden. Eine große Verbreitung hat namentlich der Quecksilberdampfgleichrichter gefunden. Die Umsetzung des Wechselstroms in Gleichstrom erfolgt in ihm, wie beim Einankerumformer, nach einem bestimmten Spannungsverhältnis. Die für die gewünschte Gleichstromspannung erforderliche Wechselspannung wird mittels eines Einphasentransformators $E. T.$, Abb. 211, hergestellt, der dem Gleichrichter vorgeschaltet ist und in Sparschaltung ausgeführt sein kann. Der eigentliche Gleichrichter besteht bei kleineren Leistungen aus einem luftleer gepumpten Glaskolben G. Der transformierte Wechselstrom wird den aus Eisen oder Graphit hergestellten und in seitlichen Armen des Kolbens untergebrachten Anoden A_1 und A_2 des Gleichrichters zugeführt. Der Gleichstrom wird an der aus Quecksilber bestehenden Kathode K und dem Mittelpunkt O der Transformatorwicklung abgenommen. Erstere bedeutet für den Gleichstrom den positiven, letzterer den negativen Pol. Die Gleichrichterwirkung erfolgt unter Lichtbogenbildung im Glaskolben, indem der Strom nur in bestimmter Richtung — von den Anoden A zur Kathode K — hindurchgelassen wird. H ist eine Hilfselektrode aus Quecksilber, welche über den Widerstand W mit einer der Anoden verbunden ist und durch Kippen des Kolbens mit dem Quecksilber der Kathode in Verbindung gebracht werden kann. Durch Zurückkippen wird die Zündung bewirkt, der Gleichrichter angelassen. Die Drosselspule D dient dazu, die Schwankungen in der Stärke des Gleichstroms mehr oder weniger auszugleichen.

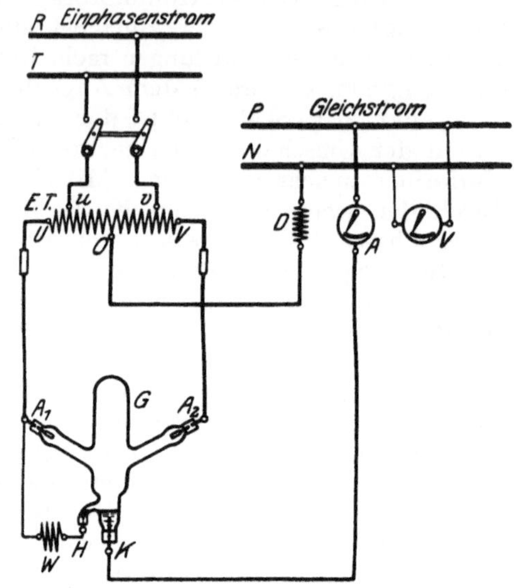

Abb. 211. Einphasengleichrichter.

134. Gleichrichter für Drehstrom.

Um Drehstrom in Gleichstrom überzuführen, ist der Glaskolben des Gleichrichters mit drei Anoden und demgemäß drei Armen auszustatten. In Abb. 212 ist der Schaltplan einer Drehstrom-Gleichrichteranlage, nach einer Ausführung der Gleichrichter-Gesellschaft m. b. H., Berlin, niedergelegt. Der umzuformende Strom wird dem in Stern geschalteten Drehstrom-Spartransformator $D. T.$ zugeführt. Um die Gleichstromspannung regeln zu können, ist die Sekundärspannung des Transformators innerhalb gewisser Grenzen veränderlich; sie kann, gleichzeitig in den drei Phasen, mittels einer Regulierkurbel eingestellt werden. Der transformierte Strom wird über Drosselspulen D den Anoden A_1, A_2, A_3 des Gleichrichters zugeführt. Das Gleichstromnetz ist an die Kathode K des Gleichrichters angeschlossen, die den positiven Pol bildet, und an den Verkettungspunkt O des Transformators, den negativen Pol. Das Anlassen des Gleichrichters geschieht wieder durch Kippen und Rückkippen des Kolbens, wobei der Druckschalter D niederzudrücken ist.

Ein Nachteil der meisten Gleichrichter älterer Art, der darin besteht, daß bei zu geringer Stromentnahme die Lichtbogenbildung und damit der Betrieb des Apparates nicht mehr aufrecht erhalten bleibt, ist bei der vorliegenden Bauweise dadurch vermieden, daß der Gleichrichter mit „Hilfserregung" ausgestattet ist. Es sind in dem Glasgefäß noch zwei kleine Erregeranoden a_1 und a_2 eingeschmolzen, welche unter Zwischenschaltung der Drosselspulen *d* von einer Hilfswicklung *u v* gespeist werden. Diese ist über eine Phase des Transformators gelegt und ihr Mittelpunkt *o* ist an die Gleichrichterkathode angeschlossen.

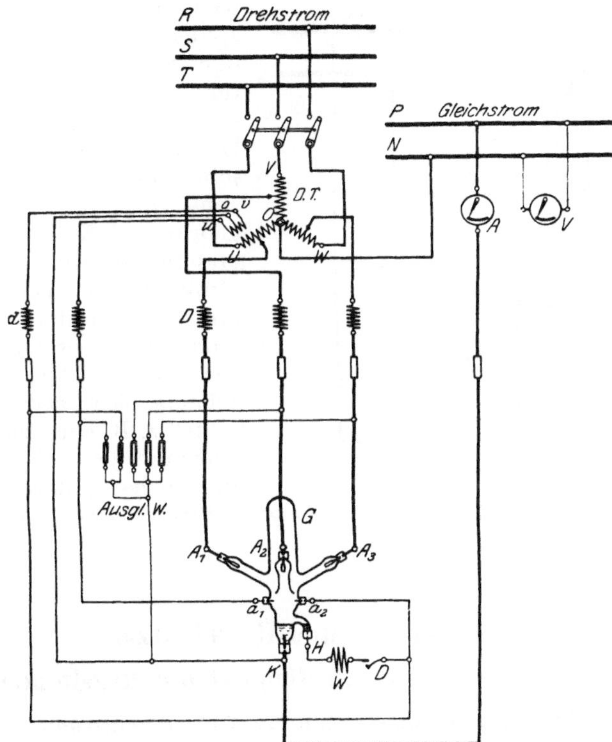

Abb. 212. Drehstromgleichrichter mit Hilfserregung.

So stellt die Hilfswicklung mit den beiden Erregeranoden gewissermaßen einen besonderen kleinen Einphasengleichrichter dar.

Die aus Silit bestehenden, zwischen den Anoden und der Kathode befindlichen hochohmigen Ausgleichswiderstände sollen bei etwa auftretenden Überspannungen ein Überschlagen von Anode zu Anode verhindern.

135. Großgleichrichter für Drehstrom.

Bei Quecksilberdampfgleichrichtern größerer Leistung wird statt des Glaskolbens ein gut abgedichteter eiserner Zylinder verwendet. Die allgemeine Schaltung eines Drehstrom-Großgleichrichters dieser

Art zeigt Abb. 213. Die zum Betrieb des Gleichrichters erforderliche Drehstromspannung wird wieder in einem Transformator hergestellt. Derselbe ist primär in Dreieck geschaltet. Sekundär sind die drei Phasen in ihrem Mittelpunkt verkettet. Die Enden jeder Phase der Sekundärwicklung stehen über Drosselspulen D mit gegenüberliegenden Anoden A des Gleichrichters, deren Zahl demgemäß sechs beträgt, in Verbindung. Der Gleichstrom wird einerseits von der in der Mittelachse des Gleichrichters angeordneten Kathode K und andererseits von dem Mittelpunkt O der Sekundärwicklung des Transformators entnommen. Nebeneinrichtungen des Gleichrichters sind im Schema nicht berücksichtigt. So ist z. B. eine zur Herbeiführung der Zündung erforderliche Hilfsanode, die durch eine magnetische Vorrichtung betätigt wird, nicht angegeben.

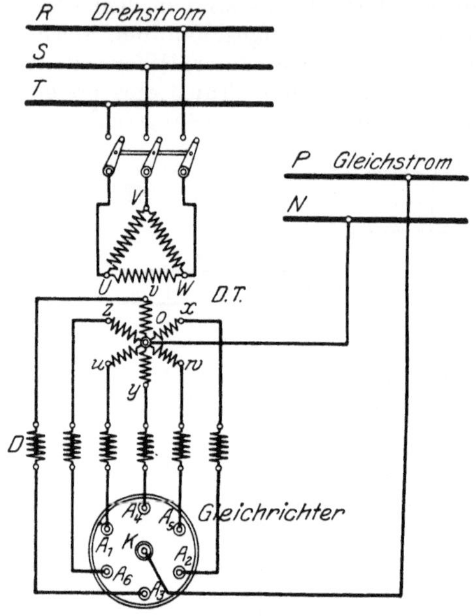

Abb. 213. Drehstrom-Großgleichrichter.

X. Anlaß- und Regelsätze.

A. Maschinensätze mit Gleichstrom-Regelmotor.

136. Die Leonardschaltung für Gleichstrom.

Für Antriebe, bei denen ein häufiges An- und Abstellen des Motors, ein oftmaliges Umkehren der Drehrichtung oder eine Geschwindigkeitsregelung in weiten Grenzen vorzunehmen ist, hat sich eine von Leonard angegebene Anordnung sehr bewährt. Ihr Schema zeigt Abb. 214[1]). Der über einen Anlasser an das Netz angeschlossene Gleichstrommotor $G. M.$, ein Nebenschlußmotor, treibt, in direkter Kupplung, die Steuerdynamo $St. D.$ an, eine Gleichstromdynamo, die vom Netz erregt wird. (Die Erregerschienen p und n stehen mit den Hauptschienen P und N in Verbindung.) Ihre Spannung ist völlig unabhängig von der Netzspannung und kann mittels des

[1]) Für die Darstellung der Anlaß- und Regulierwiderstände ist im vorliegenden Kapitel vorwiegend eine vereinfachte Darstellung gewählt worden. Sie sind unter Fortlassung der Kontaktbahn durch eine gebogene, nach dem Kurzschlußkontakt zu stärker werdende Linie angegeben.

Magnetreglers *M. R.* zwischen Null und dem normalen Wert geregelt werden, ihre Polarität läßt sich durch den Umschalter *U* beliebig ändern. Der von der Steuerdynamo gelieferte Strom wird dem Anker des Regelmotors *M* zugeführt, dessen Erregung mit gleichbleibender Stärke wieder vom Netz erfolgt. Der aus dem vom Netz gespeisten Gleichstrommotor und der Steuerdynamo bestehende Motorgenerator wird als Leonardumformer bezeichnet.

Das Anlassen und Regeln des Motors *M* geschieht nun ausschließlich durch Spannungsregulierung der Steuerdynamo. Je nach deren Spannung stellt sich die Umdrehungszahl des Motors ein, sie kann von Null bis zum Höchstwert gesteigert und wieder auf Null zurückgeführt werden. Seine Drehrichtung hängt von der Polarität der Steuerdynamo ab. Magnetregler und Umschalter der Steuerdynamo werden in der praktischen Ausführung so zu einem Steuerapparat zusammengefaßt, daß das Umschalten nur bei ausgeschaltetem Magnetstrom erfolgen kann (vgl. Abb. 218).

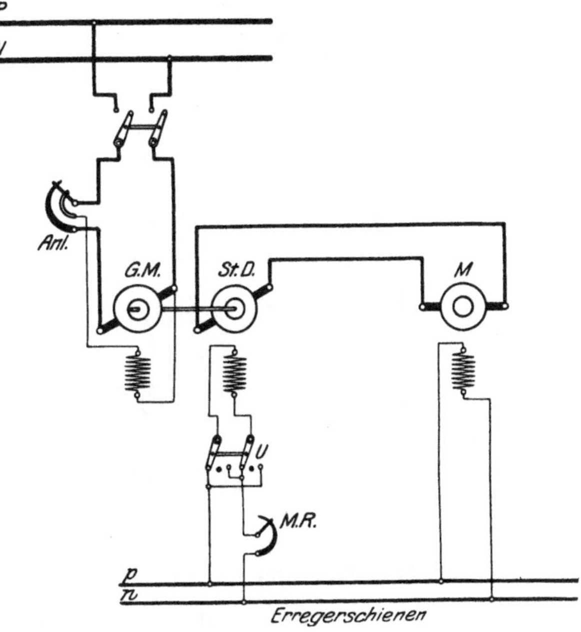

Abb. 214. Die Leonardschaltung in Verbindung mit einem Gleichstromnetz.

Die wichtigste Anwendung findet die Leonardschaltung für den Betrieb von Förderanlagen, Walzenstraßen und Kranen, ferner wird sie auch beim Antrieb von Papiermaschinen, Hobelmaschinen usw. vielfach angewendet.

137. Die Leonardschaltung für Drehstrom.

Abb. 215 gibt das Schema der Leonardschaltung wieder, unter der Annahme, daß vom Netz aus nur Drehstrom zur Verfügung steht. In diesem Falle muß eine Umformung in Gleichstrom vorgenommen werden. Für die Antriebsseite des Leonardumformers wird ein Drehstrom-Induktionsmotor *D. M.* gewählt, mit dem die als Steuerdynamo dienende Gleichstrommaschine gekuppelt ist. Diese arbeitet, wie im vorigen Paragraphen ausgeführt wurde, auf den Anker des Regelmotors. Um den für die Erregung der Gleichstrommaschinen erforderlichen Strom zu beschaffen, ist mit dem Leonardumformer noch eine Erregermaschine *E. M.* verbunden, eine kleine Nebenschlußmaschine, welche die Schienen *p* und *n* speist, und deren Spannung mittels des Nebenschlußreglers *N. R.* auf den gewünschten Wert einreguliert werden kann.

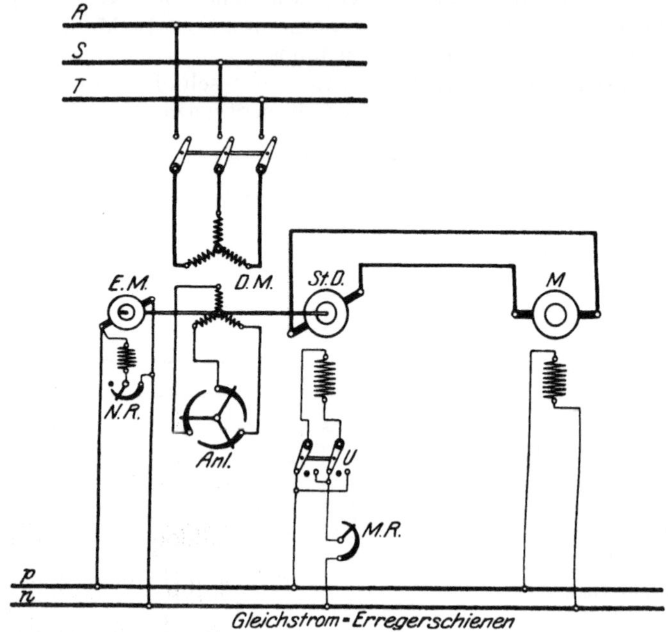

Abb. 215. Die Leonardschaltung in Verbindung mit einem Drehstromnetz.

138. Die Zu- und Gegenschaltung für Gleichstrom.

Der gleiche Erfolg wie mit der Leonardschaltung läßt sich mit dem im Schema Abb. 216 angegebenen Verfahren der Zu- und Gegenschaltung erzielen. Die Steuerdynamo *St. D.* ist in diesem Falle für die Spannung des Gleichstromnetzes gewickelt. Sie arbeitet jedoch nicht unmittelbar auf den Regelmotor *M*, sondern über das Netz. Der Regelmotor ist für die doppelte Netzspannung gebaut. Die Steuerdynamo ist, wie beim Leonardumformer, mit dem sie antreibenden, vom Netz gespeisten Gleichstrommotor *G. M.* unmittelbar gekuppelt.

Beim Anlassen des Motors *M* wird die Spannung der Steuerdynamo zunächst gleich der Netzspannung, aber ihr entgegengerichtet eingestellt, so daß der Motor keine Spannung empfängt. Wird jetzt die Spannung der Steuerdynamo allmählich vermindert, so gelangt der Motor *M* in Drehung, und er stellt sich jeweils auf eine Drehzahl ein, die dem Unterschiede zwischen der Spannung des Netzes und derjenigen der Steuerdynamo entspricht. Ist letztere null geworden, so liegt der Motor an der Netzspannung, seine Drehzahl beträgt die Hälfte der normalen. Wird nunmehr der Erregerstrom der

Steuerdynamo gewendet, wodurch ihre Spannung den gleichen Sinn wie die Netzspannung annimmt, so setzen sich Netz- und Steuerdynamospannung zusammen, und es kann dem Motor M eine Spannung bis zum doppelten Betrage der Netzspannung zugeführt werden, die Drehzahl

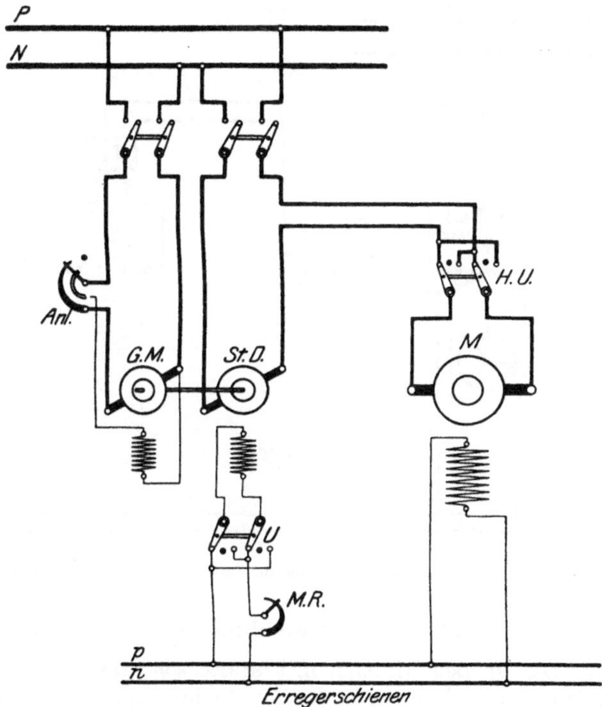

Abb. 216. Verfahren der Zu- und Gegenschaltung in Verbindung mit einem Gleichstromnetz.

des Motors steigt dementsprechend. Eine Umkehr der Drehrichtung des Regelmotors kann bei dieser Anordnung nur durch einen vor seinen Anker gelegten Umschalter, den Hauptumschalter $H. U.$ vorgenommen werden. Magnetregler $M. R.$ und Umschalter U der Steuerdynamo bilden zusammen mit dem Hauptumschalter den Steuerapparat.

Der Umformersatz ist bei dem vorstehend geschilderten Regelverfahren nur für eine Leistung gleich der Hälfte der eines Leonardumformers zu bemessen.

139. Die Zu- und Gegenschaltung für Drehstrom.

In Abb. 217 ist das vorige Schema auf die Verhältnisse eines Drehstromnetzes übertragen. Dem Umformersatz, dessen Antriebsseite ein Drehstrom-Induktionsmotor $D. M.$ bildet, ist noch eine besondere Gleichstrom-Nebenschlußdynamo $G. D.$ hinzugefügt. Ihre Spannung tritt an die Stelle der Spannung des Gleichstromnetzes der Abb. 216, und es sind an sie auch die Erregerschienen p und n angeschlossen, denen der Magnetstrom für die Steuerdynamo und den Regelmotor entnommen wird.

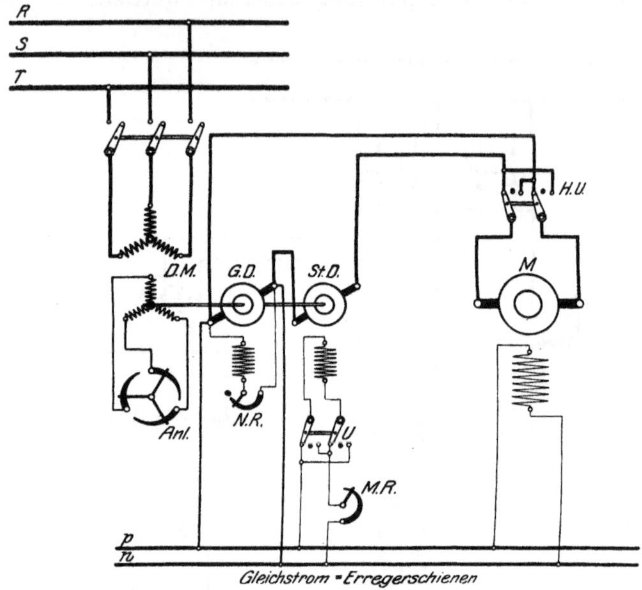

Abb. 217. Verfahren der Zu- und Gegenschaltung in Verbindung mit einem Drehstromnetz.

140. Die Ilgnerschaltung.

Will man bei großen Motoren mit stark schwankender Belastung Stromstöße im Netz wie auch in der Zentrale vermeiden, so muß ein Belastungsausgleich vorgenommen werden. Dies kann z. B. durch Einbau einer Pufferbatterie geschehen (vgl. § 43). Bei dem Verfahren von Ilgner, welches namentlich bei Fördermaschinen und Walzenzugmotoren viel benutzt wird, erfolgt der Ausgleich unter Anwendung der Leonardschaltung mittels eines Schwungrades, das mit dem die Steuerdynamo enthaltenden Umformer gekuppelt ist: Ilgnerumformer.

In Abb. 218 ist das allgemeine Schaltbild einer derartigen Anlage in Verbindung mit einem Hochspannungs-Drehstromnetz wiedergegeben. Es entspricht der Abb. 215, nur sind Magnetregler und Umschalter der Steuerdynamo zu einem Steuerapparat *St. A.* vereinigt. Ferner ist mit dem vom Netz gespeisten Drehstrommotor *D. M.* eine selbsttätige Schlüpfungsreglung verbunden. Wenn die Stromaufnahme des Motors einen mittleren Wert überschreitet, so wird seinem Läufer Widerstand vorgeschaltet. Die Drehzahl des Umformers und somit auch des Schwungrades *S* wird also herabgesetzt, und letzteres greift in die Energielieferung ein, indem es die in ihm aufgespeicherte Arbeit frei gibt. Umgekehrt tritt bei geringer Stromaufnahme des Motors eine

Steigerung seiner Drehzahl ein, das Schwungrad wird beschleunigt und wieder zur Energieaufnahme befähigt. Während der Zeiträume, in denen der Leistungsbedarf des Regelmotors *M* klein ist, nimmt das Schwungrad also Energie auf, um sie zu Zeiten großen Bedarfs wieder herauszugeben.

Der Schlupfwiderstand *S.W.*, gleichzeitig als Anlaßwiderstand dienend, wird durch ein sog. Stromrelais beeinflußt: ein kleiner als Induktionsmotor gebauter Antriebsmotor *A.M.* ist an einen in den Zuführungsleitungen zum Dreh-

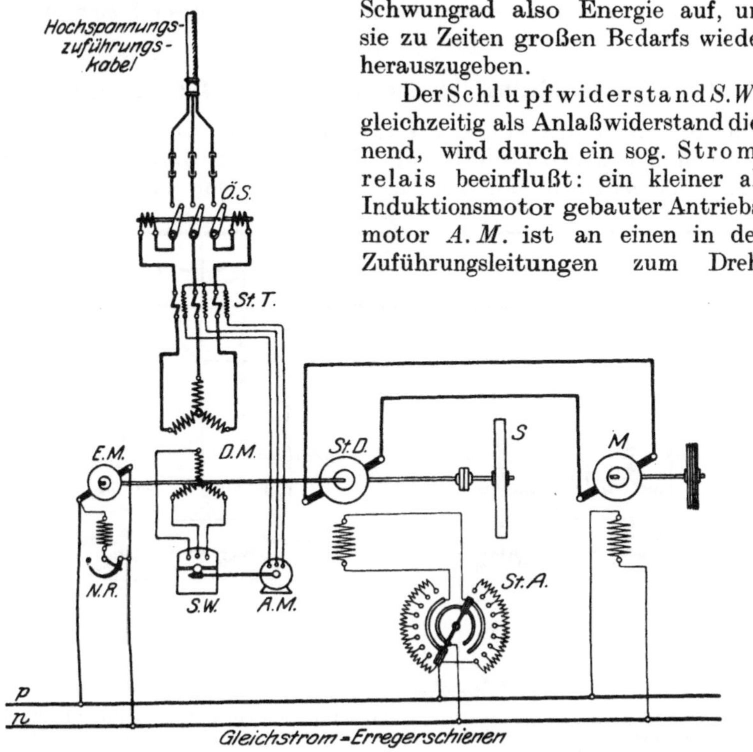

Abb. 218. Ilgnerschaltung.

strommotor des Umformers liegenden, nach Art eines Stromwandlers größerer Leistung gebauten Stromtransformators *St. T.* angeschlossen und besorgt selbsttätig die Einschaltung des Schlupfwiderstandes nach Maßgabe der in den Zuführungsleitungen herrschenden Stromstärke.

B. Regelsätze für Drehstrom.

141. Die Kaskadenschaltung im allgemeinen.

Die Drehzahl eines Drehstrom-Induktionsmotors mit Schleifringläufer kann nach § 99 reguliert werden, indem dem Läufer Widerstände vorgeschaltet werden. Das Verfahren ist aber, namentlich bei weiterem Regelbereich, mit einem erheblichen Energieverlust verbunden. Dieser Übelstand wird vermieden bei der Kaskadenschaltung, die besonders für große Leistungen in Betracht kommt. Bei ihr wird die im Läufer des Motors infolge Herabsetzung der Geschwindigkeit freiwerdende Energie, anstatt sie zu vernichten, in einem zweiten Motor, der mit dem ersten gekuppelt ist, in Form von mechanischer Arbeit wieder nutzbar gemacht. Die Kaskadenschaltung ist also gekennzeichnet durch die mechanische Kupplung und die elektrische Verbindung zweier Maschinen. Nachstehend sind eine Anzahl Kaskadenschaltungen angegeben.

142. Kaskadenschaltung zweier Drehstrom - Induktionsmotoren.

Bei der ältesten, von Görges und gleichzeitig von Steinmetz angegebenen Kaskadenschaltung wird die vom Läufer des Induktionsmotors gelieferte Energie einem zweiten, mit ihm gekuppelten

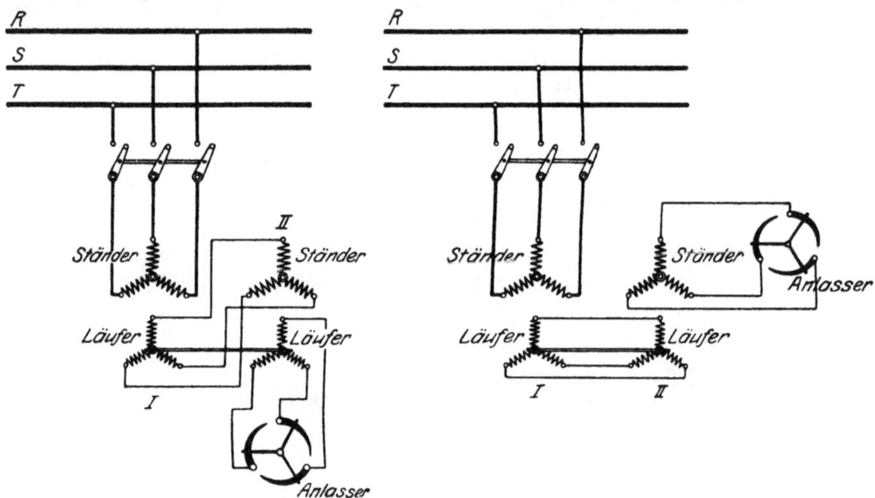

Abb. 219. Kaskadenschaltung zweier Induktionsmotoren (Läufer auf Ständer geschaltet).

Abb. 220. Kaskadenschaltung zweier Induktionsmotoren (Läufer auf Läufer geschaltet).

Induktionsmotor zugeführt, der sie in mechanische Arbeit umwandelt, die für den Antrieb der gemeinsamen Welle verwertet wird. Die Drehzahl, auf welche sich die aus den beiden Motoren gebildete Kaskade einstellt, entspricht der Summe der Polzahlen beider Maschinen; sie beträgt also z. B. die Hälfte der jeder einzelnen Maschine, wenn die Polzahlen gleich sind.

Die Einrichtung kann so getroffen werden, daß der Läufer von Motor I auf den Ständer von II arbeitet, der Läufer von II steht mit dem gemeinsamen Anlasser in Verbindung, Abb. 219. Oder es können auch, Abb. 220, die Läufer beider Motoren aufeinander geschaltet werden, der Anlasser wird dann hinter die Ständerwicklung des zweiten Motors gelegt. Letztere Anordnung macht die Schleifringe an den Läufern überflüssig, wenn die Läuferwicklungen beider Maschinen unmittelbar miteinander verbunden werden. Durch den Fortfall der Schleifringe begibt man sich aber der Möglichkeit, jede Maschine für sich zu belasten, da die Läufer nicht einzeln kurzgeschlossen werden können. Daher zieht man am meisten Motore mit Schleifringen vor.

In Abb. 221 ist eine Kaskadenanordnung schematisch dargestellt, bei welcher sich mit demselben Anlasser zwei Geschwindigkeitsstufen einstellen lassen, indem entweder Motor I allein den Betrieb übernimmt (Umschalter U nach links) oder beide Motoren zusammen arbeiten (Umschalter nach rechts). Eine weitere Regulierstufe läßt sich, wenn zwei Maschinen mit verschiedenen Polzahlen verwendet werden, erreichen, indem auch Maschine II unmittelbar ans Netz gelegt wird. In jedem Fall ist aber nur ein sprungweises Einstellen auf einige wenige Drehzahlen möglich, nicht jedoch ein allmähliches Einregulieren auf eine beliebige Geschwindigkeit.

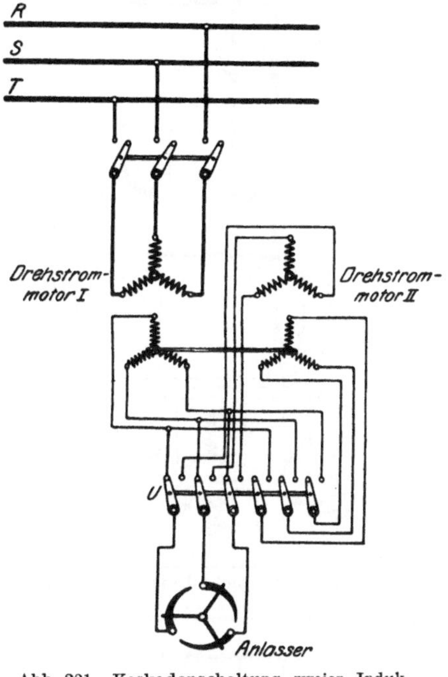

Abb. 221. Kaskadenschaltung zweier Induktionsmotoren für zwei Geschwindigkeitsstufen.

143. Drehstromkaskade mit Kollektormotor.

Eine gleichmäßige Regulierung der Geschwindigkeit eines Drehstrom-Induktionsmotors läßt sich nach Krämer erreichen, indem er mit einem Drehstrom-Kollektormotor in Kaskade geschaltet wird. Der Kollektormotor nimmt dann die Läuferenergie des Induktionsmotors auf und führt sie der gemeinsamen Welle in Form von mechanischer Arbeit wieder zu. Er ist für eine Leistung zu bemessen, die dem Grade der gewünschten Geschwindigkeitsregelung entspricht. Soll z. B. die Drehzahl um 20% der normalen herabgesetzt werden, so braucht die Leistung des Kollektormotors auch nur 20% der des Induktionsmotors zu betragen. Ist der Kollektormotor ein Hauptschlußmotor, so erhält die Kaskade auch dessen charakteristische Eigenschaften: die Drehzahl ist also in hohem Maße von der Belastung abhängig; ihre Regelung erfolgt am einfachsten durch Verstellen der Bürsten des Kollektormotors. Wird dagegen ein Nebenschlußkollektormotor verwendet, so nimmt auch die Kaskade den Charakter eines solchen an: die Drehzahl ist also von der Belastung ziemlich unabhängig; ihre Einstellung erfolgt, sofern ein Motor der A. E. G. (s. § 111, letzter Absatz) verwendet wird, durch einen Reguliertransformator.

Abb. 222 zeigt das Schaltungsschema einer Kaskade mit Nebenschlußkollektormotor. Beim Anlauf wird der Läufer des asynchronen Hauptmotors durch den Umschalter U zunächst in normaler

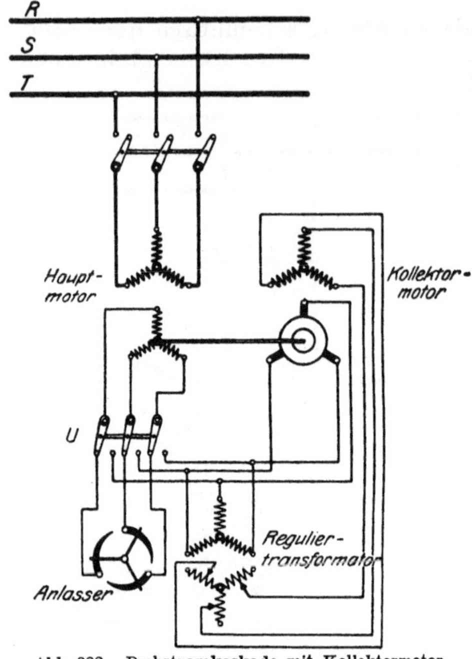

Abb. 222. Drehstromkaskade mit Kollektormotor.

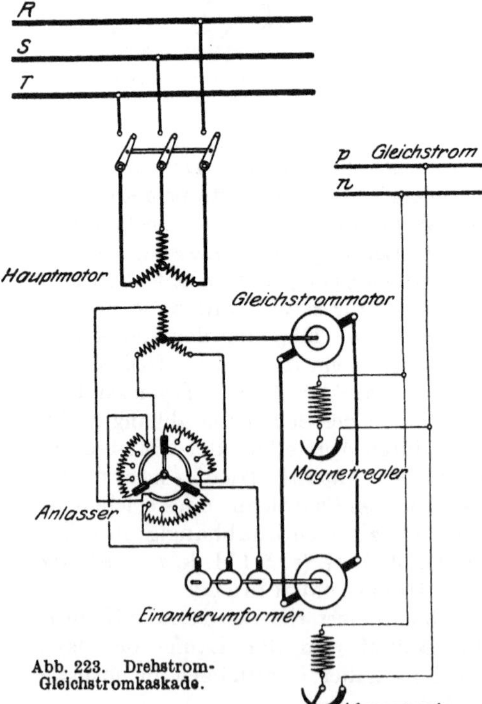

Abb. 223. Drehstrom-Gleichstromkaskade.

Weise mit dem Anlasser in Verbindung gebracht. Erst nachdem dieser kurzgeschlossen ist, wird der Läufer durch Umlegen des Schalters (von links nach rechts) auf den Kollektormotor geschaltet. Während der Läufer des letzteren unmittelbar Strom empfängt, ist der Ständer über einen Reguliertransformator angeschlossen, dessen Sekundärspannung die Drehzahl der Kaskade bestimmt. Es können also so viel Geschwindigkeitsstufen eingestellt werden, als am Transformator Regulierstufen vorgesehen sind.

144. Drehstrom-Gleichstromkaskade.

Auch ein Gleichstrommotor kann mit dem Drehstrom-Induktionsmotor zwecks Regulierung der Geschwindigkeit in Kaskade geschaltet werden. In diesem Falle ist jedoch eine Umformung der dem Läufer des Induktionsmotors entnommenen Wechselstromenergie in Gleichstrom vorzunehmen. Wie aus dem Schema Abb. 223 hervorgeht, wird daher zwischen beide Motoren ein Einankerumformer geschaltet. Eine besondere Synchronisiereinrichtung für ihn ist nicht erforderlich, da er gleichzeitig mit dem Drehstrommotor angelassen wird. Umformer und Gleichstrommotor werden von den Gleichstromschienen *p* und *n* aus erregt. Gegebenenfalls ist eine besondere Erregermaschine erforderlich. Die Geschwindigkeitsregelung wird am Magnetregler des Gleichstrommotors bewirkt. Je stärker dieser erregt wird, desto mehr sinkt seine Drehzahl und damit auch die des ganzen Maschinensatzes.

Das vorstehende Verfahren ist unabhängig voneinander von Linsemann, Krämer und Heyland angegeben worden.

145. Drehstrommotor mit getrenntem Regelsatz.

Bei den in § 142 bis 144 behandelten Schaltungen wird die bei der Regulierung des Drehstrom-Induktionsmotors verfügbar werdende

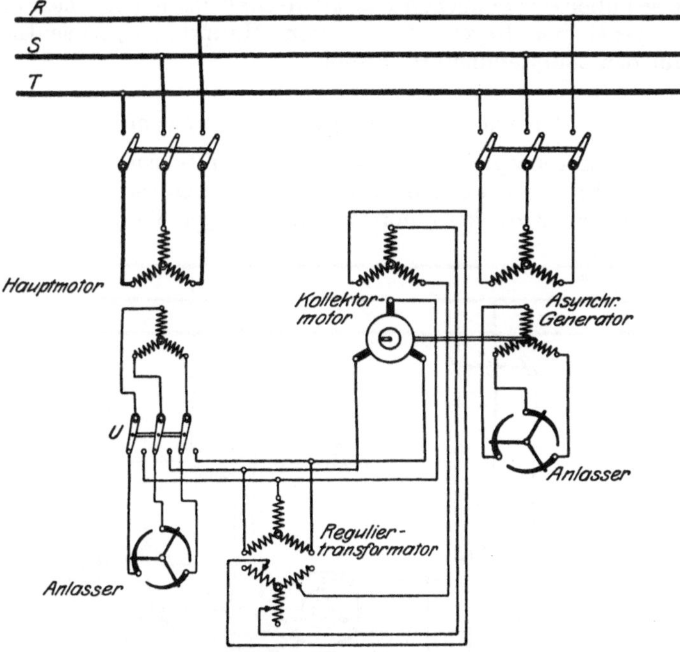

Abb. 224. Drehstrommotor mit getrenntem Regelsatz.

Läuferenergie als mechanische Arbeit verwertet. Doch kann sie auch in Form von elektrischer Arbeit nutzbar gemacht und dem Netz wieder zugeführt werden. Ein Beispiel hierfür bietet die von Scherbius angegebene, in Abb. 224 schematisch dargestellte Anordnung. Sie ist eine Weiterentwicklung der in Abb. 222 angegebenen Kaskadenschaltung. Nur ist der Drehstromkollektormotor, der den Läuferstrom des Induktionsmotors aufnimmt, mit letzterem nicht mechanisch verbunden, sondern er wird zum Antrieb eines Drehstromgenerators benutzt. Der Abbildung ist ein asynchroner Generator zugrunde gelegt worden. Ein solcher besitzt die Bauart eines gewöhnlichen Induktionsmotors und wirkt, wenn er übersynchron angetrieben wird, stromerzeugend, wobei er seine Energie an das Drehstromnetz, an das er angeschlossen ist, zurückliefert.

Beim Anlassen wird zunächst der aus Kollektormotor und Generator bestehende Umformer in Gang gesetzt, und zwar von der Drehstromseite aus. Der Generator wird also mit Hilfe des Anlassers zunächst wie ein asynchroner Induktionsmotor zum Anlauf gebracht. Darauf wird der Hauptmotor angelassen und mit dem Umschalter U auf den Kollektormotor geschaltet. Die Regelung der Umdrehungszahl geschieht mittels des Reguliertransformators in der in § 143 angegebenen Weise. Überhaupt lassen sich die dort gemachten Ausführungen sinngemäß auf den zur Erörterung stehenden Regelsatz übertragen, dessen Hauptvorteil gegenüber der einfachen Kaskadenschaltung in der Unabhängigkeit des eigentlichen Regelumformers vom Hauptmotor, namentlich in bezug auf den Aufstellungsort, besteht.

146. Drehstrommotor mit Frequenzwandler.

Um die Läuferenergie des zu regelnden Induktionsmotors dem Netz wieder zuzuführen, verwenden die S. S. W. nach einem Vorschlage von Heyland einen Einankerumformer eigenartiger Bauweise. Diesem

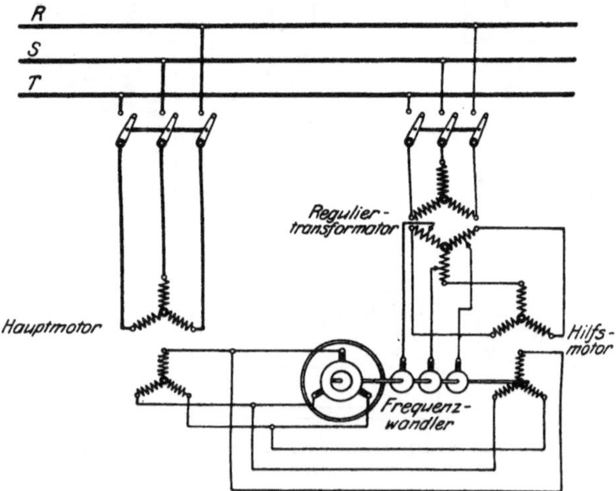

Abb. 225. Drehstrommotor mit Frequenzwandler.

fällt die Aufgabe zu, den dem Läufer des Motors entnommenen Wechselstrom geringer Frequenz in solchen von der Netzfrequenz umzuwandeln. Er wird daher Frequenzwandler genannt und besteht aus einem Gleichstromanker, der außer dem Kollektor drei Schleifringe besitzt, und einen den Anker umschließenden Ständer. Letzterer dient jedoch lediglich zum magnetischen Schluß und könnte daher theoretisch ohne Wicklung ausgeführt werden, doch wird er aus praktischen Gründen, zur Erzielung funkenfreien Laufes der Maschine, mit einer Wendewicklung und mit Wendepolen versehen.

Die Schaltung entspricht dem Schema Abb. 225. Der Läufer des Hauptmotors arbeitet auf den Kollektor des Frequenzwandlers, der demgemäß mit drei Bürstensätzen ausgestattet ist. Die Schleifringe des Wandlers stehen über einen Reguliertransformator mit dem Netz in Verbindung. Der Antrieb des Frequenzwandlers erfolgt unmittelbar von der Welle des Hauptmotors aus oder, wie im Schema angenommen ist, mittels eines kleinen Hilfsmotors, der synchron zum Hauptmotor läuft. Letzteres wird dadurch erreicht, daß Ständer und Läufer des Hilfsmotors, der wie der Hauptmotor als Induktionsmotor gebaut ist, mit der gleichen Frequenz gespeist werden, die in Ständer und Läufer des Hauptmotors wirksam sind, d. h. der Ständer mit der Netzfrequenz, der Läufer mit der Schlüpfungsfrequenz des Hauptmotors. Die Geschwindigkeitsregelung des Hauptmotors erfolgt durch Spannungsregelung am Reguliertransformator des Frequenzwandlers.

147. Doppelkurzschlußkollektormotor.

Einen Regelsatz besonderer Art stellt die Firma Brown, Boveri & Co. her, indem sie zwei Einphasen - Kurzschlußkollektormotoren (vgl. § 115) zu einem Motor mit zwei Kollektoren vereinigt. Die Stromzuführung kann über zwei Einphasentransformatoren erfolgen, die nach der Skottschen Schaltung (s. § 78) verbunden sind, so daß jeder Motor an eine Phase eines Zweiphasensystems angeschlossen wird. Die Transformatoren sind jedoch entbehrlich, wenn, wie in Abb. 226, die Ständerwicklungen beider Motoren selbst nach Skott geschaltet sind. Der Doppelkurzschlußkollektormotor hat Hauptschlußcharakter. Die Regelung der Geschwindigkeit erfolgt durch Bürstenverschiebung. Damit diese an beiden Kollektoren gleichmäßig vorgenommen werden kann, sind die Bürstenbrücken für die beweglichen Bürsten beider Motoren mechanisch miteinander verbunden.

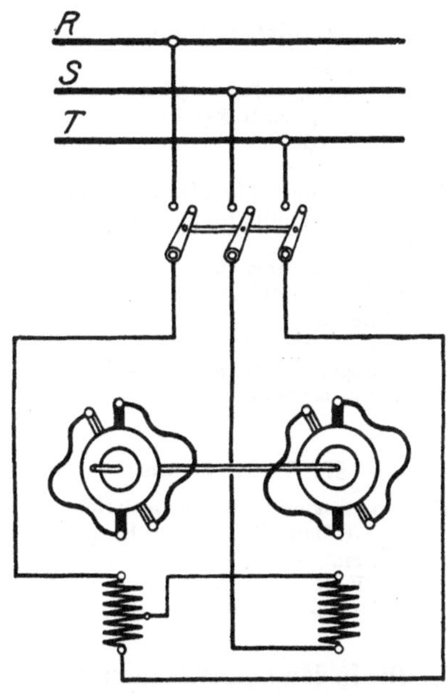

Abb. 226. Doppelkurzschlußkollektormotor.

Anhang.

A. Die wichtigsten Klemmenbezeichnungen.

Näheres s. „Normalien für die Bezeichnung von Klemmen bei Maschinen, Anlassern, Regulatoren und Transformatoren" des V. D. E.)

I. Gleichstrom.

A—B = Anker.
C—D = Nebenschlußwicklung.
E—F = Hauptschlußwicklung.
G—H = Wendepol- oder Kompensationswicklung.
J—K = fremderregte Magnetwicklung.
L = Leitung, unabhängig von der Polarität.
N—P = Zweileiternetz.
N—O—P = Dreileiternetz.
O = Nulleiter.
L, M, R = Anlasser.
s, t = Magnetregler, *q* = Ausschaltkontakt des Reglers.

II. Wechselstrom.

U—V oder *u—v* = Einphasenwicklung.
W—Z = Hilfswicklung bei Einphasenmotoren.
U—X, V—Y oder *u—x, v—y* = Zweiphasenwicklung.
U—X, V—Y, W—Z oder *u—x, v—y, w—z* = unverkettete Drehstromwicklung.
U—V—W oder *u—v—w* = verkettete Drehstromwicklung.
O oder *o* = Nullpunkt der verketteten Drehstromwicklung.
J—K = gleichstromerregte Magnetwicklung.
L = Leitung, unabhängig von der Phase.
R—T = Einphasennetz.
Q—S, R—T = Zweiphasennetz.
R—S—T = Drehstromnetz.
R—S—T—O = Drehstromnetz mit Nullleiter.
s, t = Magnetregler für Gleichstromerregung, *q* = Ausschaltkontakt des Reglers.

Die Bezeichnung der Klemmen an Anlassern von Motoren ist die gleiche wie die der Netzleitungen oder der Maschinenklemmen, mit denen sie zu verbinden sind.

B. Die in den Schaltplänen hauptsächlich verwendeten Abkürzungen.

I. Maschinen.

D = Dynamomaschine.
G = Generator.
M = Motor.
M. G. = Motorgenerator.
E. U. = Einankerumformer.
T = Transformator.

G. D. = Gleichstromdynamo.
N. D. = Nebenschlußdynamo.
D. D. = Doppelschlußdynamo.
G. M. = Gleichstrommotor.
N. M. = Nebenschlußmotor.
H. M. = Hauptschlußmotor.

E. G. = Einphasengenerator.
D. G. = Drehstromgenerator.
D. M. = Drehstrommotor.

E. T. = Einphasentransformator.
D. T. = Drehstromtransformator.
A. T. = Anlaßtransformator.

E. M. = Erregermaschine.

M. R. = Magnetregler.
N. R. = Nebenschlußregler.

II. Meß- und Prüfinstrumente.

A = Strommesser, Amperemeter.
V = Spannungsmesser, Voltmeter.
W = Leistungsmesser, Wattmeter.
P = Phasenmesser.
F = Frequenzmesser.
D. F. = Doppelfrequenzmesser.

Z = Zähler.
R. A. = registrierendes Amperemeter.
R. V. = „ Voltmeter.
R. W. = „ Wattmeter.

N. W. = Nebenwiderstand.
V. W. = Vorwiderstand.

S. A. = Synchronismusanzeiger
(*L* = Phasenlampe,
V = Phasenvoltmeter,
N. V. = Nullvoltmeter.)
E. A. = Erdschlußanzeiger.

III. Apparate.

B = Batterie.
L = Lampe.

S = Schalter.
Ö. S. = Ölschalter.
S. S. = Schutzschalter oder Selbstschalter.
K. S. = Kupplungsschalter.
T. S. = Trennschalter.
E. S. = Erdungsschalter.
A. S. = Anlaßschalter.
R. S. = Regulierschalter.
F. S. = Fernschalter.
D = Druckknopfschalter.
U = Umschalter.

M. R. = Überstromrelais, Maximalrelais.
R. R. = Richtungsrelais, Rückstromrelais.
N. R. = Nullspannungsrelais.
D. R. = Differentialrelais.

St. W. = Stromwandler.
Sp. W. = Spannungswandler.

M = Magnet.
A = Anker.
A. Sp. = Auslösespule.
F. B. = Funkenblasspule.

W = Widerstand.
R. W. = Regulierwiderstand.
D. W. = Dämpfungswiderstand.
Ö. W. = Ölwiderstand.

H = Hörnerableiter.
R = Rollenableiter.
C = Kondensator.
D = Drosselspule.
C. D. = Campos-Drosselspule.
E. W. = Erdungswiderstand.
E. D. = Erdungsdrosselspule.
W. E. = Wasserstrahlerder.
P. D. = Petersen-Drosselspule.
L. T. = Löschtransformator.

C. Abkürzungen im Text.

V. D. E. = Verband deutscher Elektrotechniker.
A. E. G. = Allgemeine Elektrizitätsgesellschaft.
S. S. W. = Siemens-Schuckertwerke.

Druck der Spamerschen Buchdruckerei in Leipzig.

Elektrische Starkstromanlagen

Maschinen, Apparate, Schaltungen, Betrieb

Kurzgefaßtes Hilfsbuch für Ingenieure und Techniker sowie zum Gebrauch an Technischen Lehranstalten

Von

Dipl.-Ing. Emil Kosack

Studienrat an den Staatl. Vereinigten Maschinenbauschulen zu Magdeburg

Fünfte, durchgesehene Auflage. Mit 294 Textfiguren. — 1921

Gebunden Preis M. 32.—

Aus den zahlreichen Besprechungen:

Das Buch will einen Überblick über die wichtigsten Zweige der Starkstromtechnik geben und ist insbesondere für den Gebrauch an maschinentechnischen Lehranstalten bestimmt. Der rasche Absatz der Auflagen ist ein Beweis, daß der Verfasser damit einem Bedürfnis entsprochen hat; seine klar aufgebaute Darstellung, die in Kürze das Wesentlichste herausschält, wird durch übersichtliche Schaltskizzen, schematische Abbildungen und durch Wiedergabe von Schnittzeichnungen unterstützt. *Elektrotechnische Zeitschrift.*

Arnold-la Cour, Die Gleichstrommaschine. Ihre Theorie, Untersuchung, Konstruktion, Berechnung und Arbeitsweise. Dritte, vollständig umgearbeitete Auflage. Von **J. L. la Cour.**

I. Band: **Theorie und Untersuchung.** Mit 570 Textabbildungen. Unveränderter Neudruck. 1921. Gebunden Preis M. 120.—

II. Band: **Konstruktion, Berechnung und Arbeitsweise.** In Vorbereitung.

Die Wechselstromtechnik. Herausgegeben von Professor Dr.-Ing. **E. Arnold** in Karlsruhe. In fünf Bänden. Unveränderter Neudruck. Unter der Presse

I. **Theorie der Wechselströme.** Von **J. L. la Cour** und **O. S. Bragstad.** Zweite, vollständig umgearbeitete Auflage. Mit 591 Textfiguren.

II. **Die Transformatoren.** Ihre Theorie, Konstruktion, Berechnung und Arbeitsweise. Von **E. Arnold** und **J. L. la Cour.** Zweite, vollständig umgearbeitete Auflage. Mit 443 Textfiguren und 6 Tafeln.

III. **Die Wicklungen der Wechselstrommaschinen.** Von **E. Arnold.** Zweite, vollständig umgearbeitete Auflage. Mit 463 Textfiguren und 5 Tafeln.

IV. **Die synchronen Wechselstrommaschinen.** Generatoren, Motoren und Umformer. Ihre Theorie, Konstruktion, Berechnung und Arbeitsweise. Von **E. Arnold** und **J. L. la Cour.** Zweite, vollständig umgearbeitete Auflage. Mit 530 Textfiguren und 18 Tafeln.

V. **Die asynchronen Wechselstrommaschinen.**

1. Teil: **Die Induktionsmaschinen.** Ihre Theorie, Berechnung, Konstruktion und Arbeitsweise. Von **E. Arnold** und **J. L. la Cour** unter Mitarbeit von **A. Fraenckel.** Mit 307 Textfiguren und 10 Tafeln.
2. Teil: **Die Wechselstromkommutatormaschinen.** Ihre Theorie, Berechnung, Konstruktion und Arbeitsweise. Von **E. Arnold, J. L. la Cour** und **A. Fraenckel.** Mit 400 Textfiguren und 8 Tafeln.

Hierzu Teuerungszuschläge

Theorie der Wechselströme. Von Dr.-Ing. **Alfred Fraenckel.** Zweite, erweiterte und verbesserte Auflage. Mit 237 Textfiguren. 1921. Gebunden Preis M. 63.—

Ankerwicklungen für Gleich- und Wechselstrommaschinen. Ein Lehrbuch. Von Professor **Rudolf Richter.** Mit 377 Textabbildungen. 1920. Gebunden Preis M. 78.—

Wechselstromtechnik. Von Dr. **G. Roeßler,** Professor an der Technischen Hochschule zu Danzig. Zweite Auflage von „Elektromotoren für Wechselstrom und Drehstrom". I. Teil. Mit 185 Textfiguren. 1912. Gebunden Preis M. 9.—

Die Fernleitung von Wechselströmen. Von Dr. **G. Roeßler,** Professor an der Technischen Hochschule zu Danzig. Mit 60 Textfiguren. 1905. Gebunden Preis M. 7.—

Die symbolische Methode zur Lösung von Wechselstromaufgaben. Einführung in den praktischen Gebrauch. Von **Hugo Ring,** Ingenieur der Firma Blohm & Voß, Hamburg. Mit 33 Textfiguren. 1921. Preis M. 12.—

Die Berechnung von Gleich- und Wechselstromsystemen. Neue Gesetze über ihre Leistungsaufnahme. Von Dr.-Ing. **Fr. Natalis.** Mit 19 Textfiguren. 1920. Preis M. 6.—

Die Hochspannungs-Gleichstrommaschine. Eine grundlegende Theorie. Von Elektroingenieur Dr. **A. Bolliger** in Zürich. Mit 53 Textfiguren. 1921. Preis M. 18.—

Elektromotoren. Ein Leitfaden zum Gebrauch für Studierende, Betriebsleiter und Elektromonteure. Von Dr.-Ing. **Johann Grabscheid.** Mit 72 Textabbildungen. 1921. Preis M. 15.—

Hierzu Teuerungszuschläge

Die Elektrotechnik und die elektromotorischen Antriebe. Ein elementares Lehrbuch für technische Mittelschulen und zum Selbstunterricht. Von Dipl.-Ing. **Wilhelm Lehmann.** Mit 520 Textabbildungen. 1922. Gebunden Preis M. 96.—

Die Elektromotoren in ihrer Wirkungsweise und Anwendung. Ein Hilfsbuch für Maschinentechniker. Von Oberingenieur **Karl Meller.** Mit 111 Textfiguren. 1922. Preis M. 48.—; gebunden M. 68.—

Hilfsbuch für die Elektrotechnik. Unter Mitwirkung namhafter Fachgenossen bearbeitet und herausgegeben von Dr. **Karl Strecker.** Neunte, umgearbeitete Auflage. Mit 552 Textabbildungen. 1921. Gebunden Preis M. 70.—

Die wissenschaftlichen Grundlagen der Elektrotechnik. Von Prof. Dr. **Gustav Benischke.** Fünfte, vermehrte Auflage. Mit 602 Textabbildungen. 1920. Preis M. 66.—; gebunden M. 76.—

Kurzes Lehrbuch der Elektrotechnik. Von Dr. **Adolf Thomälen,** a. o. Professor an der Technischen Hochschule Karlsruhe. Neunte, verbesserte Auflage. Mit 555 Textbildern. 1922. Gebunden Preis M. 80.—

Kurzer Leitfaden der Elektrotechnik für Unterricht und Praxis in allgemeinverständlicher Darstellung. Von Ingenieur **Rud. Krause.** Vierte, verbesserte Auflage, herausgegeben von Prof. **H. Vieweger.** Mit 375 Textfiguren. 1920. Gebunden Preis M. 20.—

Angewandte Elektrizitätslehre. Ein Leitfaden für das elektrische und elektrotechnische Praktikum. Von Prof. Dr. **Paul Eversheim,** Privatdozent für angewandte Physik an der Universität Bonn. Mit 215 Textfiguren. 1916. Preis M. 8.—

Aufgaben und Lösungen aus der Gleich- und Wechselstromtechnik. Ein Übungsbuch für den Unterricht an technischen Hoch- und Fachschulen, sowie zum Selbststudium. Von Prof. **H. Vieweger.** Siebente, unveränderte Auflage. Mit 210 Textfiguren und 2 Tafeln. Erscheint im Mai 1922.

Hierzu Teuerungszuschläge

Elektrotechnische Meßkunde. Von Dr.-Ing. **P. B. Arthur Linker.** Dritte, völlig umgearbeitete und erweiterte Auflage. Mit 408 Textfiguren. Unveränderter Neudruck. Erscheint im Frühjahr 1922

Messungen an elektrischen Maschinen. Apparate, Instrumente, Methoden, Schaltungen. Von **Rud. Krause.** Vierte, gänzlich umgearbeitete Auflage. Von Ingenieur **Georg Jahn.** Mit 256 Textfiguren und einer Tafel. 1920. Gebunden Preis M. 28.—

Meßgeräte und Schaltungen für Wechselstrom-Leistungsmessungen. Von Oberingenieur **Werner Skirl.** Mit 215 Abbildungen. 1920. Gebunden Preis M. 26.—

Meßgeräte und Schaltungen zum Parallelschalten von Wechselstrommaschinen. Von Oberingenieur **Werner Skirl.** Mit 99 Textfiguren. 1921. Gebunden Preis M. 36.—

Die Prüfung der Elektrizitäts-Zähler. Meßeinrichtungen, Meßmethoden und Schaltungen. Von Dr.-Ing. **Karl Schmiedel,** Charlottenburg. Mit 97 Textfiguren. 1921. Preis M. 42.—

Die Transformatoren. Von Dr. techn. **Milan Vidmar,** ordentlicher Professor der Universität Ljubljana, Direktor der Maschinenfabriken und Gießereien A.-G., Ljubljana. Mit 297 Textabbildungen. 1921.
Preis M. 110.—; gebunden M. 120.—

Die asynchronen Wechselfeldmotoren. Kommutator- und Induktionsmotoren. Von Professor **Dr. Gustav Benischke.** Mit 89 Textabbildungen. 1920. Preis M. 16.—

Die Berechnung der Anlaß- und Regelwiderstände. Von Ingenieur **Erich Jasse.** Mit 65 Textabbildungen. 1921. Preis M. 27.—

Hierzu Teuerungszuschläge